La biología de la toma de riesgos

John Coates

La biología de
la toma de riesgos

Cómo nuestro cuerpo nos ayuda a afrontar
el peligro en el deporte, la guerra
y los mercados financieros

Traducción de Marco Aurelio Galmarini

EDITORIAL ANAGRAMA

BARCELONA

Título de la edición original:
The Hour Between Dog and Wolf. Risk-Taking, Gut Feelings
    and the Biology of Boom and Bust
HarperCollins
Londres, 2012

Diseño de la colección: Julio Vivas y Estudio A
Ilustración: foto © Bloomberg / Getty Images

Primera edición: octubre 2013

© De la traducción, Marco Aurelio Galmarini, 2013
© John Coates, 2012
© EDITORIAL ANAGRAMA, S. A., 2013
    Pedró de la Creu, 58
    08034 Barcelona

ISBN: 978-84-339-6359-8
Depósito Legal: B. 17708-2013

Printed in Spain

Reinbook Imprès, sl, av. Barcelona, 260 - Polígon El Pla
08750 Molins de Rei

A Ian, Eamon, Iris y Sarah

[La hora] entre el perro y el lobo, es decir, el anochecer, cuando es imposible distinguir uno del otro [...] La hora en la que [...] todo ser se convierte en su propia sombra y, por tanto, en algo distinto de sí mismo. La hora de las metamorfosis, en las cuales la gente espera y al mismo tiempo teme que un perro se convierta en lobo. La hora que nos llega desde tiempos remotos, al menos desde los comienzos de la Edad Media, cuando los campesinos creían que la transformación podía producirse en cualquier momento.

JEAN GENET, *Un prisionero del amor*

Primera parte

Mente y cuerpo
en los mercados financieros

INTRODUCCIÓN

La asunción de riesgos es el recordatorio más insistente de que poseemos un cuerpo, pues, por su propia naturaleza, el riesgo amenaza con dañarnos físicamente. Un conductor que conduce a una velocidad excesiva en una carretera sinuosa, un surfista cabalgando sobre una ola monstruosa en el preciso momento en que pasa sobre un arrecife de coral, un alpinista que continúa su ascenso pese a la inminencia de una ventisca, un soldado que atraviesa a toda carrera una tierra de nadie, todos y cada uno de ellos afrontan una elevada probabilidad de resultar heridos, cuando no de morir. Y esa misma posibilidad agudiza la mente y desencadena una abrumadora reacción biológica conocida como respuesta de «lucha o huida». En efecto, tal es la sensibilidad del cuerpo a la toma de riesgos, que podemos vernos inmersos en este torbellino visceral incluso cuando la muerte no constituye una amenaza inmediata. Toda persona que practique un deporte o lo mire desde las gradas sabe que, aun cuando «se trata sólo de un juego», la sensación de riesgo se apodera de todo nuestro ser. Winston Churchill, curtido veterano de las guerras más mortíferas, reconocía esta capacidad del riesgo no mortal para apoderarse de nosotros en cuerpo y alma. Al escribir sobre los primeros años de su vida, habla de un partido de polo que su regimiento disputaba en el sur de India y que llegó al último *chukker* con el marcador igualado: «Pocas veces he visto rostros tan tensos en ambos equipos», recuerda. «Nadie habría pensado en absoluto

13

que se trataba de un juego, sino de una cuestión de vida o muerte. Situaciones críticas mucho más graves provocan una emoción menos exaltada.»[1]

Emociones y reacciones biológicas de análoga intensidad pueden dispararse a partir de otra forma de riesgo no letal: la toma de riesgos financieros. Con excepción del ocasional suicidio de algún broker (lo que puede tener más de mito que de realidad), raramente los agentes bursátiles profesionales, los gestores de activos y los individuos que invierten desde su casa afrontan la muerte en sus transacciones. Pero las apuestas pueden amenazar su empleo, su casa, su matrimonio, su reputación y su pertenencia a una determinada clase social. El dinero adquiere un significado especial en su vida, y en la nuestra. Actúa como un poderoso símbolo del que emanan muchas de las amenazas y de las oportunidades ante las que nos hemos visto a lo largo de milenios de evolución, razón por la cual ganar y perder dinero puede activar una antigua y poderosa respuesta fisiológica.

En un aspecto importante, el riesgo financiero entraña consecuencias aún más graves que el breve riesgo físico. Un cambio en los ingresos o en la jerarquía social tiende a ocupar un tiempo más o menos prolongado, de modo que cuando asumimos riesgos en los mercados financieros hemos de arrastrar con nosotros una tormenta biológica interna durante meses, o incluso años, una vez realizadas nuestras apuestas. No estamos hechos para manejar una perturbación tan prolongada de nuestro sistema bioquímico. Nuestras reacciones de defensa están destinadas a activarse en una emergencia y luego desactivarse tras unos minutos, unas horas, o a lo sumo unos pocos días. Una ganancia o una pérdida en los mercados por encima de la media, o una serie continuada de ganancias y pérdidas, puede transformarnos más allá de lo reconocible, al estilo del Dr. Jekyll y Mr. Hyde. En una racha ganadora estamos eufóricos y nuestro apetito de riesgo se expande de tal manera que nos volvemos maníacos, temerarios ególatras. En una racha perdedora luchamos con el miedo, reviviendo una y otra vez los malos momentos, de tal manera que las hormonas del estrés persisten en el cerebro y promueven una aversión patológica al riesgo, incluso la depresión, y circulan por la sangre contribuyendo a producir infecciones virales recurrentes, hipertensión, exceso de grasa abdominal y úlceras gástricas. La asunción de riesgos financieros es una actividad tan biológica y con tantas consecuencias médicas como la de tener que hacer frente a un oso pardo.

Puede que esta exposición sobre biología y mercados financieros parezca extraña a oídos acostumbrados a la manera en que se enseña la economía. En efecto, los economistas tienden a concebir los juicios sobre riesgos financieros como una tarea puramente intelectual –cálculo de beneficios de los activos, probabilidades y colocación óptima del capital– que en su mayor parte se lleva a cabo de modo racional. Pero quisiera agregar cierta visceralidad a esta fría presentación de la toma de decisiones, porque avances recientes en neurociencia y en fisiología han mostrado que cuando asumimos un riesgo, incluso un riesgo financiero, hacemos mucho más que limitarnos a reflexionar a su respecto; en efecto, nos preparamos fisiológicamente para él. Nuestro cuerpo, en espera de acción, pone en marcha una red de emergencia de circuitos fisiológicos, cuyo resultado es la irrupción de una actividad eléctrica y química que retroalimenta el cerebro y afecta a su manera de pensar. De esta manera el cuerpo y el cerebro, unidos ante el peligro, se entrelazan formando una sola entidad. Normalmente, esta aleación de cuerpo y cerebro nos proporciona las reacciones rápidas y la sensibilidad instintivo-visceral necesarias para la asunción satisfactoria de riesgos. Pero en determinadas circunstancias, las oleadas químicas pueden imponérsenos, y cuando esto les sucede a los agentes de bolsa o a los inversores, llegan a padecer una euforia o un pesimismo irracionales, capaces de desestabilizar los mercados financieros y sembrar la confusión en la economía general.

Para dar al lector una simple idea de cómo funciona esta fisiología, lo introduciré en la sala de operaciones de un banco de inversiones de Wall Street. Aquí observaremos un mundo de apuestas de alto nivel en el que unos banqueros jóvenes pueden encumbrar o hundir a toda una clase social en una sola temporada de primas, comprar un año una casa en la playa en los Hamptons y al año siguiente sacar a sus hijos de la escuela privada. Le pido que medite acerca del escenario siguiente, en el que una insospechada e importante novedad impacta en una desprevenida sala de negociaciones.

¡ENTREMOS!

Se ha dicho que la guerra consiste en una serie de largos períodos de aburrimiento puntuados por breves momentos de terror. Lo mismo podría decirse de las actividades bursátiles. Hay largos períodos en que los negocios sólo asoman con cuentagotas a las mesas de los agentes financieros, tal vez en el mínimo volumen indispensable para que los inquietos operadores se mantengan ocupados y se puedan pagar las facturas. Si las noticias no aportan ninguna novedad de importancia, el mercado se ralentiza y la inercia se autoalimenta hasta que el movimiento de los precios se detiene. Entonces, el personal de un parqué se vuelca en su vida privada: los vendedores charlan sin objetivo preciso con los clientes de los que se han hecho amigos, los corredores aprovechan la pausa para pagar facturas, planear su próximo viaje a la nieve o hablar con los cazatalentos, curiosos por conocer su valor en el mercado abierto. Dos operadores, Logan –que se ocupa de bonos con respaldo hipotecario– y Scott –que trabaja en el despacho de arbitraje–, se lanzan uno a otro una pelota de tenis con cuidado para no golpear a nadie del personal de ventas.

Esta tarde, la Reserva Federal celebra una reunión de su Consejo de Gobernadores y lo normal es que esos acontecimientos se vean acompañados de turbulencias del mercado. Es en estas reuniones donde la institución decide si sube o baja las tasas de interés y, si lo hace, anuncia esa decisión a las 14.15. Aun cuando la economía haya estado creciendo a muy buen ritmo y el mercado de valores se haya mostrado intempestiva e incluso irracionalmente fuerte, la Reserva Federal ha dado escasos indicios de un incremento. Así las cosas, lo que más se espera hoy es que

16

no haya cambios en las tasas de interés y al final de la mañana la mayoría de la gente del parqué, sin motivo de preocupación alguno, apenas piensa en otra cosa que no sea si encargar sushi o pasta para el almuerzo.

Pero inmediatamente antes del mediodía llega un ligerísimo soplo de cambio, que riza la superficie de los precios. La mayoría de los presentes no lo advierte conscientemente, pero no por eso el leve temblor deja de registrarse. Es posible que la respiración se acelere, que los músculos se tensen un poquito, que la presión arterial suba ligeramente. Entonces se produce un cambio en el sonido del parqué, que pasa del tranquilo murmullo de vagas y distendidas conversaciones a una charla moderadamente excitada. Un parqué actúa como un gran reflector parabólico que, a través de los cuerpos de sus más de mil operadores y vendedores, reúne información de lugares lejanos y registra las primeras señales de acontecimientos aún por suceder. El jefe de la sala de negociaciones levanta la vista de sus papeles y sale de su despacho vigilando el espacio como un perro de caza que olfatea el aire. Un director experimentado puede percibir un cambio en el mercado y explicar el comportamiento de éste con la mera observación de su aspecto y su sonido.

Logan se detiene a mitad de un lanzamiento y mira las pantallas por encima de su hombro. Scott ya ha hecho rodar su silla hasta ponerla detrás de su escritorio. Los monitores exhiben miles de precios y un torrente de noticias que parpadean y desaparecen. A ojos de observadores externos, la gran matriz de números es caótica, abrumadora, y descubrir la información significativa en ese caos de precios y noticias sin interés se les antoja una tarea tan imposible como coger una estrella de la Vía Láctea en particular. Pero un buen operador puede hacerlo. Llámesele corazonada, reacción instintiva u oficio, lo cierto es que esta mañana Scott y Logan han percibido un cambio caleidoscópico en las pautas de los precios mucho antes de poder decir por qué.

Una de las regiones cerebrales responsables de este sistema de alarma temprana es el locus coeruleus, así llamado por el color cerúleo, o sea azul profundo, de sus células. Situado en el tronco

17

encefálico, la parte más primitiva del cerebro, sobre la columna vertebral, el locus coeruleus responde a la novedad y promueve un estado de excitación. Cuando una correlación entre acontecimientos se deshace o surge un nuevo modelo, cuando algo simplemente no está bien, esta parte primitiva del cerebro registra la modificación mucho antes de que lo advierta la conciencia. Con esto coloca al cerebro en elevado estado de alerta, despierta en nosotros un estado de extrema vigilancia y baja nuestros umbrales de sensibilidad, de modo que oímos los sonidos más débiles, percibimos el movimiento más sutil. Los atletas que experimentan este efecto cuentan que cuando se ven envueltos en el flujo de una competición, son capaces de distinguir todas las voces del estadio, cada hojita de hierba.[2] Y hoy, cuando las correlaciones estables entre los valores de los activos han empezado a trastrocarse, el locus coeruleus ha lanzado una alarma que ha obligado a Scott y Logan a volverse hacia la información perturbadora.

Un momento después de registrar de modo preconsciente el cambio, Scott y Logan se enteran de que una o dos personas de Wall Street han oído decir, o sospechado, que la Reserva Federal subiría la tasa de interés esa tarde. El anuncio de semejante decisión a una comunidad financiera no preparada enviaría una oleada de volatilidad a los mercados. Cuando la noticia y sus implicaciones son asimiladas, Wall Street, que hasta muy poco antes esperaba tener un día tranquilo, bulle de actividad. En reuniones organizadas apresuradamente, los operadores consideran los posibles movimientos de la Reserva: ¿mantendrá inmóviles las tasas? ¿Subirá un cuarto de punto porcentual? ¿O medio punto? ¿Qué pasará con los bonos ante esa posibilidad? ¿Y con las acciones? Una vez formadas sus opiniones, los operadores se empujan para ocupar sus posiciones, unos vendiendo bonos para anticiparse a un incremento del interés, lo que deprimiría el mercado en casi el 2 %, otros, en cambio, comprándolos a los nuevos niveles más bajos, convencidos de que el mercado está sobrevendido.

Los mercados se alimentan de información, de modo que el anuncio de la Reserva Federal será una fiesta. Traerá volatilidad al mercado, y para un operador financiero la volatilidad representa una oportunidad de hacer dinero. Así que esta tarde muchos operadores se muestran sobreexcitados y muchos de ellos conseguirán en las próximas horas las ganancias de toda la semana. En todo el mundo, el personal de la banca se mantiene atento para enterarse de las novedades y ahora los parqués zumban con una atmósfera lúdica más acorde con una feria o un acontecimiento deportivo. Logan se entusiasma con el desafío y, con un grito de rebeldía, se zambulle en la agitación del mercado para vender 200 millones de dólares en bonos hipotecarios, anticipándose a un conmovedor hundimiento.

A las 14.10, las operaciones disminuyen en la pantalla. El parqué se tranquiliza. Los agentes de todo el mundo han realizado sus apuestas y ahora esperan. Scott y Logan han tomado sus posiciones y se sienten intelectualmente preparados. Pero el reto con el que ahora se enfrentan no es sólo un puzle intelectual. Es también una tarea física, y para cumplirla satisfactoriamente necesitan algo más que habilidades cognitivas; necesitan rapidez en las reacciones y la suficiente resistencia para aguantar los esfuerzos de las horas previas a los picos de volatilidad. Por tanto, lo que sus cuerpos requieren es combustible, mucho combustible en forma de glucosa y oxígeno para quemarlo, necesitan un incremento del torrente sanguíneo para llevar ese combustible y ese oxígeno a las ávidas células de todo el cuerpo y, finalmente, también necesitan un dilatado tubo de escape en forma de amplios conductos bronquiales y de garganta, a fin de expulsar el dióxido de carbono sobrante de la quema del combustible.

En consecuencia, los cuerpos de Scott y Logan, casi sin haberse éstos apercibido de ello, también se han preparado para el acontecimiento. Su metabolismo se dispara, listo para liberar las reservas de energía existentes en el hígado, los músculos y las células cuando la situación lo exija. La respiración se acelera, inyectando más oxígeno, y lo mismo ocurre con el ritmo cardíaco. Las células del sistema inmunológico, a guisa de bomberos, toman posición en los puntos vulnerables del organismo –por ejemplo, la piel–, y se mantienen listas para pelear contra la herida o la infección. Y los sistemas nerviosos, que se extienden desde el cerebro hasta el interior del abdomen, han comenzado a redistribuir sangre a todo el cuerpo, reduciendo la que va al sistema digestivo, lo que produce náuseas, y a los órganos de reproducción, pues no es momento para el sexo, y enviándola en cambio a los principales grupos musculares de los brazos y los muslos, así como a los pulmones, el corazón y el cerebro.

A medida que la clara posibilidad de ganancias se perfila en su imaginación, Scott y Logan sienten una inequívoca oleada de energía en forma de hormonas esteroides que comienzan a cargar los grandes motores de sus respectivos organismos. Estas hormonas necesitan su tiempo para hacer sentir su efecto, pero, una vez sintetizadas por las glándulas respectivas e inyectadas en la corriente sanguínea, comienzan a modificar el cuerpo y el cerebro de Scott y Logan en todos sus aspectos: el metabolismo, la masa muscular, el humor, el rendimiento cognitivo e incluso los recuerdos que evocan. Los esteroides son sustancias químicas poderosas y peligrosas, razón por la cual su uso está rigurosamente regulado por la ley, la profesión médica, el Comité Olímpico Internacional y el hipotálamo, que es la «agencia de lucha contra las drogas» del cerebro, pues si la producción de esteroides no se detiene rápidamente, puede transformarnos tanto física como mentalmente.

A partir del momento en que empezó a correr el rumor, y durante las últimas dos horas, los niveles de testosterona de Scott y Logan han estado ascendiendo permanentemente. Esta hormona esteroide, naturalmente producida por los testículos, los prepara para el reto que tienen delante, de la misma manera que prepara a los atletas que se disponen a competir y a los animales machos que se arman de valor para la pelea. La elevación de los niveles de testosterona aumenta el volumen de hemoglobina de Scott y Logan y, en consecuencia, su capacidad sanguínea para transportar oxígeno; la testosterona también les aumenta la confianza en sí mismos y, decididamente, su apetencia de riesgo. Para Scott y Logan es un momento de transformación, lo que desde la Edad Media los franceses llaman «la hora entre el perro y el lobo».

Otra hormona cuya presencia en la sangre se incrementa es la adrenalina, producida por el núcleo de las glándulas suprarrenales, situadas sobre los riñones. La adrenalina activa las reacciones físicas y acelera el metabolismo corporal al irrumpir en los depósitos de glucosa, principalmente los del hígado, y volcarlos en la sangre, de modo que Scott y Logan tienen reservas de combustibles que los sostengan en cualquier situación problemática en que los ponga la testosterona. Una tercera hormona, el esteroide cortisol, comúnmente conocido como la hormona del estrés, atraviesa la corteza de las glándulas suprarrenales y viaja al cerebro, donde estimula la liberación de dopamina, operación química que se produce en los circuitos neuronales conocidos como vías del placer. El estrés es normalmente una experiencia desagradable, pero no a niveles bajos. A niveles bajos excita. Un estresante o un reto que no contengan amenaza –por ejemplo, una competición deportiva, la conducción a cierta velocidad o un mercado excitante– liberan cortisol, que, en combinación con la dopamina, una de las drogas más adictivas que conoce el cerebro humano, produce un choque narcotizante, una fiebre, un torrente que convence a los agentes financieros de que no hay en el mundo otro trabajo mejor.

Ahora, a las 14.14, Scott y Logan se inclinan sobre sus respectivas pantallas con la mirada fija y las pupilas dilatadas; el corazón les late con lenta indolencia; la respiración es rítmica y profunda; tienen los músculos hechos nudos; el cuerpo y el cerebro están pendientes de la acción inminente. En los mercados globales reina un silencio expectante.

EL RELATO INTERIOR

En este libro cuento la historia de Scott y Logan, de Martin y Gwen, y de un parqué de personajes secundarios como si estuvieran presos en un mercado en alza y luego en un mercado en baja. El relato tendrá dos vertientes: una descripción de la conducta manifiesta en el mundo de las finanzas –cómo los opera-

21

dores profesionales ganan y pierden dinero, la euforia y el estrés que acompañan a sus cambios de suerte, los cálculos que hay detrás del pago de las primas– y una descripción de la fisiología que subyace a esa conducta. Sin embargo, estas vertientes se entrelazarán para formar una sola historia. El separarlas nos permitirá ver cómo el cerebro y el cuerpo actúan como una sola cosa durante los momentos importantes de una vida de asunción de riesgos. Exploraremos los circuitos preconscientes del cerebro y sus íntimos vínculos con el cuerpo a fin de comprender cómo la gente puede reaccionar a los acontecimientos del mercado con tanta rapidez que para el cerebro consciente resulta imposible seguir el proceso, y exploraremos también cómo se inspira el cerebro en señales procedentes del cuerpo, las ya legendarias sensaciones instintivas, para optimizar su toma de riesgos.

A pesar de los frecuentes éxitos de los financieros, el relato recorre el arco narrativo correspondiente a la tragedia, con su nefasta e imparable lógica de exceso y caída de confianza, lo que los griegos antiguos llamaban *hybris* y *némesis*. En efecto, la biología humana obedece a períodos con un ritmo propio, y a medida que ganan y pierden dinero, los financieros se ven conducidos casi irresistiblemente a los ciclos recurrentes de euforia, excesos en la asunción de riesgos y crac. Este peligroso modelo se repite en los mercados financieros cada pocos años. Alan Greenspan, ex presidente de la Reserva Federal de los Estados Unidos, se interrogó sobre esta locura periódica y habló de «respuestas humanas innatas que se resuelven en oscilaciones entre la euforia y el miedo y que se repiten generación tras generación».[3] Un modelo muy parecido se da en el deporte, la política y la guerra, donde personajes que trascienden la vida y se creen al margen de las leyes de la naturaleza y de la moral, se extralimitan en relación con sus capacidades. El éxito extraordinario parece alimentar inevitablemente el exceso.

¿Por qué pasa esto? La reciente investigación en fisiología y neurociencia puede, creo, ayudar a explicarnos este antiguo, ilusorio y trágico comportamiento. Hoy la biología humana puede ayudarnos a comprender el exceso de confianza y la exuberancia irracional y de esta manera contribuir a una comprensión más científica de la inestabilidad de los mercados financieros.

Una razón más sencilla para introducir la biología en el relato es que es, lisa y llanamente, fascinante. Un relato del comportamiento humano trufado de biología puede conducir a momentos particularmente intensos de reconocimiento. El término «reconocimiento» se usa en general para describir el momento de un relato en el que, de forma absolutamente repentina, entendemos qué es lo que sucede y, gracias a este proceso, nos entendemos a nosotros mismos. Fue Aristóteles quien acuñó la palabra, y desde entonces los momentos de reconocimiento han sido en gran medida terreno exclusivo de la filosofía y la literatura. Pero hoy, y a mi juicio cada vez más, pertenecen al dominio de la biología humana. Cuando comprendemos qué ocurre en nuestro cuerpo, y por qué, nos encontramos con muchos momentos de reconocimiento, que van de la divertida sorpresa que se expresa en «¡Ah! ¿Así que por eso me cosquillea el estómago cuando me entusiasmo?» o «¿Por eso se me pone la piel de gallina cuando tengo miedo?» (los músculos piloerectores tratan de erizar el pelaje, de hacer que uno parezca más grande, tal como hace un gato cuando se siente amenazado, pero como los seres humanos ya no tenemos pelaje, experimentamos el fenómeno como el simple erizamiento de los pelos que hace que sintamos que «se nos ponen los pelos de punta») hasta la tremenda seriedad de esta reflexión: «¡Ah, con razón el estrés atormenta tanto, con razón contribuye a las úlceras gástricas, la hipertensión e incluso cardiopatías y apoplejía!»

Hoy, la biología humana ilumina, tal vez más que ningún otro campo, los rincones oscuros de nuestra vida. Por eso, con la introducción de la biología en el relato podré describir con mayor precisión lo que se siente al asumir grandes riesgos financieros, y además podré hacerlo de tal manera que permita su reconocimiento a personas que jamás han puesto un pie en una sala de transacciones financieras. En realidad, la fisiología que describo no se limita en absoluto a los agentes financieros. Es la biología universal de la asunción de riesgos. Como tal, la ha experimentado cualquiera que practica un deporte, aspira a un cargo político o participa en una guerra. Pero mi concentración en el riesgo financiero tiene buenas razones: la primera, que el de las finanzas es un mundo que conozco, puesto que he pasado doce años en Wall Street; la segunda, y más importante, es que las finanzas son el centro nervioso de la economía mundial. Si los atletas sucumben al exceso de confianza, pierden una competición, pero si los agentes financieros son arrastrados por un torrente de hormonas, los mercados globales se hunden. El sistema financiero, como hemos descubierto con consternación hace muy poco, se mantiene en equilibrio precario sobre la salud mental de estos tomadores de riesgos.

Comienzo con la observación de la fisiología que produce nuestra asunción de riesgos, que será el telón de fondo de todo lo que sigue. Luego muestro, mediante un relato situado en un mercado de valores, de qué manera esta fisiología puede mezclarse con sistemas laxos de gestión de riesgos y un sistema de bonificaciones que premia el juego excesivo, cuyo resultado es una banca volátil y explosiva. Observamos cómo la naturaleza y la cultura conspiran para producir un horrible descarrilamiento de trenes que dejan carreras profesionales destrozadas, cuerpos dañados y un sistema financiero devastado. Luego nos detenemos en el desastre y observamos la fatiga y el estrés crónico que son su consecuencia, dos condiciones médicas que arruinan el lugar de trabajo. Por último, prestamos atención a una investigación, todavía en ciernes, pero esperanzadora, de la fisiología de la resistencia o, en otras palabras, de los regímenes de formación diseñados por científicos deportivos y fisiólogos especializados en el estrés, con el fin de inmunizar nuestros cuerpos contra la respuesta de estrés hiperactiva. Esta formación podría contribuir a calmar la inestable fisiología de los tomadores de riesgos.

1. LA BIOLOGÍA DE UNA BURBUJA BURSÁTIL

LA SENSACIÓN DE UNA BURBUJA

Mi interés por el aspecto biológico de los mercados financieros data de la década de los noventa. Entonces trabajaba yo en Wall Street, primero operando con derivados para Goldman Sachs, luego para Merrill Lynch y finalmente dirigiendo una mesa del Deutsche Bank. Era una época fascinante para operar en los mercados, porque Nueva York, y en realidad todo Estados Unidos, era presa de la burbuja del puntocom. ¡Y qué burbuja! Los mercados no habían visto nada igual desde el gran mercado en alza de la década de 1920. En 1991, el Nasdaq (el intercambio de acciones de la industria de la electrónica, en el que había registradas muchas empresas de nuevas tecnologías) operaba por debajo de los 600 puntos, y había oscilado en torno a ese nivel durante unos años. Entonces empezó a subir en forma gradual, pero persistente, hasta alcanzar los 2.000 puntos en 1998. Durante más o menos un año, la subida del Nasdaq fue controlada por la crisis financiera asiática, que la hizo retroceder a alrededor de 500 puntos, pero luego el mercado se recuperó y se puso por las nubes. En poco más de un año y medio, el Nasdaq subió de 1.500 puntos a un pico superior a los 5.000, con un retorno total superior al 300 %.

Este repunte no tenía prácticamente precedentes en cuanto a su velocidad y magnitud. Y también carecía por completo de precedentes en la escasez de datos financieros rigurosos que sostuvieran la idea de que el motor de ese impulso alcista fueran las nuevas empresas puntocom y de tecnología. De hecho, tan ancha fue la grieta entre los precios de las acciones y los fundamentos subyacentes, que muchos inversores legendarios, que habían apostado sin éxito contra la tendencia, se retiraron de Wall Street disgustados. Julian Robertson, por ejemplo, fundador del fondo de cobertura Tiger Capital, tiró la toalla con el argumento de que el mercado se había vuelto loco, pero no era ése el caso. Robertson y otros tenían razón en que el mercado estaba condenado a un final terrible, pero también fueron plenamente conscientes de una observación que había hecho el gran economista John Maynard Keynes en la década de 1930 en el sentido de que los mercados podían mantener su irracionalidad durante más tiempo que el que ellos, los inversores, eran capaces de mantener su solvencia. Así, Robertson se retiró del mercado con su reputación y su capital casi intactos. Luego, a comienzos de 2000, el Nasdaq se hundió, retrocediendo más de 3.000 puntos en poco más de un año, para terminar cayendo a los 1.000 puntos con los que había comenzado pocos años antes. Lo normal es que una volatilidad de esta magnitud enriquezca a unos pocos, pero no conozco a nadie que haya ganado dinero apostando a tope en esta explosiva trayectoria del mercado.

Junto a la escalada de ascenso y el posterior crac, hubo otro rasgo notable de la burbuja, que recordaba a la de la década de 1920, o al menos a esa década que conocí por novelas, películas en blanco y negro y granulosos documentales; me refiero a la manera en que su energía y excitación desbordaron los mercados de valores, impregnaron la cultura e intoxicaron a la gente. Lo cierto es que, mientras duran, las burbujas son divertidas, y es frecuente recordar con cierta dosis de humor y entusiasmo la extendida estupidez que las preside. No me imagino que nadie que viviera el mercado alcista de los Años Locos abrigue una perdurable nostalgia de aquella época heroica y alocada en la que la tecnología futurista, los espíritus despreocupados y la riqueza fácil parecían anunciar una nueva era de posibilidades ilimitadas. Por supuesto, la vida que vino después debió de ser más formativa, y se dice que quienes nacieron y se criaron durante la Gran

Depresión llevaron, incluso hasta la vejez, lo que la historiadora Caroline Bird llama «cicatriz invisible», una desconfianza patológica en los bancos y los mercados de valores, así como un miedo enfermizo al desempleo.[1]

Mis recuerdos de los años noventa son los de una década tan esperanzada y excéntrica como la de los años veinte. Durante aquella década nos recibían consejeros delegados de mediana edad con jerséis negros de cuello cisne que trataban de «pensar de forma creativa» y muchachos en la veintena con gorros y gafas de sol amarillas, respaldados por cantidades aparentemente ilimitadas de capital, que daban fastuosas fiestas en lofts del Midtown de Manhattan y hablaban de absurdos programas de internet que pocos de nosotros podíamos entender, y menos aún cuestionar. Hacerlo significaba que uno «no entendía», uno de los peores insultos de la época, con el que se quería decir que uno era un dinosaurio incapaz de pensamiento lateral. Una cosa que yo definitivamente nunca entendí es que se diera por supuesto que internet superaría las limitaciones de tiempo y espacio. Sin duda, los pedidos por internet resultaban fáciles, pero luego la entrega tenía lugar en el mundo real de precios del petróleo en alza y congestión vial. La compañía de internet que realizó el intento más heroico de desafiar este hecho brutal fue Kozmo.com, una empresa de reciente creación, con base en Nueva York, que prometía la entrega gratuita de la mercancía en Manhattan y en otras doce ciudades en el término de una hora. La gente que pagó el precio de este acto de locura, además de los inversores, fue la multitud de mensajeros que corrían a todo pulmón con sus bicicletas, saltándose los semáforos en rojo, a fin de cumplir un horario tope. Se podían ver grupos de estos jóvenes demacrados recuperando el aliento delante de cafeterías (con nombres adecuados como Jet Fuel). No era sorprendente que la compañía quebrara dejando en el aire una pregunta acerca de ésta y otras muchísimas empresas similares: ¿en qué diablos estaban pensando los inversores?

Tal vez la pregunta correcta debería haber sido: ¿pensaban en algo? ¿Habían realizado los inversores evaluaciones racionales de información, como muchos economistas podían sostener, y sostuvieron? En caso negativo, se habían comprometido con otro tipo de razonamiento, algo más parecido a un cálculo de la teoría de juegos: «Sé que esto es una burbuja», pudieron haber pensado, «pero compraré mientras sube y luego venderé antes que nadie.» Sin embargo, al hablar con personas que estaban invirtiendo sus ahorros en acciones de internet de nueva creación, encontré escasas pruebas de ninguno de estos dos procesos de pensamiento. A la mayoría de los inversores con los que hablé le costaba mucho seguir cualquier clase de razonamiento lineal y disciplinado, pues aparentemente la excitación y el ilimitado potencial de los mercados eran suficientes para justificar sus disparatadas ideas. Era casi imposible lograr que se embarcaran en un análisis racional: la historia carecía de importancia, las estadísticas prácticamente no contaban, y cuando se los presionaba disparaban radiantes conceptos a la moda, como «convergencia», cuyo significado exacto nunca conseguí saber, aunque pienso que tenía algo que ver con que todas las cosas del mundo terminan siendo lo mismo: las televisiones se convierten en teléfonos, los coches en oficinas, el rendimiento de los bonos griegos iguala al de los alemanes, etc.

Si bien los inversores que habían comprado en este mercado desbocado no dieron muestras de inspirarse precisamente en una elección racional ni en la teoría de juegos, su conducta tampoco pareció responder a un criterio más común y estereotipado de sabiduría popular, el del temor y la codicia de la locura inversora. Según este criterio, un mercado alcista, mientras progresa a toda velocidad, produce beneficios extraordinarios en virtud de los cuales el mejor juicio de los inversores se ve distorsionado por la intemperancia de la codicia. La conclusión es que los inversores saben perfectamente que el mercado es una burbuja y, sin embargo, lo que los retiene de vender no es tanto la astucia como la codicia.

Es cierto que la codicia puede hacer, y de hecho es lo que ocurre, que los inversores vayan demasiado lejos con sus beneficios. Sin embargo, por sí mismo, el relato deja de lado algo importante acerca de las burbujas, como la del puntocom y, tal vez, la de los Años Locos: los inversores creían ingenua y fervientemente que estaban invirtiendo en el futuro. No había en ellos cinismo ni astucia. Además, como lo primero que hace un mercado alcista es confirmar las creencias de los inversores, los beneficios que éstos obtienen se traducen en mucho más que simple codicia, ya que dan lugar a poderosos sentimientos de euforia y omnipotencia. A esta altura, los agentes de bolsa y los inversores tienen la sensación de liberarse de las cadenas de la vida terrenal y comienzan a ejercitar sus músculos como superhéroes recién nacidos. La evaluación del riesgo es sustituida por juicios de certeza, pues ellos saben con seguridad lo que va a ocurrir; los deportes de riesgo les parecen juegos de niños y el sexo se convierte en una actividad competitiva. Hasta andan de otra manera, más erguidos, más resueltos, su porte mismo es una señal de peligro y su expresión corporal parece decir: «No te mezcles conmigo. Yo puedo con todo.» Este comportamiento delirante es lo que captó Tom Wolfe en su descripción de las estrellas de Wall Street como «Amos del Universo».[2]

Esta conducta fue lo que más me impresionó durante la era del puntocom. Era innegable que la gente estaba cambiando. El cambio no sólo se notaba entre el público normal y corriente, sino también, y tal vez más aún, entre los operadores profesionales de todo Wall Street; personas que normalmente eran sobrias y prudentes se volvían poco a poco eufóricas y alimentaban delirios de grandeza. A menudo les perturbaba una actividad mental caótica e incluso sus hábitos personales experimentaban cambios: se conformaban con dormir menos –se quedaban en la discoteca hasta las cuatro de la mañana– y parecían estar todo el tiempo sexualmente excitados, o al menos más de lo normal, a juzgar por sus comentarios soeces y la cantidad creciente de pornografía de las pantallas de sus ordenadores. Pero lo más preocupante era que se sentían cada vez más seguros de sí mismos a la hora de asumir riesgos, poniendo en juego cantidades de dinero cada vez mayores y con peores compensaciones por el riesgo asumido. Sólo más tarde supe que esa conducta de la que yo era testigo presentaba todos los síntomas de un estado clínico conocido como manía (pero esto es adelantarse a la historia).

Estos síntomas no son exclusivos de Wall Street: también se manifiestan en otros mundos, como el político, por ejemplo. Una explicación particularmente penetrante de la manía política es la de David Owen, hoy Lord Owen. Owen, ex secretario de Asuntos Exteriores y uno de los fundadores del Partido Socialdemócrata, pasó la mayor parte de su vida en los niveles más altos de la política británica. Pero es neurólogo de formación, y últimamente se ha dedicado a escribir acerca de un desorden de la personalidad que ha observado entre líderes políticos y empresariales, desorden que él llama síndrome de *hybris*. Este síndrome se caracteriza por la temeridad, la falta de atención a los detalles, una abrumadora autoconfianza y desprecio por los demás, todo lo cual, observa Owen, «puede dar como resultado un liderazgo desastroso y causar daños en gran escala». El síndrome, continúa Owen, «es una perturbación producida por la posesión de poder, en particular del poder que se ha asociado al éxito arrollador, cuando se ejerce durante años y con un mínimo de restricciones para el líder».[3] Los síntomas que describe Owen se asemejan asombrosamente a los que yo observé en Wall Street, y su explicación posterior sugiere la importante idea de que la conducta maníaca desplegada por muchos operadores financieros con ocasión de una racha ganadora no es mera consecuencia de la riqueza recién adquirida, sino que también deriva, y tal vez más aún, de un sentimiento de consumación de poder.

Durante los años del puntocom me hallaba yo en una buena posición para observar esta conducta maníaca entre los operadores financieros. Por un lado, era inmune al canto de sirenas tanto de Silicon Valley como de Silicon Alley. Nunca comprendí demasiado la alta tecnología, de modo que no invertí en ella y, por tanto, pude contemplar el espectáculo con mirada escéptica. Por otro lado, entendía el estado anímico de los financieros porque en los años previos había estado yo mismo completamente atrapado en uno o dos mercados alcistas, mercados cuya existencia probablemente nadie conocía a menos que leyera la sección financiera de los periódicos, pues estaban aislados en el mercado de bonos o en el de divisas. Y durante esos períodos también obtuve beneficios superiores a la media, experimenté euforia y una sensación de omnipotencia, me convertí en la representación del engreimiento. Francamente, me muero de vergüenza cuando pienso en ello.

Fue así como durante la burbuja del puntocom supe lo que les pasaba a los operadores de bolsa. Lo que ahora me interesa destacar es lo siguiente: el exceso de confianza y la *hybris* que los operadores experimentan durante una burbuja o una racha ganadora no se sienten como resultado de una evaluación racional de las oportunidades, ni como producto de la codicia, sino como derivados de una sustancia química.

Cuando los operadores disfrutan de una larga racha ganadora experimentan una exaltación anímica de poderosas cualidades narcóticas. Esta sensación, tan avasalladora como el deseo pasional o la cólera ciega, es muy difícil de controlar. Cualquier operador financiero conoce este sentimiento, y todos tememos sus consecuencias. Bajo su influencia tendemos a sentirnos invencibles y a apostar por negocios tan estúpidos, y en tales magnitudes, que terminamos perdiendo más dinero del que habíamos ganado en la buena racha que diera origen a esta sensación de omnipotencia. Hay que entender que los operadores en racha ganadora están bajo la influencia de una droga que tiene el poder de transformarlos en otra persona.

Es posible que esta sustancia química, sea la que fuere, explique gran parte de las tonterías y de la conducta extremada que acompaña a las burbujas, muy parecida a la de los personajes de un sueño de una noche de verano, con gente que se pierde en ilusiones enfermizas, identidades mixtas y parejas intercambiadas, hasta que la fría luz del amanecer ilumina nuevamente el mundo y vuelven a imponerse las leyes de la naturaleza y la moral. Después de que estallara la burbuja del puntocom, los operadores financieros eran como juerguistas con resaca que se llevaban las manos a la cabeza, aturdidos por haber fundido sus ahorros en planes tan ridículos. Nunca hubo mejor descripción de esa horrorizada incredulidad en que la realidad que tanto tiempo los había apoyado terminaba siendo una mera ilusión que la del titular de portada del *New York Times* del día siguiente al gran crac del 29: «Wall Street», informaba, «era una calle de esperanzas desbaratadas, de aprensión extrañamente silenciosa y de una especie de hipnosis paralizada.»

¿HAY UNA MOLÉCULA DE LA EXUBERANCIA IRRACIONAL?

Pienso que la conducta de exceso de autoconfianza que he descrito es una conducta que la mayoría de las personas del mundo de las finanzas reconocerá y habrá experimentado en algún momento de su carrera. Quisiera agregar ahora, sin embargo, que además del cambio de conducta de estas personas, otro hecho notable que me llamó la atención durante los años de auge del puntocom fue que las mujeres eran relativamente inmunes al frenesí que rodeaba a internet y las acciones de las empresas de alta tecnología. En realidad, la mayoría de las mujeres que conocí, tanto en Wall Street como fuera, eran bastante ajenas a esa excitación, como resultado de lo cual fueron a menudo despreciadas porque «no se enteraban» o, peor aún, porque se las consideraba eternas aguafiestas.

Tengo una razón especial para presentar estos relatos del exceso de Wall Street. No lo hago como si se tratara de primicias, sino más bien como elementos de datos científicos a los que no se presta atención. La investigación científica comienza a menudo con el trabajo de campo. El trabajo de campo desvela fenómenos curiosos u observaciones que resultan anómalos para la teoría en vigor. La conducta que describo en estas páginas constituye precisamente ese tipo de datos de campo para la economía, aunque raramente se la reconozca como tal. En efecto, en toda la investigación dedicada a explicar la inestabilidad de los mercados financieros, muy escaso es el espacio que se ha dedicado a observar qué pasa con los operadores desde el punto de vista fisiológico cuando se ven atrapados en una burbuja o en un crac.

Es una omisión llamativa, comparable a lo que sería el estudio de la conducta animal sin observar ni un ejemplar en la vida salvaje, o practicar la medicina sin ver jamás a un paciente. Estoy convencido, sin embargo, de que deberíamos observar la biología de los financieros. Pienso que deberíamos tomar en serio la posibilidad de que la extremada autoconfianza y la asunción de riesgos que muestran esas personas durante una burbuja puede ser una conducta patológica que reclame estudio biológico, e incluso clínico.

La década de 1990 fue idónea para esa investigación, pues nos depararon la locura de la burbuja del puntocom y al mismo tiempo la frase que mejor la describe: «exuberancia irracional». Esta expresión, que utilizó por primera vez Alan Greenspan en un discurso que pronunció en Washington en 1996 y que luego divulgó Robert Shiller,[4] economista de Yale, significa casi lo mismo que otra más antigua, «espíritu animal», acuñada en la década de 1930 por Keynes para señalar cierta fuerza mal definida e irracional que animaba la toma de riesgos empresariales y de inversión. Pero ¿qué es el espíritu animal? ¿Qué es la exuberancia?

En los años noventa, una o dos personas sugirieron que la exuberancia irracional podía estar provocada por una sustancia química. En 1999, Randolph Nesse, psiquiatra de la Universidad de Michigan, formuló la valiente conjetura de que la burbuja del puntocom se diferenciaba de las anteriores en que el cerebro de muchos operadores financieros había cambiado, que éstos se hallaban bajo la influencia de drogas antidepresivas que por entonces se prescribían en abundancia, como el Prozac. «La naturaleza humana siempre ha dado alas a booms y burbujas seguidos de cracs y depresiones», sostenía. «Pero si la prudencia del inversor es inhibida por drogas psicotrópicas, las burbujas pueden crecer más de lo habitual antes de reventar, con consecuencias económicas y políticas potencialmente catastróficas.»[5] Otros observadores de Wall Street, en una línea similar de pensamiento, señalan con el dedo a otro culpable: el uso creciente de cocaína entre el personal de la banca.

Estos rumores de abuso en el consumo de cocaína, al menos entre los operadores de bolsa y los gestores de activos, eran en su mayor parte exagerados. (Distinto podría haber sido quizá el caso de los miembros del equipo de ventas, en especial el de los vendedores responsables de llevar a los clientes a bares de *lap dance* hasta altas horas de la madrugada.) En cuanto a Nesse, sus comentarios fueron recibidos con cierto humor en los medios de comunicación, y cuando, un año más tarde, habló en un congreso organizado por la Academia de Ciencias de Nueva York, pareció lamentar haberlos hecho. Pero yo pensé que iban en la dirección correcta, y para mí su sugerencia señalaba otra posibilidad, la de que el organismo de los operadores financieros estuviera produciendo una sustancia química, aparentemente de naturaleza narcótica, que fuera la causa de su comportamiento maníaco. ¿Qué era esa molécula del mercado alcista?

Por pura casualidad me topé con una prometedora sospecha. Durante los últimos años de la era del auge del puntocom tuve la suerte de observar una fascinante investigación dirigida por un laboratorio de neurociencia en la Rockefeller University, institución de investigación oculta en el Upper East Side de Manhattan, donde una amiga, Linda Wilbrecht, cursaba a la sazón un doctorado. Yo no tenía ninguna relación formal de ningún tipo con la Rockefeller, pero cuando los mercados se mostraban perezosos me metía en un taxi y subía al laboratorio a observar los experimentos que allí se realizaban o a oír las clases de la tarde en el Caspary Auditorium, una cúpula geodésica instalada en medio del campus victoriano cubierto de viñedos. Los científicos del laboratorio de Linda trabajaban en lo que se llama «neurogénesis», esto es, el desarrollo de nuevas neuronas. La comprensión de la neurogénesis es en cierto sentido el Santo Grial de las ciencias del cerebro, pues si los neurólogos pudieran imaginar cómo regenerar neuronas, tal vez podrían curar o revertir el daño producido por enfermedades degenerativas como el Alzheimer o el Parkinson. Muchos de los progresos en el estudio de la neurogénesis tenían lugar en la Rockefeller University.

Había otra área de las neurociencias en la que esta universidad había realizado una contribución histórica: la investigación de hormonas y específicamente sus efectos sobre el cerebro. Muchos de los descubrimientos realizados en este campo eran obra de científicos que se dedicaban a problemas muy específicos de la neurociencia, pero hoy sus resultados pueden ayudarnos a comprender la exuberancia irracional, pues es posible que la molécula del mercado alcista sea efectivamente una hormona. Y si éste es el caso, en ese mismo momento de finales de la última década del siglo XX, cuando Wall Street se preguntaba «¿Qué es la exuberancia irracional?», se daba la feliz coincidencia de que en la parte alta de la ciudad, en la Rockefeller University, los científicos trabajaban precisamente en la respuesta a esa pregunta.

Entonces, ¿qué son las hormonas, exactamente? Las hormonas son mensajeros químicos que la sangre transporta de un tejido del cuerpo a otro. Tenemos docenas de hormonas. Tenemos hormonas que estimulan el apetito y otras que nos comunican que estamos saciados; hormonas que estimulan la sed y otras que nos comunican que se ha aplacado. Hormonas que desempeñan un papel central en lo que se llama homeostasis corporal, que es el mantenimiento de las constantes vitales, como presión arterial, temperatura corporal, niveles de glucosa, etc., dentro de los estrechos márgenes necesarios para el bienestar y la salud. La mayoría de los sistemas fisiológicos que mantienen nuestro equilibrio químico interno operan de manera preconsciente o, en otras palabras, sin que nos demos cuenta de su existencia. Por ejemplo, todos somos felizmente inconscientes del funcionamiento digno de reloj suizo del sistema que controla los niveles de potasio en sangre.

Pero no siempre podemos mantener el equilibrio interior mediante estas silenciosas reacciones puramente químicas; a veces tenemos que actuar; a veces tenemos que comprometernos en alguna clase de actividad física a fin de restablecer la homeostasis. Cuando los niveles de glucosa en sangre caen, por ejemplo, nuestro organismo libera silenciosamente la glucosa almacenada en el hígado. Pero pronto las reservas de glucosa se acaban y el bajo índice de azúcar en la sangre es comunicado a la conciencia a través del hambre, que es una señal hormonal que nos urge a buscar alimento y luego a comer. Se ha acordado en llamar «sensaciones homeostáticas» a, por ejemplo, el hambre, la sed, el dolor, la necesidad de oxígeno, la apetencia de sal y las sensaciones de calor y de frío. Se las llama sensaciones porque son señales procedentes del cuerpo que transmiten más que simple información, pues llevan también una motivación para hacer algo.

Esto resulta esclarecedor para concebir nuestra conducta como un elaborado mecanismo diseñado para mantener la homeostasis. Sin embargo, antes de avanzar demasiado por la senda del reduccionismo biológico, tengo que puntualizar que las hormonas no son la causa de nuestra conducta. Actúan más bien como lobistas que recomiendan y nos presionan para que adoptemos cierto tipo de actividades. Tomemos el ejemplo de la ghrelina, una de las hormonas reguladoras del hambre y la alimentación. Producida por células epiteliales del estómago, las moléculas de ghrelina transportan un mensaje al cerebro que dice: «En nombre de tu estómago, te instamos a comer.» Pero el cerebro no está obligado a obedecer. Si uno está a dieta, en tiempo de ayuno religioso o en huelga de hambre, puede decidir ignorar el mensaje. En otras palabras, puede escoger otras acciones y, en última instancia, hacerse responsable de ellas. No obstante, con el paso del tiempo, el mensaje, que en un primer momento es un susurro, se convierte en un bramido, y puede resultar muy difícil resistirse. Por eso, cuando contemplamos los efectos de las hormonas sobre el comportamiento y sobre la toma de riesgos, en particular la asunción de riesgos financieros, no hemos de ver en ello nada semejante a un determinismo biológico. Más bien nos enzarzamos en una discusión abierta con las presiones, a veces muy poderosas, que esas sustancias químicas ejercen sobre nosotros en situaciones extremas de la vida.

Hay un grupo de hormonas que tiene efectos particularmente poderosos sobre nuestra conducta: las hormonas esteroides.

Este grupo incluye la testosterona, el estrógeno y el cortisol, la principal hormona de la respuesta al estrés. La particular amplitud de los efectos que ejercen los esteroides se debe a que tienen receptores en casi todas las células del cuerpo y el cerebro. Sin embargo, sólo en la década de 1990 los científicos comenzaron a comprender la influencia de estas hormonas en el pensamiento y la conducta. Gran parte del trabajo que llevó a esta comprensión fue realizado en el laboratorio de Bruce McEwen, famoso profesor en la Rockefeller University.[6] Él y sus colegas, incluidos Donald Pfaff y Jay Weiss, se cuentan entre los primeros científicos que no sólo trazaron el mapa de los receptores esteroides en el cerebro, sino que también estudiaron de qué manera los esteroides afectan a la estructura del cerebro y al modo en que éste funciona.

Antes de que McEwen comenzara su investigación, los científicos creían en general que las hormonas y el cerebro funcionaban de la siguiente manera: el hipotálamo, región del cerebro que controla las hormonas, envía una señal a través de la sangre a las glándulas que producen las hormonas esteroides, ya se trate de los testículos, los ovarios o las glándulas suprarrenales, para que incrementen la producción de hormonas. Luego las hormonas, inyectadas en la sangre y repartidas por todo el cuerpo, ejercen el efecto esperado sobre tejidos tales como el corazón, los riñones, los pulmones, los músculos, etc. También rehacen el camino de vuelta hasta el hipotálamo, que registra los niveles más altos de hormonas y, en respuesta, encarga a las glándulas que detengan la producción de la hormona. La retroalimentación entre el hipotálamo y las glándulas productoras de hormonas opera de modo muy parecido al de un termostato en una casa, que registra el frío y pone en marcha la calefacción y luego registra el calor y la detiene.

McEwen y su laboratorio descubrieron algo mucho más intrigante. La retroalimentación entre las glándulas y el hipotálamo existe, sin duda, y es uno de los mecanismos más importantes de la homeostasis, pero McEwen descubrió que hay esteroides receptores en regiones del cerebro distintas del hipotálamo. El modelo de McEwen para el funcionamiento de las hormonas y el cerebro es el siguiente: el hipotálamo envía un mensaje a una glándula con la orden de que produzca una hormona; la hormona se expande por todo el cuerpo y produce sus efectos físicos, pero también vuelve al cerebro y transforma nuestra manera de pensar y de comportarnos. Por tanto, es una poderosa sustancia química. La investigación posterior de McEwen y otros mostró que una hormona esteroide, debido a la dispersión de sus receptores, puede alterar prácticamente cualquier función del cuerpo –el desarrollo, la forma, el metabolismo, la función inmune–, del cerebro –el humor y la memoria– y del comportamiento.

La investigación de McEwen fue un logro que marcó un hito, pues mostró de qué modo una señal de nuestro organismo puede transformar nuestros pensamientos mismos, y plantea además una serie de cuestiones que son hoy el corazón mismo de nuestra comprensión del cuerpo y el cerebro. ¿Por qué envía el cerebro una señal al cuerpo pidiéndole que produzca una sustancia química que a su vez cambia el funcionamiento del propio cerebro? Es algo realmente extraño. Si el cerebro desea cambiar su modo de pensar, ¿por qué no guardar en su interior todas las señales? ¿Por qué dar ese rodeo a través del cuerpo?

¿Y por qué se confiaría a una única molécula, como un esteroide, una orden tan amplia que altera al mismo tiempo el cuerpo y el cerebro? Pienso que la respuesta a estas preguntas es más o menos la siguiente: las hormonas esteroides evolucionan para coordinar el organismo, el cerebro y la conducta en situaciones arquetípicas, como una pelea, una fuga, la caza, el apareamiento o la lucha por el estatus. En momentos importantes como éstos, necesitamos que todos los tejidos cooperen en la tarea que tenemos entre manos; no sería deseable tener que realizar diversas tareas al mismo tiempo. Tendría poco sentido disponer, digamos, de un sistema cardiovascular preparado para una pelea, un sistema digestivo organizado para ingerir un pavo, y un cerebro con ánimo para pasear por un campo de narcisos. Los esteroides, como un sargento instructor, aseguran que el cuerpo y el cerebro actúen de consuno como una única unidad de funcionamiento.

Los antiguos griegos creían que en momentos arquetípicos de la vida nos visitan los dioses, cuya presencia podemos sentir porque esos momentos –la batalla, el amor, el parto– son especialmente intensos, se los recuerda como decisivos en nuestra vida y durante su transcurso es como si disfrutáramos de poderes especiales. Pero, ¡ay!, lo que en esos momentos nos toca no es uno de los dioses del Olimpo, pobres criaturas de una creencia que ya no existe, sino una de nuestras hormonas.

En los momentos de asunción de riesgos, competición y triunfo, momentos de exuberancia, un esteroide en particular hace sentir su presencia y orienta nuestras acciones: la testosterona. En la Rockefeller University me encontré con un modelo de conducta alimentada por testosterona que ofrece una explicación tentadora del comportamiento del operador financiero durante las burbujas del mercado; es un modelo tomado de la conducta animal y que se conoce como «el efecto del ganador».

Según este modelo, dos machos que se traban en una pelea por un territorio o en una confrontación por una hembra experimentan, en anticipación a la competición, una subida de testosterona, estimulante químico que incrementa la capacidad sanguínea para aportar oxígeno y, con el tiempo, aumentar la masa muscular. La testosterona también afecta al cerebro, donde incrementa la confianza y la apetencia de riesgo del animal. Una vez decidida la batalla, el ganador emerge de ella con niveles aún más altos de testosterona; el perdedor, con niveles más bajos. El ganador, si entra en una nueva competición, lo hará con la testosterona ya alta, y esta imprimación androgénica lo pone en una actitud tal que le ayuda a salir nuevamente ganador. Los científicos han reproducido estos experimentos con atletas y creen que el bucle de retroalimentación de la testosterona puede explicar las rachas ganadoras y perdedoras en los deportes. Sin embargo, en algún momento de esta racha ganadora, el elevado nivel de esteroides comienza a ejercer el efecto opuesto en materia de éxito y de supervivencia. Se ha observado que, después de un tiempo, los animales que experimentan esta espiral ascendente de testosterona y victorias se enzarzan en más luchas y pasan más tiempo al aire libre, como consecuencia de lo cual sufren un aumento de la mortalidad. A medida que los niveles de testosterona suben, la confianza en uno mismo y la toma de riesgos va dando paso al exceso de confianza y a la conducta temeraria.

¿Podría darse también en los mercados financieros este subidón de testosterona, engreimiento y conducta imprudente? Este modelo parecía describir a la perfección el comportamiento de los operadores cuando el mercado alcista de los años noventa tomó la forma de burbuja tecnológica. Cuando estos operadores, en su mayoría varones jóvenes, ganan dinero, sus niveles de testosterona se elevan, lo que a su vez aumenta la confianza en sí mismos y la apetencia de riesgos, hasta que la creciente racha ganadora de un mercado en alza los vuelve un tanto delirantes, excesivamente confiados y en busca desmesurada de riesgos, como los mencionados animales que se aventuran al aire libre, ajenos a los peligros. Me pareció que el efecto del ganador era una explicación plausible del impacto químico que recibían los operadores, impacto que exagera el alza del mercado para convertirlo en una burbuja. Este papel de la testosterona también parecía explicar por qué las mujeres se mostraban relativamente poco afectadas por la burbuja, ya que tienen entre un 10 y un 20 % del nivel de testosterona de los hombres.

Cuando analizaba esta posibilidad durante la burbuja del puntocom, me hallaba bajo la particular influencia de la descripción de los efectos euforizantes de la testosterona que ofrecían personas a las que les había sido prescrita. A los pacientes que padecen cáncer, por ejemplo, se les suele administrar testosterona porque, como esteroide anabólico —es decir, que fomenta la creación de reservas de energía, como los músculos—, les ayuda a ganar peso. Una descripción brillante y particularmente influyente de sus efectos es la que ha realizado Andrew Sullivan, publicada en la *New York Times Magazine* en abril de 2000.[7] En ella Sullivan describía con vivacidad la inyección de una sustancia dorada y aceitosa a unos ocho centímetros de profundidad en la cadera cada dos semanas: «En realidad, siento su poder casi diariamente», informó. «En el término de horas, o un día como máximo, experimento una profunda oleada de energía. Provoca menos nervios que un expreso doble, pero es igualmente poderosa. Se me acorta el período atencional. En los dos o tres días posteriores a la aplicación me cuesta más concentrarme en escribir y siento la necesidad de hacer más ejercicio físico. Tengo el ingenio agudizado y la mente más rápida, pero el juicio es más impulsivo. No se diferencia gran cosa de una especie de impaciencia que me entra antes de hablar ante una audiencia, acudir a una primera cita o subir a un avión, pero me envuelve de una manera menos abrupta, más consistente. En resumen, me siento preparado. ¿Para qué? Eso apenas parece importar.» Esas palabras de Sullivan perfectamente podrían haber descrito lo que siente un corredor de bolsa en el parqué.

PESIMISMO IRRACIONAL

Si la testosterona parecía tener muchas probabilidades de ser la molécula de la exuberancia irracional, otro esteroide parecía tener las mismas probabilidades de ser la molécula del pesimismo irracional: el cortisol.

El cortisol es la principal hormona de la respuesta de estrés, respuesta corporal al daño o la amenaza. El cortisol funciona conjuntamente con la adrenalina, pero mientras que ésta es una hormona de acción rápida, que produce efectos en cuestión de segundos y tiene una semivida biológica en la sangre de sólo dos o tres minutos, el cortisol contribuye a sostenernos durante un asedio prolongado. Si en una excursión por el bosque oímos un rumor entre las matas, podemos sospechar que se trata de un oso pardo, de modo que la inyección de adrenalina que recibimos está destinada a advertirnos del peligro. Si el ruido termina por no ser más que el silbido del viento entre las hojas, nos tranquilizamos y la adrenalina desaparece rápidamente. Pero si efectivamente nos acecha un depredador y la persecución se prolonga varias horas, el cortisol se hace cargo del control de nuestro organismo. Esta sustancia da la orden de detenerse a todas las funciones de larga duración y elevado coste metabólico, como la digestión, la reproducción, el crecimiento, el almacenamiento de energía y, tras un tiempo, incluso la función inmunológica. Al mismo tiempo, empieza a descomponer reservas de energía y enviar a la sangre la glucosa liberada. En resumen, el cortisol da una orden importante y de gran alcance: ¡glucosa, ya! En este momento decisivo de la vida, el cortisol ha organizado una completa actualización de las fábricas del organismo, sustituyendo bienes de ocio y consumo por material de guerra.

En el cerebro, el cortisol, al igual que la testosterona, tiene inicialmente los beneficiosos efectos de aumentar la excitación y agudizar la atención, con el añadido de promover una ligera emoción ante el desafío, pero cuando los niveles de la hormona ascienden y se mantienen elevados, empieza a producir los efectos contrarios –la diferencia entre la exposición a corto o a largo plazo a una hormona es una distinción importante que trataremos más adelante en este libro– y promueve sentimientos de ansiedad, una evocación selectiva de recuerdos perturbadores y una tendencia a ver peligro donde no existe. Las hormonas del estrés crónico y el estrés muy elevado pueden estimular en los operadores financieros y los gestores de activos una rigurosa y tal vez irracional aversión al riesgo.

La investigación que encontré sobre hormonas esteroides me sugirió, por tanto, la siguiente hipótesis: es probable que, tal como predice el efecto del ganador, en un mercado alcista aumente la testosterona, incrementando la toma de riesgos y exagerando el alza hasta convertirla en una burbuja. Por otro lado, es probable que en un mercado a la baja aumente el cortisol, produciendo en los operadores una espectacular y tal vez irracional aversión al riesgo que exagere la liquidación de valores hasta terminar en un crac. De esta manera, las hormonas esteroides que se acumulan en el organismo de operadores e inversores pueden alterar sistemáticamente las conductas de riesgo durante el ciclo de negocios y desestabilizarlo.

Si esta hipótesis del bucle de retroalimentación es correcta, para comprender cómo funcionan los mercados financieros necesitamos recurrir a algo más que a la economía y la psicología; necesitamos también de la investigación médica, necesitamos considerar seriamente la posibilidad de que durante las burbujas y los cracs la comunidad financiera, víctima de niveles crónicamente elevados de esteroides, se convierta en una población clínica. Y esta posibilidad cambia profundamente la manera de concebir los mercados y la manera de abordar el tratamiento de sus patologías.

Con el tiempo, y con el aliento de diversos colegas, llegué a la conclusión de que esta hipótesis debería someterse a prueba. Así las cosas, me retiré de Wall Street y volví a la Universidad de Cambridge, donde previamente había obtenido un doctorado en economía. Pasé los cuatro años siguientes formándome en neurociencia y endocrinología y comencé a diseñar un protocolo experimental para poner a prueba la hipótesis según la cual el efecto del ganador existe realmente en los mercados financieros. Luego realicé una serie de estudios en un parqué de la City de Londres. Los resultados de estos experimentos proporcionaron sólidos datos preliminares en apoyo de la hipótesis de que las hormonas, y más en general las señales del cuerpo, influyen en la asunción de riesgos de los operadores financieros. Más adelante veremos estos resultados.

LA MENTE Y EL CUERPO EN LOS MERCADOS FINANCIEROS

La investigación sobre la retroalimentación entre el cuerpo y el cerebro, incluso en el marco de la fisiología y la neurociencia, es relativamente reciente y sólo ha hecho limitadas incursiones en la economía. ¿Por qué? ¿Por qué hemos ignorado durante tanto tiempo que tenemos cuerpo y que nuestro cuerpo afecta a nuestra manera de pensar?

La razón más probable es que nuestro pensamiento sobre la mente, el cerebro y la conducta ha sido moldeado por una poderosa idea filosófica que hemos heredado de nuestra cultura: la de

43

una división radical entre mente y cuerpo. Esta antigua idea ha calado profundamente en la tradición occidental, canalizando el cauce por el que ha discurrido toda la discusión sobre la mente y el cuerpo durante casi dos mil quinientos años. Nació con el filósofo Pitágoras, que necesitaba la idea de un alma inmortal para su doctrina de la reencarnación, pero la idea de una división entre la mente y el cuerpo fue acuñada en su forma más perdurable por Platón, quien afirmó que en nuestra carne decadente titila una chispa de divinidad: un alma eterna y racional. Posteriormente, San Pablo recogió la idea y la consagró como dogma del cristianismo. Este mismo edicto también la consagró como el enigma filosófico más tarde conocido como problema de la relación entre la mente y el cuerpo; y después, físicos como René Descartes, hombre de devoción católica y compromiso científico, se debatieron con el problema de cómo esta mente desencarnada podía interactuar con un cuerpo físico, para llegar finalmente a la memorable imagen de la presencia en la máquina de un fantasma que la vigila y le da órdenes.[8]

Hoy, el dualismo platónico, nombre con el que se conoce esta doctrina, es ampliamente discutido en la filosofía y prácticamente ignorado en la neurociencia. Pero hay un raro dominio en el que aún subsiste una visión tan pura de la mente racional como la concibieron Platón o Descartes: la economía.

Muchos economistas, o en todo caso los que se adhieren a un enfoque ampliamente aceptado que se conoce como economía neoclásica, dan por supuesto que nuestra conducta es voluntaria —en otras palabras, que elegimos nuestro comportamiento después de meditarlo— y está orientada por una mente racional. De acuerdo con esta escuela de pensamiento, somos ordenadores andantes que podemos calcular las recompensas que nos ofrece cada curso de acción en cualquier momento dado y sopesarlas en función de la probabilidad de que se hagan reales. Detrás de cada decisión de comer sushi o pasta, trabajar en la aeronáutica o en la banca, invertir en General Electric o en bonos del Tesoro, está el ronroneo de los cálculos de optimización de un gran ordenador.

Los economistas que hacen estas afirmaciones reconocen que,

en general, la gente no satisface este ideal, pero justifican su severo supuesto de racionalidad sosteniendo que la gente, generalmente, actúa «como si» hubiera realizado realmente esos cálculos. Estos economistas también sostienen que cualquier irracionalidad que mostremos en nuestra vida personal tiende a desaparecer cuando tenemos que tratar con cosas tan importantes como el dinero, porque entonces desplegamos toda nuestra astucia y nos aproximamos mucho al comportamiento que sus modelos predicen. Además, añaden, si no actuamos racionalmente con nuestro dinero, iremos a la quiebra y dejaremos el mercado en manos de los verdaderamente racionales. Eso significa que los economistas pueden seguir estudiando el mercado con un subyacente supuesto de racionalidad.

Este modelo económico es ingenioso y, por momentos, ciertamente hermoso. No en vano ha ejercido tan enorme influencia en generaciones de economistas, funcionarios de bancos centrales y planificadores económicos. Sin embargo, pese a su elegancia, la economía neoclásica ha sido objeto de la crítica cada vez más amplia de los sociólogos de mentalidad experimental que han catalogado pacientemente la multitud de maneras en que las decisiones y las conductas, tanto de los inversores aficionados como de los profesionales, se apartan de los axiomas de elección racional. Una razón de esta falta de realismo es, a mi juicio, que la economía neoclásica comparte un supuesto fundamental con el platonismo, a saber, que la economía debería centrarse en la mente y los pensamientos de una persona puramente racional. En consecuencia, la economía neoclásica ha ignorado ampliamente el cuerpo. Es una economía de cuello para arriba.

Lo que quiero decir es que en economía todavía subsiste algo muy parecido a la división platónica entre mente y cuerpo y que esta división ha entorpecido la comprensión de los mercados financieros. Si queremos entender cómo adopta la gente sus decisiones financieras, cómo reaccionan los agentes de bolsa y los inversores a los mercados volátiles, incluso cómo tienden los mercados a sobrepasar niveles sensibles, necesitamos reconocer que nuestro cuerpo tiene algo que decir a la hora de asumir riesgos. Muchos economistas pueden repetir que la importancia del dinero asegura que en lo que a él concierne actuemos racionalmente; pero tal vez sea precisamente esa importancia la que garantice una fuerte respuesta corporal. Es posible que el dinero sea lo último ante lo cual podamos mantenernos serenos.

La economía es una poderosa ciencia teórica con un cuerpo de resultados experimentales en constante crecimiento. Efectivamente, muchos economistas han cuestionado el supuesto de una racionalidad al estilo de Spock, incluso como supuesto simplificador, y un destacado grupo de ellos, empezando por el economista Richard Thaler, de Chicago, y dos psicólogos, Daniel Kahneman y Amos Tversky, han dado origen a una escuela rival conocida como conductual.[9] Los economistas conductuales han conseguido presentar una descripción más realista de nuestra relación con el dinero. Pero su importante obra experimental podría hoy extenderse sin problemas a la fisiología subyacente al comportamiento económico. Prueba de ello es que ya hay algunos economistas que han adoptado ese camino. Daniel Kahneman, por ejemplo, ha dirigido una investigación sobre la fisiología de la atención y la excitación, y recientemente ha señalado que pensamos con el cuerpo.[10]

Tiene razón. Pensamos con el cuerpo. Para comprender cómo el cuerpo afecta a la mente tenemos antes que reconocer que uno y otra evolucionaron conjuntamente para ayudarnos físicamente a aprovechar una oportunidad o a huir de una amenaza. Cuando estamos ante una oportunidad de ganar, como en el caso del alimento, el territorio o un mercado al alza, o ante una amenaza a nuestro bienestar, como puede ser un depredador o un mercado a la baja, el cerebro desata una tormenta de actividad eléctrica en nuestros músculos esqueléticos y órganos viscerales, con lo cual precipita en todo el cuerpo un torrente de hormonas que altera el metabolismo y la función cardiovascular a fin de producir una respuesta física. Estas señales somáticas y viscerales retroalimentan el cerebro e influyen en nuestro pensamiento —la atención, el humor, la memoria— para que se ponga en sincronía con la tarea física que tenemos entre manos. En realidad, sería científicamente más riguroso, aunque semánticamente más difícil, dejar de hablar por completo de cerebro y cuerpo, como si fueran separables, y hablar de la respuesta a los acontecimientos que da una persona en su totalidad.

Si comenzáramos a pensarnos de esta manera, veríamos cómo la economía y las ciencias naturales empiezan a fusionarse.[11] Esta perspectiva puede parecer futurista y hasta dar a alguien la impresión de ser algo temible e incluso deshumanizado. Admitamos que el progreso científico anuncia un horrible mundo nuevo, divorciado de los valores tradicionales, que nos arrastra en una dirección en la que no queremos ir. Pero no siempre es así. Hay ocasiones en que simplemente nos recuerda algo que alguna vez supimos, pero que hemos olvidado, y ése sería el caso en la situación que ahora nos ocupa. En efecto, el tipo de economía que sugieren los recientes avances de la neurociencia y la fisiología se limita a remitirnos a una antigua tradición del pensamiento occidental, tradición de sentido común y tranquilizadora, pero que ha sido enterrada bajo capas arqueológicas de ideas posteriores: el tipo de pensamiento iniciado por Aristóteles, pionero y uno de los más grandes biólogos de la historia, tal vez el que observó más de cerca y de modo más enciclopédico la condición humana y para quien, a diferencia de Platón, no había división entre cuerpo y alma.[12]

En sus obras de ética y de política, Aristóteles trató de bajar el pensamiento a la tierra, ya que la muletilla de los aristotélicos era «Pensad pensamientos mortales», y fundó su pensamiento ético y político en la conducta real de los seres humanos, no en comportamientos idealizados. Antes que amonestarnos con un dedo en alto y de hacer que nos avergoncemos de nuestros deseos y necesidades y del abismo existente entre nuestra conducta real y la vida pura de la razón, aceptaba nuestra manera de ser. Hoy, su enfoque más humano de la comprensión del comportamiento está en proceso de redescubrimiento. En Aristóteles tenemos un ejemplo antiguo de cómo fusionar naturaleza y cultura, de cómo diseñar instituciones que se acomoden a la biología.

La economía en particular podría beneficiarse de este enfoque,

Figura 1. Detalle de *La escuela de Atenas*, de Rafael. Platón, a la izquierda, tiene en una mano un ejemplar de su diálogo *Timeo* y con la otra señala al cielo, mientras que Aristóteles tiene en una mano un ejemplar de su *Ética* y con la otra señala el mundo que lo rodea, aunque la palma hacia abajo también parece expresar esta idea: «Platón, amigo mío, mantén los pies sobre la tierra.»

pues necesita poner otra vez el cuerpo en ella. Más que dar por supuesta la racionalidad y un mercado eficiente –cuyo resultado ha sido una comunidad financiera salvaje–, deberíamos estudiar la conducta de los operadores y de los inversores reales mucho más al modo en que lo hacen los economistas conductuales, sólo que agregando el estudio de la influencia de su biología. Si resulta ser cierto que su biología exagera los efectos de los mercados al alza y a la baja, tendremos que volver a reflexionar sobre cómo modificar los programas de formación, las prácticas de gestión e incluso las políticas gubernamentales a fin de contrarrestar esta exageración.

Pero me temo que, por el momento, tenemos lo peor de ambos mundos; es decir, una biología inestable asociada a unas prácticas de gestión del riesgo que aumentan los límites del riesgo durante la burbuja y los reducen durante el crac, unida a un programa de premios que recompensa la alta variabilidad de la especulación financiera. La naturaleza y la cultura conspiran hoy conjuntamente para producir desastres recurrentes. Unas políticas más efectivas deberían tener en cuenta las maneras de gestionar la biología del mercado. Una manera de hacerlo podría consistir en alentar en el seno de los bancos un mejor equilibrio entre hombres y mujeres y entre jóvenes y mayores, pues cada uno de estos grupos tiene una biología diferente.

LO QUE NOS UNE

Para poder comenzar con el relato que quiero presentar, necesitamos lograr previamente una mejor comprensión de cómo cooperan el cerebro y el cuerpo en la producción de nuestros pensamientos y nuestra conducta y, en última instancia, de nuestra asunción de riesgos. La mejor manera de hacerlo es observar lo que podría llamarse operación central del cerebro. ¿Qué sería esto? Dada nuestra herencia, podríamos sentirnos tentados de responder que el rasgo básico de nuestro cerebro, el más definitorio, es su capacidad para el pensamiento puro. Pero los investigadores en neurociencias han descubierto que el pensamiento consciente, racional, tiene un papel muy poco significativo en el drama de la vida mental. Muchos de estos científicos creen hoy que nos acercamos más a la verdad si decimos que la operación básica del cerebro es la organización del movimiento.

Esta afirmación puede tener el efecto de un shock —doy fe de que en mí lo tuvo— e incluso de una decepción. Pero si hubiera conocido su verdad antes de lo que la conocí, me habría ahorrado años de incomprensión. Cuando se comienza en neurociencia es común ir en busca del ordenador en el cerebro, dada nuestra asombrosa capacidad de razonamiento; pero si uno aborda el cerebro con ese objetivo, termina inevitablemente decepcionado, porque lo que encuentra es algo mucho más confuso de lo que esperaba. En efecto, las regiones cerebrales que procesan nuestras habilidades de razonamiento están inextricablemente ligadas a los circuitos motores. Hay una tendencia a sentir fastidio ante la falta de sencillez de esta arquitectura, y frustración ante la imposibilidad de aislar el pensamiento puro. Pero esa frustración es la consecuencia de haber partido de un conjunto de supuestos erróneos.

Sin embargo, si el lector aborda la concepción de su cerebro, su cuerpo y su conducta sólidamente inspirado en la idea de estar hecho para moverse, y si deja que esa idea lo penetre, estoy dispuesto a apostar que nunca volverá a verse de la misma manera. Llegará a comprender por qué siente tantas cosas como siente, por qué sus reacciones son a menudo tan rápidas que dejan atrás el pensamiento, por qué confía en las sensaciones instintivas, por qué es precisamente en las situaciones más importantes de su vida —ya sean momentos satisfactorios de flujo, de captación intuitiva, de amor, de asunción de riesgos, ya momentos traumáticos de temor, cólera y estrés—, cuando pierde toda conciencia de una división entre mente y cuerpo y éstos se fusionan. El verse a sí mismo como una unidad inescindible de cuerpo y cerebro puede implicar un cambio en la comprensión de sí mismo, pero se trata, creo, de un cambio auténticamente liberador.

2. PENSAR CON EL CUERPO

Con frecuencia los biólogos evolucionistas echan una mirada a nuestro pasado con el propósito de reconocer pequeños avances aquí y allá, mínimas diferencias entre nosotros y nuestros parientes animales que pudieran explicar el ascenso de los seres humanos a la cima de la cadena alimentaria. Como era de esperar, han descubierto que muchos de estos avances tuvieron lugar en el cuerpo: el desarrollo de las cuerdas vocales, por ejemplo; o un pulgar oponible, que nos dio la destreza manual para producir y usar herramientas; e incluso la postura erecta y la carencia de pelaje, que juntas nos permitieron –se ha sostenido que la primera por minimizar la superficie del cuerpo expuesta al sol del mediodía y la segunda por facilitar de manera importante el enfriamiento del cuerpo– correr tras presas más veloces, pero cubiertas de pelaje, hasta que éstas caían, agotadas por el calor.[1] En la sabana africana no teníamos necesidad de correr más rápido que nuestras presas ni de vencerlas en lucha, afirma esta teoría, sino que bastaba simplemente con enfriarnos mejor.

Gran parte de los avances que condujeron a nuestro predominio sobre otros animales se produjo realmente en el cuerpo, que con el tiempo se hizo más alto, más erecto, más rápido, más frío, más hábil y mucho más locuaz. Otros avances igualmente importantes tuvieron lugar en el cerebro. De acuerdo con algunas explicaciones evolucionistas, la prehistoria humana fue impulsada por el desarrollo del neocórtex, que es el nivel racional, consciente, más reciente y más externo del cerebro. Cuando esta estructura cerebral llegó a su plenitud, desarrollamos la capacidad de prever el futuro y escoger nuestras acciones y, con ello, liberarnos de los comportamientos automáticos y de la esclavitud animal respecto de las necesidades corporales inmediatas. Este relato de la evolución del cerebro y de la índole cada vez más abstracta del pensamiento humano es correcto en su mayor parte, pero también es la intriga secundaria de la historia de la evolución que más se presta a una mala interpretación. En efecto, de este relato se podría fácilmente deducir la importancia cada vez menor del cuerpo en nuestro éxito como especie. Un ejemplo extremo de este punto de vista puede encontrarse en la ciencia ficción, donde se suele presentar a los seres humanos del futuro como pura cabeza, un bulbo craneano asentado sobre un cuerpo atrofiado. En este género literario, así como en la imaginación popular, el cuerpo es concebido como reliquia de una prehistoria bestial que más vale olvidar.

La existencia misma de ese relato, que persiste en la imaginación popular, es un testimonio más del poder que sigue teniendo la antigua idea de una división entre el cuerpo y la mente, según la cual el cuerpo desempeña un papel secundario y en gran medida engañoso en nuestra vida, al tentarnos a abandonar la senda de la razón. No hace falta decir que se trata de un relato simplista. El cuerpo y el cerebro no evolucionaron por separado, sino conjuntamente. Algunos científicos han comenzado recientemente a estudiar las maneras en que los canales de comunicación entre el cuerpo y el cerebro se hicieron más complejos en los humanos que en otros animales, las maneras en que, con el tiempo, la unión de cerebro y cuerpo se ha hecho más firme, no menos. Apoyados en esta investigación podemos advertir que hay otro relato posible de nuestra historia, más completo y mucho más enigmático: que el auténtico milagro de la evolución humana fue el desarrollo de sistemas avanzados de control destinados a sincronizar el cuerpo y el cerebro.

En los humanos modernos, el cuerpo y el cerebro intercambian un torrente de información y ese intercambio tiene lugar entre iguales. Pensamos con frecuencia que no es así, que la información que procede del cuerpo no es otra cosa que datos que se introducen en el ordenador de la cabeza y que posteriormente, en base a ellos, el cerebro envía órdenes sobre lo que hay que hacer. Cambiando de analogía, tendemos a pensar el cerebro como titiritero y el cuerpo como títere. Es una imagen completamente errónea. La información enviada por el cuerpo es mucho más que meros datos; está cargada de sugerencias, a veces sólo susurradas, a veces transmitidas a gritos, sobre la manera en que el cerebro debiera emplearla. Los más insistentes de estos avisos informativos los experimentamos como deseos y emociones; los más sutiles y difíciles de discernir, como sensaciones instintivas. A lo largo del extenso período de la prehistoria de nuestra evolución, este input corporal del pensamiento ha demostrado ser esencial para el logro de rapidez en las acciones y corrección en el juicio. En realidad, si consideramos más detenidamente el diálogo entre el cuerpo y el cerebro apreciaremos adecuadamente la importancia decisiva de la contribución del cuerpo a la toma de decisiones y, en especial, a la asunción de riesgos, incluso en los mercados financieros.

POR QUÉ LOS ANIMALES NO PUEDEN HACER DEPORTE

Para liberarnos del lastre filosófico que nos ha impedido la comprensión del cuerpo y el cerebro, deberíamos empezar por hacernos una pregunta básica, tal vez la más básica de todo el campo de las neurociencias: ¿por qué tenemos cerebro? ¿Por qué algunas criaturas vivas, como los animales, tienen cerebro, mientras que otras, como las plantas, no lo tienen?

Daniel Wolpert, ingeniero y neurocientífico de la Universidad de Cambridge, da una enigmática respuesta a esta pregunta cuando nos cuenta la historia de un pariente muy lejano de los humanos, un pequeño animal marino conocido como tunicado. El tunicado nace con un cerebro pequeño, llamado ganglio cerebral, que se completa con una mancha en forma de ojo primi-

Figura 2. *Clavelina moluccensis*

tivo para percibir la luz y un otolito, órgano primitivo que percibe la gravedad y permite al tunicado orientarse horizontal o verticalmente. En su estadio de larva, el tunicado nada libremente en el mar en busca de ricos suelos alimenticios. Cuando encuentra un lugar prometedor, se adhiere al fondo del mar, primero con la cabeza. Luego procede a absorber su cerebro, con cuyos nutrientes construye sus sifones y su cuerpo en forma de túnica.[2] Así, el tunicado, meciéndose suavemente en las corrientes oceánicas y filtrando nutrientes del agua que pasa, vive el resto de sus días sin necesidad de cargar con un cerebro.

Para Wolpert, lo mismo que para muchos científicos de su misma orientación, el tunicado nos envía desde el pasado de nuestra evolución este importante mensaje: si no tenemos que movernos, no necesitamos un cerebro.[3] El tunicado, dicen, nos informa de que el cerebro es fundamentalmente práctico, que su papel principal no estriba en ocuparse del pensamiento puro, sino en planificar y ejecutar el movimiento físico. ¿Cuál es la finalidad, se preguntan, de nuestras sensaciones, nuestros recuerdos, nuestras habilidades cognitivas, si nada de esto conduce en algún momento a la acción, ya sea caminar, coger algo, nadar o comer, o incluso escribir? Si los seres humanos no necesitáramos movernos, tal vez preferiríamos, también nosotros, absorber nuestro cerebro, que es un órgano de elevado coste metabólico, puesto que consume diariamente un 20 % de nuestra energía. Los científicos que creen que el cerebro evoluciona primordialmente para controlar el movimiento –Wolpert usa la expresión «fanáticos de la motricidad» para referirse a sí mismo y a sus colegas– sostienen que el pensamiento se entiende mejor como planificación; incluso formas superiores de pensamiento, como la filosofía, arquetipo de la reflexión desencarnada, procede, según su teoría, secuestrando algoritmos que originariamente se desarrollaron para ayudar a planificar los movimientos. Nuestra vida mental, dicen estos científicos, está inexorablemente encarnada. Andy Clark, filósofo de Edimburgo, expresa acertadamente esta idea cuando afirma que hemos heredado «una mente en la pezuña».[4]

En consecuencia, para comprender el cerebro es preciso comprender el movimiento, lo que ha resultado ser mucho más difícil de lo que nadie hubiese imaginado, más difícil en cierto sentido que comprender los productos del intelecto. Tendemos a creer que el panteón de los logros humanos está formado por los libros que hemos escrito, los teoremas que hemos demostrado y los descubrimientos científicos que hemos realizado, así como que nuestra suprema vocación consiste en apartarnos de la carne, con su corrupción y su tentación, y volvernos hacia una vida de la mente. Pero a menudo esa actitud nos ciega ante la extraordinaria belleza del movimiento humano y ante su desconcertante misterio.

Ésta es la conclusión a la que llegaron muchos ingenieros que, en su intento de construir un modelo del movimiento humano o de imitarlo con un robot, se encontraron con la aleccionadora comprobación de que hasta el más simple de los movimientos humanos implica una pasmosa complejidad. Steven Pinker, por ejemplo, señala que la mente humana es capaz de comprender la física cuántica, decodificar el genoma y enviar un cohete a la luna, pero que estos logros resultan relativamente simples en comparación con la tarea de aplicar la ingeniería inversa al movimiento humano. Pongamos, por ejemplo, el andar. Un insecto de seis patas, incluso un animal de cuatro patas, siempre puede contar con un trípode de tres de ellas sobre el suelo para mantener el equilibrio mientras se desplaza. Pero ¿cómo se las arreglan para conseguir lo mismo criaturas de dos piernas, como los seres humanos? Hemos de soportar nuestro peso, impulsarnos hacia delante y mantener el centro de gravedad, todo eso sobre un solo pie. Cuando caminamos, explica Pinker, «estamos una y otra vez a punto de caernos y evitamos la caída justo a tiempo». El acto aparentemente simple de dar un paso es en realidad una hazaña técnica que, agrega este autor, «nadie ha logrado explicar hasta ahora».[5] Si quisiéramos observar la verdadera genialidad del sistema nervioso, no deberíamos fijarnos tanto en las obras de Shakespeare, Mozart o Einstein, sino en un niño construyendo un castillo con un mecano o en una persona corriendo por un terreno desigual, pues sus movimientos entrañan la solución de problemas técnicos que, por el momento, trascienden las posibilidades del entendimiento humano.

A una conclusión parecida ha llegado Wolpert, quien señala que hemos sido capaces de programar un ordenador que supera a un gran maestro de ajedrez porque la tarea no es más que un gran problema de computación –elaborar todos los movimientos posibles hasta el final de la partida y escoger el mejor– y puede resolverse con una gran capacidad de cálculo. Pero todavía no hemos sido capaces de construir un robot con la velocidad y la destreza manual de un niño de ocho años.[6]

Nuestras capacidades físicas siguen inspirando admiración incluso cuando se las compara con las de los animales. Tendemos a pensar que a medida que evolucionamos desde el cuerpo hacia cerebros más grandes fuimos dejando proezas físicas por el camino, con las bestias. Podemos tener un córtex prefrontal más grande que el de cualquier animal en relación con el tamaño del cerebro,[7] pero los animales nos superan claramente en cualquier medida de rendimiento físico. No somos tan grandes como un elefante, ni tan fuertes como un gorila, ni tan rápidos como un guepardo. No tenemos una nariz tan sensible como la de un perro, ni ojos como los de un águila. No podemos volar como un ave, ni nadar bajo el agua como una ballena. Nos perdemos fácilmente en el bosque y terminamos caminando en círculos, mientras que los murciélagos tienen radar y las mariposas monarcas tienen GPS. En consecuencia, las medallas de oro por logros físicos corresponden al reino animal en todos los campos.

Pero ¿es esto cierto? Tenemos que enfocar la cuestión desde otro punto de vista. Porque lo que es verdaderamente extraordinario de los seres humanos es su facilidad para aprender movimientos físicos que en cierto sentido no son naturales, como los del baile clásico, o los que se requiere para tocar la guitarra, hacer gimnasia o pilotar un avión en un combate aéreo, y además perfeccionarlos. Piénsese, por ejemplo, en las habilidades que despliega un esquiador que, además de descender por una ladera a más de 140 kilómetros por hora, tiene que practicar el *carving*, a veces sobre hielo puro, exactamente a tiempo, con apenas unos pocos milisegundos de diferencia entre una actuación ganadora y un accidente mortal. Se trata de un notable logro para una especie que lleva muy poco tiempo de afición a las pendientes. Ningún animal puede hacer nada parecido. No es asombroso que los Juegos Olímpicos atraigan a multitudes tan grandes, pues en ellos somos testigos de una perfección física sin parangón en el mundo animal.

También en la sala de conciertos se pueden ver notables proezas de habilidad física. Los dedos de un gran pianista pueden borrarse en una nube de movimientos cuando aborda una pieza de gran dificultad. Los diez dedos trabajan simultáneamente, percutiendo las teclas con tanta rapidez que el ojo no puede seguirlos; sin embargo, cada uno puede estar tocando una tecla con fuerza y frecuencia distintas, unos demorándose sobre la tecla para sostener una nota, otros saltando de ella casi instantáneamente, todo lo cual da como resultado una actuación organizada para comunicar un tono emocional o evocar determinada imagen. La hazaña física es en sí misma algo extraordinario, pero que esa actividad frenética esté tan estrictamente controlada que pueda producir significado artístico, eso es prácticamente inverosímil.

Un concierto de piano es un acontecimiento extraordinario para observar y oír.

Los humanos hemos soñado siempre con romper los vínculos de la esclavitud terrenal y, tanto en deporte como en música o danza, hemos estado cerca de conseguirlo. Nuestra incomparable habilidad llevó a Shakespeare a cantar al cuerpo humano en estos términos: «En forma y movimiento, ¡cuán expresivo y maravilloso! En sus acciones, ¡qué parecido a un ángel!»* No podemos evitar preguntarnos cómo hemos desarrollado este genio físico, cómo hemos aprendido a movernos como los dioses. Eso fue posible porque desarrollamos el tamaño del cerebro. Y junto con el cerebro más grande llegaron movimientos físicos cada vez más sutiles y conexiones cada vez más densas con el cuerpo.

La región del cerebro que experimentó el crecimiento más explosivo en los seres humanos fue, naturalmente, el neocórtex, hogar de la elección y la planificación. El neocórtex ampliado condujo al esplendor del pensamiento superior; pero hay que subrayar que la evolución del neocórtex se produjo conjuntamente con la de un tracto corticoespinal, que es el haz de fibras nerviosas que controlan la musculatura del cuerpo. Y el mayor tamaño del neocórtex y de los nervios con él relacionados permitieron un tipo nuevo y revolucionario de movimiento: el control voluntario de los músculos y el aprendizaje de nuevas conductas. El neocórtex nos dio en realidad la lectura, la escritura, la filosofía y las matemáticas, pero antes nos dio la capacidad de aprender movimientos que nunca habíamos realizado, como producir herramientas, arrojar una flecha o montar a caballo.[8]

Sin embargo, también hubo otra región del cerebro que creció en realidad más que el neocórtex y contribuyó a hacer posibles nuestras proezas físicas: el cerebelo (véase la figura 3). El cerebelo ocupa la parte más baja de la protuberancia que sobresale en la parte posterior de la cabeza. Acumula los recuerdos de cómo se hacen cosas tales como andar en bicicleta o tocar la flauta, así como

* *Hamlet*, acto 2, escena 2, traducción de Luis Astrana Marín. *(N. del T.)*

programas para movimientos rápidos y automáticos. Pero el cerebelo es una parte extraña del cerebro, porque parece añadida, casi como si se tratara de otro pequeño cerebro independiente. Y en cierto modo lo es, porque el cerebelo actúa como un sistema operativo para el resto del sistema nervioso. Realiza operaciones neurales con mayor rapidez y mayor eficiencia, de modo que su contribución al cerebro se parece mucho a la de un chip extra de RAM agregado a una computadora. Donde el cerebelo desempeña de modo más notable este papel es en los circuitos motores de nuestro sistema nervioso, pues coordina las acciones físicas, les da precisión e instantaneidad. Cuando el cerebelo no funciona bien, que es lo que ocurre cuando estamos borrachos, por ejemplo, aún podemos movernos, pero nuestras acciones se vuelven más lentas y descoordinadas. Lo curioso es que el cerebelo organice la ejecución del propio neocórtex. De hecho, hay pruebas arqueológicas que indican que los humanos modernos pudieron haber tenido en realidad un neocórtex más pequeño que el de los neandertales con aspecto de troles;[9] pero teníamos en cambio un cerebelo más grande y eso fue lo que nos proveyó de un sistema operativo más eficiente y, en consecuencia, de mayor poder cerebral.[10]

El cerebelo expandido condujo a nuestros logros artísticos y deportivos sin parangón. También contribuyó a la pericia a la que nos entregamos confiados cuando nos ponemos en manos de un cirujano. Hoy, en que cuerpo y cerebro están íntimamente unidos, cuando aplicamos nuestra formidable inteligencia a la acción física producimos movimientos que no se parecen a nada que se haya visto jamás en la Tierra. Se trata de una forma de excelencia exclusivamente humana y merece un reconocimiento tan admirativo como las obras de filosofía, literatura y ciencia que ocupan nuestros panteones.

ACELERAR EL CEREBRO

El movimiento requiere energía, lo que significa que el cerebro tiene que organizar no sólo el movimiento propiamente dicho,

59

sino también las operaciones de soporte de los músculos. ¿Qué operaciones son ésas? No se diferencian gran cosa de las que tienen lugar en un motor de combustión interna. El cerebro tiene que organizar la búsqueda y la ingestión de combustible, que en nuestro caso es la comida; tiene que mezclar el combustible con oxígeno para poder quemarlo; tiene que regular el flujo de sangre a fin de hacer llegar este combustible y este oxígeno a las células de todo el cuerpo; tiene que enfriar el motor antes de que la combustión lo recaliente; y, por último, tiene que expulsar el dióxido de carbono sobrante de la quema del combustible.

El significado de estos simples procesos propios de la ingeniería es que los pensamientos están íntimamente ligados a la fisiología. Las decisiones son decisiones sobre algo por hacer, de modo que los pensamientos están, en su origen mismo, cargados de implicaciones físicas y de hecho los acompaña un veloz cambio en el sistema motor, el metabólico y el cardiovascular, cambio que los prepara para los movimientos que puedan requerirse a continuación. Pensar en las opciones que se abren ante nosotros en un momento dado, pasar revista a las posibilidades, desencadena una rápida serie de cambios somáticos. Esto puede observarse muchas veces en el rostro de una persona que está pensando: ojos más abiertos o entrecerrados, pupilas dilatadas, piel enrojecida o empalidecida, expresiones faciales volubles y huidizas como el tiempo. Todos los pensamientos que implican la elección de una acción implican también la transmutación caleidoscópica de un estado corporal en otro. La elección es una experiencia del cuerpo entero.

De esto nos acordamos forzosamente cada vez que consideramos la toma de riesgos, en especial en los mercados financieros. Si, por ejemplo, leemos acerca del estallido de una guerra u observamos un crac de la bolsa de valores, la información provoca una enérgica respuesta corporal: inspiramos profundamente, el estómago se nos hace un nudo y los músculos se tensan, enrojecemos, sentimos el latido de un corazón que se prepara para la acción y en la piel asoma un ligero brillo de sudor. Tan acostumbrados estamos a estos efectos físicos, que los damos por supuestos y perdemos de vista su significado. Porque el hecho de que esta información, simples letras en una página o precios en una pantalla, pueda provocar una fuerte reacción corporal e incluso, en caso de crear incertidumbre y estrés, dar lugar a enfermedades físicas, nos está diciendo algo importante acerca de nuestra constitución. No registramos la información como lo haría un ordenador, fríamente, sino que reaccionamos a ella de forma física. El cuerpo y el cerebro se aceleran y se desaceleran conjuntamente. En realidad, gran parte de la industria del ocio está construida sobre la base de esta pieza tan simple de la fisiología: ¿leeríamos acaso novelas o iríamos por ventura al cine si estas experiencias no nos sacudieran el organismo como una montaña rusa?

La idea fundamental, sobre cuya importancia nunca se podrá enfatizar lo suficiente, es que cuando afrontamos situaciones que presentan una novedad, incertidumbre, una oportunidad o una amenaza, sentimos lo que sentimos debido a los cambios que se producen en un cuerpo que se prepara para el movimiento. El estrés es un ejemplo perfecto de lo que acabamos de decir. Tendemos a pensar que lo que define el estrés son sobre todo pensamientos perturbadores, el disgusto por algo malo que nos ha sucedido o que nos va a suceder, que se trata de un estado puramente psicológico. Pero lo cierto es que los aspectos desagradables y peligrosos de la respuesta de estrés –malestar de estómago, hipertensión sanguínea, elevados niveles de azúcar en sangre, ansiedad– deberían entenderse como la preparación gastrointestinal, cardiovascular, metabólica y de atención al esfuerzo físico inminente. Hasta las sensaciones instintivas en las que tanto confían los agentes de bolsa y los inversores deberían considerarse bajo esta luz, pues son mucho más que meras corazonadas acerca de lo que va a pasar en el futuro inmediato, son cambios que se producen en el cuerpo de los operadores y los inversores cuando preparan una respuesta física adecuada, ya se trate de pelear, huir, celebrar algo o lamentarse en busca de alivio. Y puesto que en el momento de emerger, el movimiento tiene que tener la velocidad del rayo, estas sensaciones viscerales se generan con gran rapidez, a menudo antes de que la conciencia sea capaz de detectarlas, y se transmiten a las distintas partes del cerebro, de lo cual tenemos apenas un conocimiento oscuro y difuso.

EL CONTROL DE NUESTRO ESTADO INTERIOR

Para estar unidos de esta manera, el cuerpo y el cerebro deben mantener un diálogo permanente, proceso que, tal como dijimos más arriba, se conoce como homeostasis. Los niveles de oxígeno en sangre deben mantenerse dentro de bandas estrechas, lo que ocurre gracias a la modulación en gran medida inconsciente de nuestra respiración, y lo mismo pasa con la frecuencia cardíaca y la presión arterial. La temperatura corporal también debe mantenerse dentro de un margen de uno o dos grados por arriba o por debajo de los 37 °C. Si desciende por debajo de ese margen, el cerebro da instrucciones a los músculos para que se pongan a tiritar y a las glándulas suprarrenales para que eleven la temperatura corporal. También es preciso informar sobre los niveles de azúcar en sangre y mantenerlos dentro de márgenes estrictos, y, si llegan a caer, dando síntomas de hipoglucemia, el cerebro responde de inmediato con la consiguiente cantidad de hormonas, incluidas la adrenalina y el glucagón, que libera la glucosa almacenada para que sea repartida por el cuerpo. Es grandísima la cantidad de señales corporales que procesa el cerebro y que llegan de prácticamente cada tejido, cada músculo y cada órgano.

Gran parte de esta regulación corporal es una tarea asignada a la zona más antigua del cerebro, acertadamente conocida como cerebro reptiliano, y en particular a una zona de éste llamada tallo o tronco cerebral (véase la figura 3). Asentado sobre la parte superior de la columna vertebral y con aspecto de un puño pequeño y nudoso, el tallo cerebral controla un considerable número de reflejos automáticos del cuerpo –respiración, presión arterial, frecuencia cardíaca, sudor, parpadeo, sobresalto–, además de los generadores de pautas que producen los movimientos repetitivos irreflexivos, como los de masticar, tragar, caminar, etc. El tallo cerebral actúa a modo de sistema de soporte de la vida del cuerpo; puede ocurrir que tengamos dañadas otras zonas más desarrolladas del cerebro, las responsables de la conciencia, por ejemplo, hasta el punto de hallarnos en estado de «muerte cerebral», como suele decirse, y sin embargo podemos seguir viviendo en coma todo el tiempo que el tronco cerebral continúe operativo. No obstante, a medida que los animales evolucionaron, el sistema de circuitos nerviosos que unen al cerebro órganos viscerales tales como los intestinos y el corazón se fue haciendo cada vez más complejo. De los anfibios y los reptiles a los mamíferos, primates y humanos, el cerebro creció en complejidad y con ello se produjo una mayor capacidad de regulación del cuerpo.

Un anfibio como la rana, por ejemplo, no puede impedir la evaporación incontrolada de agua de su piel, de modo que debe estar constantemente dentro del agua o cerca de ella. Los reptiles pueden retener agua y, por tanto, vivir lo mismo en el agua que en el desierto. Pero éstos, al igual que los anfibios, son animales de sangre fría, lo que significa que para calentarse dependen del sol y del calor de las rocas y jamás están inmóviles en el agua fría. Puesto que no pueden hacerse cargo de controlar su temperatura corporal, los anfibios y los reptiles tienen cerebros relativamente simples.

Los mamíferos, por otro lado, ejercieron un control mucho mayor de sus cuerpos y, en consecuencia, necesitaron mayor capacidad cerebral. Lo más notable es que comenzaron a controlar su temperatura interna, proceso llamado termorregulación. La termorregulación tiene un elevado coste metabólico, pues requiere la quema de un gran volumen de combustible para generar calor corporal, para tiritar cuando hace frío o sudar cuando hace calor, así como para producir pelaje en otoño y mudarlo en primavera. Un mamífero poco activo quema entre cinco y diez veces más energía que un reptil poco activo,[11] de modo que necesita almacenar mucho combustible. De resultas de esto, los mamíferos tuvieron que desarrollar reservas metabólicas enormemente incrementadas, pero, una vez equipados con ellas, tuvieron libertad para cazar por doquier. La aparición de los mamíferos revolucionó la vida salvaje y se la podría comparar con la terrorífica invención de la guerra mecanizada. Los mamíferos, como los tanques, podían llegar mucho más lejos y mucho más rápido que sus enemigos más primitivos, así que resultaron imparables. Pero su movilidad requería una administración más cuidadosa de las líneas de aprovisionamiento, tarea de la que se encargaron los circuitos homeostáticos más avanzados.

Los humanos, por su parte, ejercieron aún más control de su cuerpo que los mamíferos inferiores. Este desarrollo se refleja en un sistema nervioso más desarrollado y en un diálogo más extendido y animado entre el cuerpo y el cerebro. Cierta evidencia de este proceso nos la proporcionan los estudios comparativos de las estructuras cerebrales en los animales y en los humanos. En un notable estudio de anatomía cerebral comparada, un grupo de científicos observó las diferencias de tamaño de diversas regiones cerebrales (medidas porcentualmente sobre el peso total del cerebro) en primates actuales para comprobar qué regiones guardan correlación con el arco vital, y consideró esa medida la representación de la supervivencia.[12] Este estudio mostró que, además del neocórtex y el cerebelo, hay otras dos zonas en el cerebro que también tuvieron un desarrollo relativamente mayor en los humanos, y lo más notable es que se trata de dos regiones con funciones en el control homeostático del organismo: el hipotálamo y la amígdala (véase la figura 3).

El hipotálamo, situado en la intersección de las líneas que se proyectan hacia el interior del cerebro partiendo del puente de la nariz y la parte superior de las orejas, regula las hormonas y, a través de ellas, el apetito, el sueño, los niveles de sodio, la retención de agua, la reproducción, la agresión, etc. Funciona como el principal lugar de integración de la conducta emocional; en otras palabras, coordina las hormonas, el tronco cerebral y la conducta emocional en una respuesta corporal coherente. Por ejemplo, cuando un gato enfurecido bufa, arquea el lomo, ahueca el pelaje y segrega adrenalina, lo que ha organizado todas estas expresiones separadas de cólera y las ha orquestado en un acto emocional único y coherente es precisamente el hipotálamo.

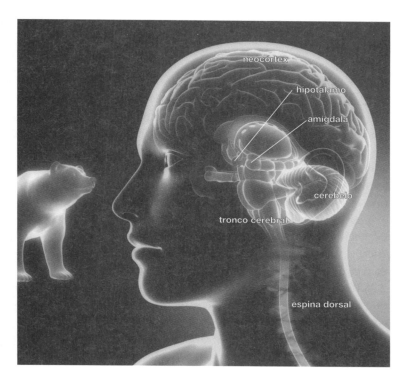

Figura 3. Anatomía básica del cerebro. El tronco cerebral, a menudo llamado cerebro reptiliano, controla procesos automáticos tales como la respiración, la frecuencia cardíaca, la presión sanguínea, etc.; el cerebelo almacena habilidades físicas y reacciones conductuales rápidas y contribuye también a la destreza manual, el equilibrio y la coordinación; el hipotálamo controla las hormonas y coordina los elementos eléctricos y químicos de la homeostasis; la amígdala procesa la información de sentido emocional; el neocórtex, la capa cerebral más reciente de la evolución, procesa el pensamiento discursivo, la planificación y el movimiento voluntario; la ínsula (situada en el extremo lateral y cerca del techo del cerebro ilustrado) recoge información procedente del cuerpo y la reúne en un sentido de nuestra existencia encarnada.

La amígdala asigna significado emocional a los acontecimientos. Sin la amígdala veríamos el mundo como una colección de objetos desprovistos de todo interés. Un oso pardo que se lanza-

65

ra sobre nosotros no nos produciría una impresión de amenaza mayor que la de un gran objeto en movimiento. Introducida la amígdala, el oso pardo se transmuta milagrosamente en un terrible depredador mortal que nos hace trepar al árbol más cercano. La amígdala es la región clave del cerebro para el registro del peligro en el mundo exterior y la que inicia la serie de cambios físicos conocidos como «respuesta de estrés». También registra signos de peligro procedentes del interior del cuerpo, como la agitación de la respiración y de la frecuencia cardíaca, el aumento de la presión arterial, etc., signos que también pueden disparar una reacción emocional.[13] La amígdala percibe el peligro, pone al cuerpo en estado de máxima alerta y es a la vez alertada por la excitación corporal. En ocasiones, esta influencia recíproca del cuerpo y la amígdala, la amígdala y el cuerpo, se autoalimenta para producir angustia extrema y ataques de pánico.

Algunas de las investigaciones más importantes que muestran que las conexiones entre el cerebro y el cuerpo se hicieron más complejas en los seres humanos son las que ha dirigido Bud Craig, fisiólogo de la Universidad de Arizona. Este investigador ha trazado el mapa de los circuitos nerviosos responsables de un fenómeno notable conocido como interocepción, que es la percepción del mundo físico interior.[14] Tenemos sentidos dirigidos hacia fuera, como la vista, el oído y el olfato, pero también tenemos algo muy parecido a órganos sensoriales dirigidos hacia dentro y que perciben los órganos internos, como el corazón, los pulmones, el hígado y otros. El cerebro, curioso irremediable, tiene estos aparatos de escucha —receptores que perciben el dolor, la temperatura, los gradientes químicos, el estiramiento de los tejidos, la activación del sistema inmune— en todo el cuerpo y, como si se tratara de agentes en el campo de operaciones, informan de todos los detalles a nuestros órganos internos. Estas sensaciones internas pueden llegar a hacerse conscientes, como ocurre con el hambre, el dolor, la distensión estomacal o intestinal, pero muchas de ellas, como los niveles de sodio o la activación del sistema inmune, se mantienen en gran parte inconscientes, o se alojan en los márgenes de nuestra conciencia. Sin embargo, esta información difusa que fluye desde todas las regiones del cuerpo es la que nos proporciona la sensación de bienestar o de malestar.[15]

La información interoceptiva es recogida por un bosque de nervios que retornan al cerebro desde todos los tejidos del cuerpo y viaja por los nervios que alimentan la espina dorsal o por la gran autopista de un nervio, llamado vago, que va del abdomen al cerebro reuniendo información del intestino, el páncreas, el corazón y los pulmones. Toda esta información se canaliza luego a través de diversos centros de integración, es decir, de regiones cerebrales que reúnen sensaciones individuales aisladas y las integran en una experiencia unificada, para terminar en una región del córtex llamada ínsula, donde se forma algo así como una imagen del estado del cuerpo en su totalidad. Craig estudió los nervios que conectan el cuerpo con el cerebro en diferentes animales y concluyó, primero, que las vías que conducen a la ínsula sólo están presentes en los primates y, después, que la conciencia del estado general del cuerpo sólo se encuentra en los seres humanos.[16]

Finalmente, y es lo más controvertido, Craig, junto con otros científicos como Antonio Damasio y Antoine Bechara, ha sugerido que las sensaciones instintivas y las emociones, la racionalidad e incluso la conciencia de uno mismo, deberían considerarse las herramientas más avanzadas que surgieron en el curso de la evolución para ayudarnos a regular el cuerpo.[17]

Con el progreso de la evolución, el cuerpo y el cerebro se fueron entrelazando en un abrazo cada vez más estrecho. El cerebro enviaba fibras que entraron en contacto con todos los tejidos del cuerpo, asegurando así el control del corazón, los pulmones, los intestinos, las arterias y las glándulas, refrescándonos cuando hacía calor y calentándonos cuando hacía frío; y el cuerpo, a su vez, devolvía mensaje tras mensaje al cerebro para darle a conocer sus deseos y necesidades y para sugerirle cómo debía comportarse. De esta manera, la retroalimentación entre el cuerpo y el cerebro se fue haciendo cada vez más compleja y extensa, nunca menos. No hemos desarrollado el cerebro para adaptarlo a un cuerpo atrofiado como el que vemos en las películas de ciencia ficción. El cerebro creció para controlar un cuerpo más complejo, un cuerpo capaz de usar una espada como Alejandro, tocar el piano como Glenn Gould, dominar una raqueta de tenis como John McEnroe o realizar intervenciones quirúrgicas cerebrales como Wilder Penfield.

En virtud de la investigación que aquí hemos esbozado, procedente de la fisiología, la neurociencia y la anatomía, hoy consideramos el cuerpo una eminencia gris que, detrás del cerebro, ejerce presión en los puntos y los momentos exactos, a fin de ayudarnos a preparar los movimientos. Pasito a pasito, por tanto, los científicos están restañando la antigua herida abierta entre la mente y el cuerpo. Y al hacerlo nos han ayudado a comprender de qué manera cooperan el cuerpo y el cerebro en momentos decisivos de la vida, como la asunción de riesgos, incluidos, con mayor razón aún, los riesgos financieros.

Segunda parte

El pensamiento instintivo

3. LA VELOCIDAD DEL PENSAMIENTO

UN TOQUE DE ATENCIÓN EN LA MESA DEL TESORO

El parqué que observaremos pertenece a un gran banco de inversión de Wall Street, situado a pocos pasos de la Bolsa de Valores y la Reserva Federal. Comenzamos la visita a primera hora de una mañana fresca de marzo. Apenas pasadas las siete, la oscuridad todavía cubre la ciudad y las luces de la calle aún están encendidas, pero los empleados de banca ya emergen de las estaciones de metro de Broadway, Broad Street y Bowling Green o bajan de taxis y limusinas frente a nuestro banco. Mujeres con ropa de Anne Taylor y zapatillas deportivas toman café; hombres vestidos en Brooks Brothers, recién lavados y peinados, contemplan el día que comienza con la misma mirada fija de un atleta.

En la planta trigésima primera se abren las puertas del ascensor y los empleados son absorbidos por una inmensa sala de transacciones. Casi un millar de mesas dibujan su entramado de pasillos, cada una con media docena de pantallas de ordenador que pronto seguirán la marcha de los precios del mercado y controlarán las novedades de la red y las posiciones de riesgo. Ahora la mayoría de las pantallas están negras, pero se van encendiendo una a una y el neón verde, naranja y rojo comienza a parpadear en la sala. Un alboroto creciente absorbe las voces individuales. Ante la ventana del frente, al otro lado de la calle estrecha, se levanta otra torre de oficinas, también de vidrio y tan cercana que casi se puede leer el periódico que ha quedado sobre una mesa. Por la ventana lateral se ve, a un nivel más bajo, un edificio catalogado de los años veinte, cuya azotea algo retirada, con los pilares coronados por figuras encapuchadas y los frisos que representan destellos solares, criaturas aladas y misteriosos símbolos de significado hace ya mucho tiempo olvidado, es una obra maestra de art déco. Durante los momentos de distensión, los empleados contemplan esta civilización perdida y les invade una momentánea nostalgia de aquella época glamurosa, la Era del Jazz, cuyos recuerdos son sólo algunos de los fantasmas que pueblan esta calle de ilustre historia.

En preparación para el día que se inicia, los operadores financieros empiezan a llamar a Londres para preguntar qué ha ocurrido durante la noche. Una vez que han cogido el hilo del mercado, toman uno a uno el control de las respectivas carteras de valores, transfiriendo el riesgo a Nueva York, donde será monitorizado y cotizará en bolsa hasta que, al atardecer, haga su entrada Tokio. Estos operadores trabajan en tres departamentos separados: de bonos (a menudo denominado de ingresos fijos), de divisas y de materias primas, mientras que en la planta de abajo una sala de negociaciones de similares dimensiones alberga el departamento de capital accionario. Cada departamento se divide a su vez en operadores y vendedores. Los vendedores de un banco son los responsables de convencer a sus clientes –fondos de pensiones, compañías aseguradoras, fondos mutuos, en resumen, las instituciones que gestionan los ahorros del mundo– de que inviertan su dinero o realicen sus negocios con operadores del banco. Si uno de esos clientes decide hacerlo, el vendedor toma un pedido de compra o venta de un valor, digamos bonos del Tesoro, o un paquete de divisas, digamos dólares-yenes, y ese pedido es ejecutado por el operador encargado de crear mercados en este instrumento.

Uno de estos clientes, DuPont Pension Fund, con su propuesta del único gran negocio de la mañana, anima un día que no parecía presentar nada interesante. DuPont ha acumulado aportaciones de sus empleados al fondo de pensiones por valor de 750 millones de dólares y necesita invertir esos fondos. Escoge hacerlo en bonos del Tesoro de Estados Unidos a diez años, con el cobro de cuyos intereses financiará los beneficios de pensión de los empleados que se jubilen. Todavía es temprano, sólo las nueve y media, y la mayoría de los mercados están aletargados por la inactividad, pero la gestora de fondos desea ejecutar esta operación antes de la tarde. Será entonces cuando la Reserva Federal anuncie su decisión de elevar o bajar las tasas de interés, y pese a que la comunidad financiera en general no espera ninguna novedad a este respecto, la gestora de fondos no desea asumir riesgos innecesarios. Además, durante meses ha estado preocupada por lo que considera un mercado de valores insosteniblemente alcista y la posibilidad nada remota de un crac.

La gestora de fondos busca en su teléfono los números de sus cuatro o cinco bancos preferidos en materia de bonos del Tesoro. Morgan Stanley le envió ayer una investigación muy perspicaz y tal vez debería darle una oportunidad. Goldman puede ser agresivo con el precio. Deutsche Bank agasaja bien a sus invitados; el verano pasado el equipo de ventas de fuera de Europa la llevó a la Henley Regatta. Después de un momento de indecisión, prescinde de estos bancos y decide en cambio dar una oportunidad a su amiga Esmee. Por la vía directa, sin la cháchara habitual, dice: «Esmee, 750 millones para bonos del Tesoro a diez años, ¡ya!»

Esmee, la vendedora, cubre el micrófono de su teléfono y grita al operador de la mesa del Tesoro: «¡Martin, 750 millones a diez, DuPont!»

El operador pregunta también a gritos: «¿Está en competencia?», con lo que quiere saber si DuPont está averiguando precios de una variedad de bancos. La ventaja de hacer un negocio en competencia es que DuPont se asegura la obtención de un precio agresivo; la desventaja es que varios bancos se enterarían de que hay un comprador importante y eso podría hacer que los precios se dispararan antes de que el fondo obtuviera sus bonos. Sin embargo, el mercado del Tesoro es ahora tan competitivo que la transparencia de precios ya no es un problema, de modo que, al fin y al cabo, es probable que, en interés de DuPont, convenga mantener en silencio esta operación. Esmee transmite a Martin que la operación no está en competencia, pero agrega: «Coge este negocio, chico. ¡Es DuPont!»

Mirando sus pantallas de operador financiero, Martin ve que los bonos del Tesoro a diez años cotizan a 100,24-100,25, lo que quiere decir que un banco que trata de comprarlos ofrece un precio de 100,24, mientras que otro, que trata de venderlos, los ofrece a 100,25. Los operadores colocan sus precios en las pantallas para evitar el tedioso proceso de llamar a todos los demás bancos con el objeto de averiguar cuáles son los que necesitan operar (a este respecto, un corredor de títulos no se diferencia de un agente inmobiliario), y también para mantener el anonimato. El precio de venta que acaba de aparecer en la pantalla de este agente es válido sólo para unos 100 millones de dólares. Si Martin ofrece a DuPont bonos por 750 millones de dólares a 100,25, no tiene seguridad de poder comprar los otros 650 millones al precio al que los ha vendido.

Para decidir sobre el precio correcto, Martin tiene que confiar en su intuición con los mercados para determinar su profundidad, o sea, cuánto puede comprar sin mover los precios, y si el mercado está en alza o en baja. Si el mercado se siente fuerte y las ofertas se reducen, puede ser que tenga que ofrecer los bonos a un precio mayor que el que indica la pantalla, digamos que a 100,26 o 100,27. Si, por otro lado, el mercado se siente débil, puede ofrecer los bonos exactamente al precio del lado de la oferta, 100,25, y esperar a que el mercado baje. Sea cual sea la decisión, ésta implicará un riesgo sustancial. No obstante, Martin ha estado toda la mañana registrando inconscientemente las pautas de negocio en las pantallas –las subidas y las bajadas, el volumen negociado, la velocidad del movimiento– y comparándolas con las que tiene almacenadas en la memoria. Ahora analiza mentalmente las opciones que se le presentan. Con cada una de ellas se produce en su cuerpo un pequeño y rápido cambio, tal vez una ligera tensión en los músculos, un estremecimiento de temor, un brote casi imperceptible de excitación, hasta que siente cuál es la opción correcta. Martin tiene un presentimiento, y con una convicción cada vez mayor cree que el mercado se debilitará. «Ofrece a 100,25.»

74

Esmee pasa la información a DuPont e inmediatamente contesta a Martin: «¡Hecho! Gracias, Martin, eres una maravilla.»

Martin pasa por alto el cumplido, sólo oye: «¡Hecho!» Ahora se encuentra en una posición de riesgo. Ha vendido por valor de 750 millones de dólares bonos que no posee –a vender un valor que no se posee se le llama «vender en corto»– y tiene que comprarlos. Hoy el mercado, lánguido como está, puede no parecer una gran amenaza, pero esta misma falta de liquidez plantea sus propios peligros: si el mercado no opera activamente, un gran negocio puede tener un efecto desproporcionado sobre los precios, y si Martin no actúa con sigilo, podría hacer subir el mercado. Además, por la propia naturaleza de éste, es imposible predecir qué ocurrirá, así que Martin no puede dejarse adormecer por una sensación de seguridad. Los bonos del Tesoro a diez años, que se consideran un refugio seguro en tiempos de crisis financiera o política, pueden aumentar su precio hasta un 3 % en un día, y si eso ocurriera, Martin perdería más de 22 millones de dólares.

Inmediatamente hace saber por la «*squawk box*» –sistema de intercomunicación que pone en contacto a todos los bancos del mundo– que está dispuesto a comprar a 100,24 a diez años. Tras unos minutos, un vendedor nocturno de Hong Kong responde y dice que el Banco de China le venderá 150 millones a 100,24. Los vendedores de todo Estados Unidos y Canadá proponen otras ventas, todas de diferentes volúmenes, hasta llegar a sumar 175 millones de dólares. Martin se siente tentado de coger el pequeño beneficio obtenido y comprar el resto de los bonos que necesita, pero ahora su presentimiento rinde sus frutos; el mercado se debilita, y cada vez son más los clientes que desean vender. El mercado empieza a bajar: 100,23-24, 100,22-23, luego 100,21-22. A estas alturas, coloca en la pantalla de cotizaciones una propuesta de 100,215, aparentemente alta si se tiene en cuenta la deriva del mercado a la baja. Su éxito es inmediato, pues compra 50 millones de dólares al primer vendedor, para elevar la cuenta hasta los 225 millones cuando entran en juego otros vendedores. Los operadores de otros bancos, al ver el volumen del negocio en la pantalla, se dan cuenta de que debe de haber intervenido algún gran comprador e invierten la tendencia, tratando ahora de comprar bonos, en competencia con Martin. Los precios empiezan a subir y Martin se debatirá, mientras siga teniendo un beneficio, ofreciendo precios cada vez más altos, primero 100,23, luego 100,24, y finalmente compra los últimos bonos que necesita a 100,26, precio ligeramente superior al que tenían cuando los vendió. Pero no importa: consigue rescatar a un promedio un poco inferior a 100,23 los bonos que había vendido en corto a 100,25.

Martin ha cubierto sus bonos en cuarenta y cinco minutos y ha obtenido una ganancia de 500.000 dólares limpios. Esmee recibe 250.000 dólares en crédito por ventas (cifra que determina su prima de fin de año y que debería representar la parte del beneficio de una operación que puede atribuirse a la buena relación que ha construido con su cliente. Es fácil imaginar las frecuentes discusiones entre el departamento de ventas y el de operaciones. Como perros y gatos). Aparece el gestor de ventas y da las gracias a Martin por su contribución al establecimiento de una mejor relación con un cliente importante. El cliente está contento por haber comprado bonos a niveles más bajos que los 100,26 del precio actual de mercado. Todo el mundo está contento. Unos pocos días más como éste y cualquiera puede comenzar a lanzar indirectas a la gerencia, aun estando a principios del año, pues las grandes expectativas están puestas en el tiempo de las primas. Martin se va a la cafetería con la sensación de ser invencible, mientras oye los comentarios que se susurran a su paso: «Este tío sí que tiene huevos, ¡mira que vender 750 millones de dólares a diez años exactamente al precio del lado de la oferta!»

Este episodio describe lo que ocurre en el parqué cuando las cosas van bien. Y, en general, en una mesa de operaciones del Tesoro las cosas no van demasiado mal. Claro que hay días peores, incluso meses; pero los acontecimientos realmente fatales, como las crisis financieras, afectan a otras mesas. Esto se debe a que los bonos del Tesoro se consideran menos arriesgados que otros activos como las acciones, los bonos de las corporaciones o los títulos con respaldo hipotecario. Así, cuando los mercados financieros se ven sacudidos por una de sus crisis periódicas, los clientes se apresuran a vender esos activos de riesgo y comprar bonos del Tesoro. El volumen de negocios del Tesoro se infla, las ofertas de compra se amplían y la volatilidad se dispara. En períodos como ésos, Martin puede realizar operaciones por miles de millones de dólares varias veces por día, y en lugar de conseguir uno o dos centavos de ganancia, puede llegar a medio punto, 5 millones de dólares en un abrir y cerrar de ojos. Una mesa del Tesoro gana en general tanto dinero durante una crisis, que ayuda a compensar las pérdidas en otras mesas más expuestas al riesgo del crédito.

Hay también otra razón que explica la posición privilegiada de la mesa del Tesoro en un parqué: la liquidez sin rival de los bonos del Tesoro. Se dice que un bono tiene liquidez si un cliente puede comprar y vender grandes paquetes de bonos sin un coste excesivo por la diferencia entre el precio de compra y el de venta y el pago de comisiones de operación. En condiciones normales, los clientes pueden comprar un bono del Tesoro a diez años a 100,25, por ejemplo, y venderlo inmediatamente, si necesitan hacerlo, a tan sólo un centavo menos. A modo de comparación, los bonos de las corporaciones, es decir los que emiten las compañías, se negocian con un diferencial de precios de entre 10 y 25 centavos, y a veces de hasta uno o dos dólares. El mercado del Tesoro es el más líquido de todos los mercados de bonos, por lo que se presta perfectamente a grandes flujos y rápidas ejecuciones. Los bonos del Tesoro son los purasangre de los instrumentos financieros.

Un mercado semejante requiere de los operadores un conjunto complementario de habilidades. Los operadores como Martin tienen que evaluar rápidamente los negocios del cliente y cubrir con destreza sus posiciones antes de que el mercado se vuelva contra ellos. Esto es especialmente cierto cuando los mercados aceleran la subida, pues entonces Martin no tiene tiempo de pensar. Si quiere evitar tener un exceso de bonos en un mercado a la baja o carecer de ellos en un mercado al alza, tiene que evaluar y ejecutar sus negocios al instante. En esto, su conducta se asemeja mucho menos a la del hombre económico racional que sopesa utilidades y calcula probabilidades que a la de un tenista en la red.

Ahora nos disponemos a observar la operación financiera de Martin mucho más a la manera en que lo haría el entrenador de un atleta, es decir, como una actuación física. En el capítulo anterior hemos visto que nuestro cerebro evolucionó para coordinar movimientos físicos, y éstos, por la mera naturaleza del mundo en que vivimos, tuvieron que ser rápidos. Pero no sólo tuvieron que ser rápidas nuestras acciones, sino también nuestro pensamiento. Como consecuencia de ello, llegamos a depender de lo que se entiende por procesamiento preatencional, esto es, respuestas motoras automáticas y sensaciones instintivas. Estos procesos viajan mucho más rápido que la racionalidad consciente y nos ayudan a coordinar el pensamiento y el movimiento cuando el tiempo es muy escaso. Nos detendremos en una extraordinaria investigación que muestra precisamente hasta qué extremo podemos no ser conscientes de lo que sucede realmente en nuestro cerebro cuando tomamos decisiones y asumimos riesgos.

En este capítulo nos alejamos del parqué y visitamos otros mundos, en los que la velocidad de las reacciones es tan crucial para la supervivencia, por ejemplo en la vida salvaje y la guerra, como para el éxito, por ejemplo en los deportes y las finanzas. En el capítulo siguiente observaremos las sensaciones instintivas. Estos capítulos nos proveerán de la ciencia que necesitamos, el relato del marco de referencia, que nos ayudará a comprender lo que encontremos en los capítulos siguientes, al volver al parqué y observar cómo sacude a Martin y sus colegas la rapidez de los movimientos del mercado.

EL ENIGMA DE LAS REACCIONES RÁPIDAS

Nuestra evolución se produjo en un mundo en el que con frecuencia se precipitaban sobre nosotros objetos peligrosos a toda velocidad. Un león que llegue corriendo a 80 kilómetros por hora desde unos 30 metros nos hundirá los dientes en el cuello en tan sólo un segundo, dejándonos muy poco tiempo para correr, trepar a un árbol, tensar un arco o incluso pensar en qué hacer. Una lanza arrojada en una batalla a más de 100 kilómetros por hora desde nueve metros nos perforará el pecho en apenas algo más de 300 milisegundos (milésimas de segundo), o sea, en alrededor de un tercio de segundo. Mientras el depredador o el proyectil se acercan y se nos agota el tiempo para escapar, la velocidad de las reacciones necesarias para sobrevivir debe permitir que esas reacciones quepan en el marco temporal de una brevedad difícilmente imaginable para nuestra mente consciente. En milenios de prehistoria, la diferencia entre seguir con vida y morir residía muchas veces en unas pocas milésimas de segundo en el tiempo de reacción. La evolución, como las pruebas de clasificación en los Juegos Olímpicos, se realizó contra el implacable tictac de un cronómetro.

Hoy las cosas no son muy diferentes, por ejemplo, en el deporte, la guerra o los mercados financieros. En el deporte hemos afinado las reglas y perfeccionado el equipo a tal extremo que, una vez más, como en la jungla, hemos superado nuestros propios límites biológicos de velocidad. Una pelota de críquet arrojada a 144 kilómetros por hora cubre 20 metros hasta la meta del bateador en alrededor de 500 milisegundos; una bola de tenis servida a 224 kilómetros por hora alcanzará la línea de base en menos de 400 milisegundos; un tiro de penalti en fútbol cubrirá los escasos 11 metros hasta la portería en unos 290 milisegundos; en el hockey sobre hielo, un lanzamiento del disco desde la línea azul impactará en la máscara del portero en menos de 200 milisegundos. En cada uno de estos casos, el lapso de menos de medio segundo del viaje del proyectil deja al atleta que lo recibe más o menos la mitad de ese tiempo para tomar la decisión de batear o no, devolver el servicio, saltar a la izquierda o a la derecha o tratar de coger el disco, pues el resto del tiempo debe dedicarse a iniciar la respuesta muscular o motora.

Ni siquiera estos brevísimos marcos temporales captan las velocidades verdaderamente portentosas que a menudo se le exigen al cuerpo humano. En el tenis de mesa, que muchos consideramos un juego relajado, una pelota rematada vuela a 112 kilómetros por hora, pero como la distancia entre los jugadores oscila entre sólo cuatro y cinco metros, el jugador que responde tiene unos 160 milisegundos para reaccionar. La diferencia entre ganar y perder se ha reducido a unas pocas milésimas de segundo en el tiempo de reacción. Similares son los tiempos de reacción que se encuentran en los velocistas, tan rápidos a la salida de los bloques –reaccionan al disparo de salida en apenas algo más de 120 milisegundos, y algunos se acercan incluso a los 100 milisegundos– que cada vez es más frecuente el empleo de lo que ha dado en llamarse revólveres silenciosos. Estas pistolas de salida producen un estampido que se oye a través de altavoces electrónicos situados detrás de cada corredor, de modo que todos oigan la señal de salida exactamente al mismo tiempo. Sin ese recurso, los corredores de las pistas más alejadas oirían el pistoletazo con una fatídica demora de 30 milisegundos, que es más o menos el tiempo que necesita el sonido del disparo para llegar hasta ellos.[1]

O piénsese en una de las posiciones más peligrosas del mundo deportivo, la del defensa próximo en el críquet. En un campo de críquet, este valiente jugador se planta, agachado en posición de espera, a una distancia del bateador que oscila entre cuatro y cinco metros, y algunos incluso más cerca. Aquí, sin la protección de los guantes, intenta coger la pelota cuando sale disparada del bate o bien apartarse de su camino. Una pelota de críquet es ligeramente más grande que una de béisbol y mucho más dura, y rebota de un bate en movimiento a velocidades de más de 160 kilómetros por hora. El defensa que hace frente a esta pelota debe ante todo procurar que no lo golpee el bate; luego tiene apenas 90 milisegundos, menos de una décima de segundo, para reaccionar ante el proyectil que se acerca. Una de las posiciones más cercanas recibe el acertado nombre de *silly point* (lugar insensato); en ella, a esa distancia del bateador, se puede hallar la muerte. Un jugador indio, Raman Lamba, resultó muerto por un pelotazo en la sien mientras jugaba en *short leg,* otra posición temiblemente cercana al bateador.

Proyectiles igualmente tremendos, algunos de ellos responsables de otros muchos daños, pueden hallarse en deportes de contacto como el karate y el boxeo, donde se ha cronometrado la terrorífica velocidad de los golpes. Norman Mailer, al informar sobre el Rugido de la Selva, que es el nombre con que se conoce la famosa pelea entre Muhammad Ali y George Foreman en Kinshasha, la capital de Zaire, en 1974, describe los ejercicios de calentamiento de Ali en el ring de esta manera: «se daba la vuelta lanzando al aire una caleidoscópica docena de golpes en dos segundos, no más: uno-Mississippi, dos-Mississippi, y los doce golpes estaban descargados. Gritos de la multitud al dejar de percibir los guantes con nitidez».[2] Si los números de Mailer son

Figura 4. Velocidad de las reacciones. Jo-Wilfred Tsonga se estira para lanzar una volea contra Novac Djokovic en Wimbledon, 2011. Si tenemos en cuenta que Djokovic ha golpeado un revés desde el fondo de la pista a unos 144 kilómetros por hora, Tsonga apenas ha tenido algo más de 300 milisegundos para responder.

correctos, un golpe de Ali habría hecho todo su recorrido en unos 166 milisegundos, aunque Foreman sólo habría tenido la mitad del tiempo para evitarlo. Lo cierto es que, después, mediciones más científicas cronometraron el *jab* de izquierda de Ali en poco más de 40 milisegundos.[3]

No es sorprendente que con frecuencia esos atletas que han de vérselas con objetos que se desplazan a gran velocidad, como las pelotas de críquet o los discos del hockey sobre hielo, no logren interceptarlos (o, en el boxeo, evitarlos). Pero si un atleta lo consigue, digamos, una de cada tres veces, como hace un buen jugador de béisbol cuando batea, su tasa de éxito se aproxima a la de muchos depredadores en la vida salvaje.[4] Por ejemplo, un león que persigue de cerca a un antílope, o un lobo que hace lo mismo con un ciervo, consigue coger su presa, en promedio, una de cada tres veces.[5] En el deporte, lo mismo que en la naturaleza, la competición ha disminuido el tiempo de reacción hasta la frontera misma de lo biológicamente posible.

Desgraciadamente, los que no estamos dotados de tiempos de reacción como los atletas olímpicos, nos vemos a veces llamados a responder con una velocidad parecida a la de ellos, en particular cuando estamos en la carretera. Un conductor que circula a 112 kilómetros por hora tiene apenas 370 milisegundos para evitar chocar con un coche que, 20 metros más adelante, se ha metido erróneamente en dirección contraria. En este caso, una tasa de éxito de uno sobre tres seguiría dejando un saldo muy alto de choques.

La velocidad que se exige a nuestras reacciones físicas en la vida salvaje, en los deportes, en la carretera e incluso en los mercados financieros, plantea perturbadores interrogantes cuando se los considera conjuntamente con determinados descubrimientos de la neurociencia. Tomemos, por ejemplo, el hecho curioso de que, una vez formada en la retina, una imagen necesita aproximadamente 100 milisegundos —es decir, toda una décima de segundo— para quedar conscientemente registrada en el cerebro.[6] Hagamos una pausa y observemos este hecho. Pronto nos daremos cuenta de que se trata de algo profundamente perturbador. Cuando examinamos el mundo que nos rodea o cuando nos sentamos en las gradas a mirar una competición deportiva, tendemos a pensar que estamos contemplando un acontecimiento vivo. Pero resulta que no es así, que lo que miramos es una especie de filmación de la realidad. En el mismo momento en que estamos viendo algo, el mundo ya ha cambiado.

El problema es consecuencia de la sorprendente lentitud de nuestro sistema visual. Cuando la luz impacta nuestra retina, es preciso traducir los fotones en una señal química y luego en una señal eléctrica que pueda ser transportada por las fibras nerviosas. La señal debe viajar luego hasta una zona posterior del cerebro, conocida como córtex visual, y volver a proyectarse hacia delante por dos vías separadas, una que procesa la identidad de los objetos que vemos, la corriente del «qué», como la denominan ciertos investigadores, y otra que procesa la localización y el movimiento de los objetos, la corriente del «dónde». Después estas corrientes deben combinarse para formar una imagen unificada. Sólo entonces esta imagen emerge en la conciencia. Todo el proceso es de una sorprendente lentitud, pues dura, como ya hemos dicho, una décima de segundo completa. Semejante demora, aunque breve, nos deja constantemente a la zaga de los acontecimientos.

Los neurocientíficos han descubierto otro problema en relación con la creencia normal de que observamos la vida del mundo directamente, tal cual es. Una parte importante de esta creencia descansa en la noción de que nuestros ojos registran objetivamente y de manera continuada la escena que tenemos delante, de modo muy semejante al de una cámara cinematográfica. Pero los ojos no operan de ese modo. Si registráramos de manera ininterrumpida la información visual que se nos presenta, perderíamos muchísimo tiempo (y probablemente padeceríamos de constantes dolores de cabeza) mirando imágenes borrosas a medida que los ojos pasan de una escena a otra. Pero más importante aún es que nos veríamos inundados por el puro volumen de los datos, que en su mayor parte son irrelevantes para nuestras necesidades. La transmisión en directo ocupa un enorme espacio de la amplitud de banda en internet, y lo mismo ocurre en nuestro cerebro.

Para evitar una sangría innecesaria de nuestros recursos atencionales, el cerebro, antes que filmar una escena visual, ha adoptado la táctica de tomar una muestra a partir de ella. Nuestros ojos se centran en una pequeña sección del campo visual, toman una instantánea, luego saltan a otro lugar, toman otra instantánea y rápidamente vuelven a saltar, de modo muy parecido a lo que hace un colibrí que revolotea de flor en flor. Somos en gran medida inconscientes de este proceso, y si no vemos una nebulosa cuando la mirada cambia de foco es, sobre todo, porque el sistema visual deja de enviar imágenes a la conciencia mientras salta de una escena a otra.[7] Además, no somos conscientes de estos saltos y estos apagones intermedios porque el cerebro hace de estas imágenes un tejido sin costuras, formando así algo que se nos presenta como una película. Podemos realizar hasta cinco de estos saltos visuales por segundo y, por tanto, el tiempo mínimo que se requiere para un cambio en la visión es de un quinto de segundo.

Si volvemos a los deportes, podemos advertir que muchos números no cuadran. En efecto, ¿cómo puede un jugador de críquet en *silly point* coger una pelota en menos de una décima de segundo si aún no tiene conciencia de ella? ¿Cómo puede dirigir la atención a la pelota si esto requiere el doble de tiempo que el que necesita para mover los ojos? Y cuando nos topamos con estos números ni siquiera habíamos comenzado a considerar los 300-400 milisegundos adicionales que se necesitan para una decisión cognitiva o una inferencia elementales, ni en los aproximadamente 59 milisegundos que se necesitan para que los nervios transmitan una orden motora a los músculos.[8] La imagen que de estos números se desprende es la de un defensa congelado en la actitud de espera, con los ojos fijos como un modelo de cera, mientras el proyectil pasa vibrando junto a su cabeza inmóvil y frágil.

Las mismas preguntas que nos hacemos acerca de los atletas pueden formularse, y con mayor urgencia, más allá del lanzamiento en el críquet. ¿Cómo podemos los humanos sobrevivir en un mundo brutal y que muta a toda velocidad si cuando nuestra conciencia hace su aparición el acontecimiento ya no existe? Es una pregunta desconcertante. Pero el hecho de formularla nos permite ver dónde está el error de la idea que tienen del cerebro muchos filósofos, economistas y, tal vez, nuestro propio sentido común, según la cual este órgano es un procesador central que recibe información objetiva de los sentidos al modo de una cámara, para luego procesarla racional, consciente y discursivamente y decidir sobre la acción adecuada o deseada, y finalmente emitir órdenes motoras a los músculos de la laringe o el cuádriceps. Cada uno de estos pasos lleva un tiempo, y si estuviéramos realmente programados para comportarnos de esa manera, la vida, tal como la conocemos, sería muy diferente. Si tuviéramos que pensar conscientemente cada acción que emprendemos, los eventos deportivos resultarían unos espectáculos lentos y tediosos que pocas personas tendrían la paciencia necesaria para seguir. Peor aún, en la naturaleza y en la guerra ya habríamos sido hace mucho tiempo presa de alguna bestia más rápida.

¿YO UNA CÁMARA?

Lo que ocurre es que en cada paso de esta supuesta cadena de acontecimientos mentales hay algo erróneo. El ojo se encarga de tomar instantáneas más que de filmar películas; pero estas instantáneas tampoco son registros fotográficos y objetivos del mundo exterior. Toda información sensorial nos llega alterada. Al igual que las noticias de la televisión, esta información es filtrada, manipulada e interpretada previamente con el objetivo de llamar nuestra atención, facilitarnos la comprensión y desencadenar nuestras reacciones.

Tómese, por ejemplo, las maneras en que el cerebro trata el problema del desfase de una décima de segundo entre la visión de un objeto móvil y la toma de conciencia del mismo. Esa demora nos pone en peligro permanente, de modo que los circuitos visuales del cerebro han ideado una ingeniosa manera de ayudarnos. El cerebro anticipa la localización real del objeto y mueve la imagen visual para que terminemos mirando esa hipotética nueva localización. En otras palabras, el sistema visual nos adelanta lo que vamos a ver.

No hay duda de que se trata de una idea extraordinaria, pero ¿cómo diablos hacemos para probar que es verdadera? Los neurocientíficos tienen una extraordinaria inteligencia para arrancar reveladores secretos al cerebro, y en este caso han registrado los adelantos visuales por medio de un experimento de investigación que se conoce como «efecto de *flash-lag*».[9] En este experimento se muestra un objeto a una persona, digamos que un círculo azul, con otro círculo en su interior, por ejemplo, amarillo. El pequeño círculo amarillo se enciende y se apaga, así que lo que se ve es un círculo azul que contiene un círculo amarillo parpadeante. Luego, el círculo azul, con el amarillo dentro, comienza a moverse por la pantalla del ordenador. Lo que debería verse es un círculo azul moviéndose con uno amarillo que parpadea en su interior. Pero lo que se ve no es eso, sino un círculo azul que se mueve por la pantalla con un círculo amarillo parpadeante que lo sigue a más o menos medio centímetro de distancia. ¿Qué es lo que ha sucedido? Que mientras el círculo azul se mueve, nuestro cerebro adelanta la imagen consciente a su localización real anticipada, dado el desfase temporal de una décima de segundo entre la visión del círculo y la conciencia del mismo. Pero es imposible anticipar el círculo amarillo, puesto que éste se enciende y se apaga. Y como no se puede adelantar su presencia, el círculo azul anticipado da la impresión de haberlo dejado atrás.[10]

El ojo y el cerebro hacen una infinidad de trampas de este tipo para acelerar nuestra comprensión del mundo. Nuestra retina tiende a enfocar el borde delantero de un objeto en movimiento para ayudarnos a seguirlo. Procesamos más información en la mitad inferior del campo visual, porque normalmente hay más cosas que ver en la tierra que en el cielo. Agrupamos los objetos en unidades de tres o cuatro a fin de percibir su número sin necesidad de contarlos, proceso muy útil a la hora de evaluar la cantidad de enemigos en combate. Rápida e inconscientemente suponemos que si un objeto se mueve de cierta manera, por ejemplo, con un cambio regular de dirección o evitando chocar con otros objetos, es un objeto vivo, y entonces le prestamos más atención que si fuera inanimado.

También es posible acelerar nuestro tiempo de reacción confiando más en el oído que en la vista. Esto puede parecer contrario a la intuición. La luz se desplaza más rápidamente que el sonido, mucho más rápidamente, así que las imágenes visuales nos llegan antes que los sonidos. Sin embargo, una vez que las sensaciones llegan a nuestros ojos y oídos, las velocidades relativas de los circuitos de procesamiento se invierten. El oído es más rápido y más agudo que la vista en un 25 %, y responder a una señal auditiva con preferencia a una visual puede ahorrarnos hasta 50 milisegundos.[11] La razón de esto es que los receptores auditivos son mucho más rápidos y más sensibles que nada existente en el ojo. Muchos deportistas, como los jugadores de tenis y de tenis de mesa, confían tanto en el sonido que produce una pelota cuando es golpeada por una raqueta o una paleta como en la visión de su trayectoria. Un liftado o un cortado son golpes que producen diferentes sonidos al impactar la pelota, y esta información puede ahorrar al jugador esos preciosos milisegundos que hacen la diferencia entre ganadores y perdedores.[12]

Si sumamos ahora todos los desfases temporales entre el momento en que un acontecimiento se produce en el mundo exterior y el momento en que lo percibimos, descubrimos una circunstancia realmente curiosa. Cuando un acontecimiento tiene lugar a distancia, primero lo vemos y luego, con cierto retraso, lo oímos, que es lo que sucede, por ejemplo, cuando vemos un relámpago y luego oímos el trueno. Pero para los acontecimientos que se producen cerca de nosotros, debido a la rapidez de nuestro sistema auditivo y la relativa lentitud del visual, los oímos ligeramente antes de verlos. Sin embargo, hay un punto en que las imágenes y los sonidos se perciben como si se dieran simultáneamente; ese punto se localiza a alrededor de diez o quince metros de nosotros y es conocido como «horizonte de simultaneidad».[13]

¿Podría la mayor rapidez de audición dar a los operadores financieros una ventaja sobre sus competidores? En este momento, todas las informaciones de precios de un parqué son imágenes visuales en una pantalla de ordenador. Pero hay una tecnología para proporcionar esa información por audio. Ya se ha implementado para ciegos, y su sonido es muy parecido al de un audiocasete en el modo de avance rápido. Este sistema de información puede brindar a los operadores una ventaja de 40 milisegundos. No es mucho tiempo, pero podría resultar decisivo a la hora de vender al precio que ofrece el comprador o comprar al precio que pide el vendedor.

Pero con la entrada en juego de la posibilidad de audición, un operador puede tener una ventaja más. La investigación en psicología experimental ha descubierto que la agudeza perceptiva y los niveles generales de atención aumentan a medida que intervienen más sentidos. En otras palabras, la visión se hace más aguda cuando va unida al oído, y ambas ganan en sensibilidad si se les une el tacto. La explicación que se ha intentado dar de estos hallazgos es que la información que llega de dos o más sentidos y no de un solo, aumenta las probabilidades de que se refiera a un acontecimiento real, de modo que el cerebro lo toma más en serio. En otros tiempos, muchos parqués pudieron haber disfrutado de este fenómeno sin saberlo, porque tenían una conexión interna que los conectaba con la sección de futuros, donde un locutor informaba sobre los precios de futuros sobre bonos: «Uno, dos..., uno, dos..., tres, cuatro, los cuatros agotados, cincos en aumento, se está entrando a seis...», y así sucesivamente. Con la aparición de los servicios informatizados de precios, muchas compañías consideraron anticuada esa voz e interrumpieron el servicio. Sin embargo, el añadido de un segundo sentido pudo haber sido una manera efectiva de agudizar la atención y las reacciones entre los operadores.

SABER ANTES DE SABER

La transmisión al cerebro consciente de todos estos agregados ad hoc a la información evita que uno se quede irremediablemente fuera de la realidad. Pero el cerebro tiene una manera incluso más eficaz de salvarle a uno de la fatal lentitud de la conciencia. Cuando urgen reacciones rápidas, deja íntegramente de lado la conciencia y pasa a depender de los reflejos, la conducta automática y lo que se llama «procesamiento preatencional». El procesamiento preatencional es un tipo de percepción, toma de decisión e iniciación de movimientos que se produce sin consulta alguna con el cerebro consciente e incluso antes de que éste se aperciba de lo que está sucediendo.

Ese procesamiento, y su importancia para la supervivencia, ha sido descrito de manera incomparable en *Sin novedad en el frente,* el extraordinario libro de Erich Maria Remarque, que fue soldado en las trincheras de la Primera Guerra Mundial. Remarque explica que, para sobrevivir en el frente, los soldados tenían que aprender muy rápidamente a distinguir, en medio del estruendo general, el «pérfido murmullo de estos proyectiles [...] que apenas hacen ruido» y que eran los que mataban a la infantería. Los soldados experimentados desarrollaban reacciones que los mantenían vivos incluso en un bombardeo de la artillería: «Una parte de nuestro ser», nos dice Remarque, «retrocede miles de años en cuanto estallan los primeros obuses. Es el instinto de la bestia el que despierta en nosotros, el que nos guía y nos protege. No es consciente, es mucho más rápido, más seguro, más infalible que la conciencia clara. No puede explicarse. Vas andando sin pensar en nada y, de pronto, te arrojas al suelo mientras, por encima de tu cabeza, vuelan los pedazos de un obús; no te acuerdas, sin embargo, de haber oído silbar la bomba ni de haber pensado en esconderte. Si hubieras de fiarte de ti mismo, no hay duda de que tu cuerpo no sería más que un montón de carne esparcida por todas partes. Es este otro elemento, este instinto perspicaz, el que nos ha movilizado y salvado sin saber cómo.»[14]

Hace mucho tiempo que los neurocientíficos saben que la mayor parte de lo que transcurre en el cerebro es preconsciente. Pruebas convincentes de esto pueden hallarse en el trabajo de científicos que calcularon la amplitud de banda de la conciencia humana. Los investigadores de la Universidad de Pensilvania, por ejemplo, descubrieron que la retina humana transmite al cerebro aproximadamente 10 millones de bits de información por segundo, más o menos la capacidad de una conexión de Ethernet;[15] y el fisiólogo alemán Manfred Zimmermann calculó que los otros sentidos humanos registran un millón más de bits de información por segundo. Eso da a nuestros sentidos un total de una amplitud de banda de 11 millones de bits por segundo; pese a este inmenso flujo de información, a la conciencia no llegan en realidad más de unos 40 bits por segundo.[16] En otras palabras, sólo somos conscientes de una franja insignificante de la información que llega al cerebro para ser procesada.

Un ejemplo fascinante de este procesamiento preconsciente lo proporciona un fenómeno conocido como visión ciega. Fue primero objeto de curiosidad y luego tema de interés para la medicina durante la Primera Guerra Mundial, cuando los médicos se dieron cuenta de que ciertos soldados que habían quedado ciegos por una herida de bala o de obús en el córtex visual (pero que conservaban intactos los ojos) bajaban la cabeza cuando se les arrojaba contra ella un objeto, por ejemplo, una pelota. ¿Cómo podían «ver» estos soldados ciegos? Veían, como se descubrió más tarde, con una parte más primitiva del cerebro. Cuando la luz entra en el ojo, su señal sigue la vía ya descrita hasta el córtex visual, que es una región relativamente nueva del cerebro. Sin embargo, parte de la señal también pasa por una zona llamada colículo superior, situada debajo del córtex, en el mesencéfalo (véase la figura 5). El colículo superior es un antiguo núcleo (colección de células) que primitivamente se usó para seguir objetos, como insectos o presas veloces, de modo que nuestros antepasados reptilianos pudieran, digamos, eliminarlos con la lengua. No obstante estar hoy ampliamente cubierto por sistemas evolutivamente más avanzados, todavía funciona. El colículo no es sofisticado: no distingue el color, no discierne formas ni reconoce objetos; al colículo superior el mundo se le presenta como si lo viera a través de un vidrio con hielo. Pero es capaz de seguir el movimiento, captar la atención y orientar la cabeza hacia el objeto en movimiento. Y es rápido. Lo suficientemente rápido, se-

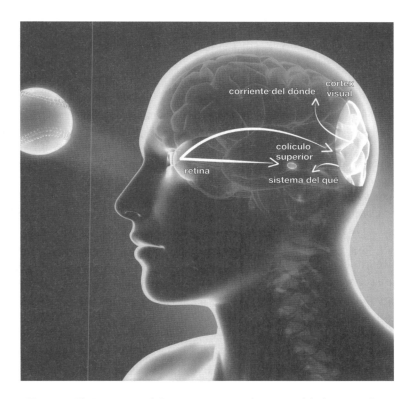

Figura 5. El sistema visual. Las imágenes visuales viajan debido a impulsos eléctricos que las proyectan desde la retina hasta el córtex visual, en la parte posterior del cerebro. De ahí son enviadas hacia delante por la corriente del «qué», que identifica el objeto, y la del «dónde», que identifica su localización y movimiento. Una vía más antigua y más rápida de las señales visuales viaja al colículo superior, donde se puede seguir las huellas de los objetos de movimiento rápido.

gún algunos científicos, para explicar el veloz seguimiento de una pelota de críquet por un bateador o un defensa. Finalmente, la visión ciega opera independientemente de nosotros, aun cuando seamos conscientes de ella.[17]

¿A qué características del mundo se dirige nuestra preatención? Cuando un jugador de críquet en posición de defensa está agachado en espera del lanzamiento, rígido como una estatua, los ojos fijos e incapaces de examinar nada, ¿qué cosas de su campo visual captan el interés de su procesador inconsciente? Todavía no tenemos una respuesta completa a esta pregunta, pero sabemos algunas cosas. Prestamos atención preconsciente, como en la visión ciega, a objetos móviles, en especial si son animados. Prestamos atención a imágenes de ciertas amenazas primitivas, como serpientes y arañas. Y tenemos una fuerte inclinación a prestar atención auditiva a las voces humanas y atención visual a los rostros, en particular cuando expresan emociones negativas como miedo o cólera. Todos estos objetos pueden ser registrados con tal rapidez, sólo 15 milisegundos (lo que, por supuesto, no incluye respuesta motora), que pueden afectar a nuestro pensamiento y estado de ánimo sin que nos demos cuenta siquiera. A menudo sabemos si algo o alguien nos gusta o nos disgusta antes de saber qué o quién es.[18] La velocidad y el poder de las imágenes preconscientes, sobre todo de las sexuales, se utilizaron en su momento en la publicidad subliminal como medio de inclinar nuestras posteriores decisiones en materia de gastos. Desde un punto de vista más útil, este procesamiento preconsciente puede afectar a las órdenes motoras para producir acciones reflejas y conductas automáticas.

Uno de estos reflejos es nuestra respuesta de sobresalto, esa rápida e involuntaria contracción de los músculos diseñada para apartarnos de una súbita amenaza, como un pulpo en fuga. Pueden desencadenarla tanto imágenes como sonidos. Un potente estallido disparará el sobresalto, tal como lo haría un objeto que se aproximara a toda velocidad en nuestro campo visual. Nuestra manera de detectar un objeto a punto de chocar con nosotros es sutil: lo que da curso al sobresalto es la expansión simétrica de una sombra en nuestro campo visual.[19] La sombra en expansión indica que se aproxima un objeto y su simetría indica que se nos viene directamente encima. En apariencia, este seguimiento preconsciente del objeto está tan bien calibrado que si la sombra se expande asimétricamente, el cerebro puede calcular, dentro de un margen de cinco grados, que el objeto no dará contra nosotros, en cuyo caso la respuesta de sobresalto no se dispara. El sobresalto, desde el estímulo sensorial a la contracción muscular, es excepcionalmente rápido pues la reacción de la cabeza se produce en tan sólo 70 milisegundos y la del torso, puesto que está más lejos del cerebro, en alrededor de 100 milisegundos.[20] Éste es, casualmente, el tiempo aproximado que necesita un defensa en *silly point* para coger una pelota que acaba de ser bateada. Es perfectamente posible que los defensas próximos confíen en la respuesta de sobresalto para lograr los tiempos de respuesta casi inhumanos de que dan muestra. Si es así, tal vez el defensa pueda coger una pelota en el brevísimo tiempo con que cuenta para ello si ésta se dirige directamente a la cabeza.

Además de esta respuesta, ¿cómo podemos reaccionar con suficiente rapidez para salir bien parados de los desafíos que los deportes y la vida diaria nos imponen? Como hemos visto en el capítulo anterior, los seres humanos han adoptado un amplio abanico de movimientos, como los que se hallan en los deportes, la danza, la guerra moderna e incluso las operaciones bursátiles, para los que la naturaleza no nos ha preparado. ¿Cómo es posible que estos movimientos aprendidos lleguen a hacerse tan habituales que su velocidad se acerque a la que se necesita para lograr éxitos deportivos o para sobrevivir en la vida salvaje? Para responder a esta pregunta deberíamos reconocer un principio básico presente en nuestros reflejos y conductas automáticas: cuanto más nos elevamos en el sistema nervioso, pasando de la espina dorsal al tronco cerebral y al córtex (donde se procesa el movimiento voluntario), más neuronas intervienen, más largas son las distancias que cubren las señales nerviosas y más lenta es la respuesta. Por tanto, para aumentar la velocidad de las reacciones, el cerebro trata de delegar el control del movimiento, una vez aprendido, a las regiones inferiores del cerebro, donde se almacenan los programas de acciones irreflexivas, automáticas y habituales. Muchas de estas conductas aprendidas y ahora automáticas pueden ser activadas en sólo 120 milisegundos.[21]

Un estudio cerebral de personas que aprenden el juego informático del Tetris nos ofrece una visión de este proceso.[22] Al comienzo del estudio, se iluminaban grandes franjas del cerebro, lo que delataba la presencia de un complejo proceso de aprendizaje y de movimientos voluntarios; pero, una vez que los sujetos llegaban a dominar el juego, sus movimientos se convertían en hábitos y la actividad cerebral del córtex decaía. El cerebro de estos sujetos producía entonces mucho menos glucosa y oxígeno, y la velocidad de sus reacciones se había incrementado notablemente. Una vez que los jugadores habían cogido el tranquillo al juego, ya no pensaban para jugar. Este estudio, y otros semejantes, apoyan la antigua idea según la cual cuando el aprendizaje está en sus comienzos somos inconscientes de nuestra incompetencia, para pasar a una fase en la que tomamos conciencia de ella; luego, cuando comienza el entrenamiento, pasamos a la competencia consciente, y cuando dominamos nuestra nueva habilidad llegamos al punto final del entrenamiento, que es el de la competencia inconsciente. Pensar, podríamos decir, es algo que hacemos cuando no somos suficientemente hábiles en una actividad.

Una última puntualización. Por rápidas que sean, estas reacciones automáticas no parecen lo suficientemente rápidas como para afrontar los retos de gran velocidad a los que hemos de hacer frente, y por tanto es posible que lleguemos ligeramente tarde a la bola, por así decir. El problema de estas reacciones es precisamente que son reacciones. Pero los buenos atletas no acostumbran esperar que una pelota o un puño hagan su aparición, o que los adversarios realicen sus movimientos. Los buenos atletas se anticipan. Una bateador de béisbol estudia a un lanzador y acota el margen probable de sus lanzamientos; un defensa de críquet habrá registrado un centenar de pequeños detalles de la actitud, la mirada y la manera de coger el bate de un bateador incluso antes de que la pelota haya salido de la mano del lanzador; y un boxeador, mientras baila y esquiva *jabs,* explorará inconscientemente el juego de pies y los movimientos de cabeza de su rival y buscará la reveladora posición de sus músculos estabilizadores cuando se planta para lanzar un golpe noqueador. Semejante información permite al atleta receptor poner en juego programas motores bien ensayados y preparar los grupos de grandes músculos, de tal modo que cuando la pelota o el puño estén en el aire haya poco que hacer fuera de sutiles ajustes sobre la base de su trayectoria. La anticipación cualificada es decisiva para disminuir los tiempos de reacción en nuestra fisiología.

Permítaseme finalizar con una cita de Ken Dryden, un legendario portero de hockey sobre hielo y uno de los atletas más elocuentes de la historia, sobre la importancia de la anticipación y la conducta de respuesta automática: «Cuando el juego se me acerca o amenaza acercárseme, mi conciencia se queda en blanco. No siento nada, los ojos miran el disco, el cuerpo se mueve como se mueve un portero, como me muevo yo; me refiero a que no le digo que se mueva ni cómo o dónde moverse, no sé que se está moviendo, no lo siento moverse, pero se mueve. Y cuando los ojos miran el disco, veo cosas que no sé que estoy mirando [...] Veo algo en la manera en que el *shooter* sostiene el palo, en los ángulos que forma su cuerpo y los giros que practica, en el modo en que es controlado, en lo que ha hecho antes, que me dice qué va a hacer, y entonces mi cuerpo se mueve. Yo lo dejo que se mueva. Confío en él y en la mente inconsciente que lo mueve.»[23]

Para resumir, durante nuestro largo período de formación evolutiva los seres humanos hemos sido equipados con un gran bagaje de trucos diseñados para incrementar la velocidad de nuestras reacciones. En la exposición precedente he hurgado en ese bagaje y he extraído sólo algunos de sus asombrosos recursos. Pero espero que la demostración de cómo funcionan baste para hacer ver en qué medida dependemos de estas respuestas rápidas para sobrevivir en la vida salvaje y en la guerra, para tener éxito en los deportes y para recomprar un gran paquete de bonos que vendimos a DuPont.

LO QUE SUBYACE

En realidad, tal es la rapidez de nuestras reacciones que con frecuencia la conciencia queda desconectada. Dado este hecho aleccionador, tenemos que preguntarnos: ¿qué papel le corresponde a la conciencia en nuestra vida? Vivimos nuestra conciencia como algo que tiene su sede en nuestra cabeza y que mira a través de los ojos a la manera en que un conductor mira a través del parabrisas, así que tendemos a creer que nuestro cerebro interactúa con el cuerpo exactamente como una persona interactúa con un coche, escogiendo la dirección y la velocidad y dando órdenes a un aparato pasivo y mecánico. Pero esa creencia no resiste el análisis científico. Como ha señalado George Loewenstein, economista de Yale: «Más allá de la falible introspección, existen escasas pruebas que sostengan el supuesto normal del total control voluntario de la conducta.»[24] Y tiene razón, pues las estadísticas sobre los tiempos de reacción nos dicen otra cosa: que la mayor parte del tiempo funcionamos con el piloto automático.

Las novedades son cada vez menos favorables al platonismo actual. En los últimos años setenta, Benjamin Libet, fisiólogo de la Universidad de California, dirigió una famosa serie de experimentos que fueron motivo de sufrimiento para no pocos científicos y filósofos.[25] Estos experimentos no podían ser más simples. Libet conectó a un grupo de participantes unos electrodos encefalográficos, que son pequeños monitores que se fijan al cuero cabelludo y registran la actividad eléctrica en el cerebro, y luego les pidió que decidieran hacer algo, como levantar un dedo. Lo que comprobó es que, ya 300 milisegundos antes de que los participantes tomaran la decisión de levantar un dedo, su cerebro estaba preparando la acción. En otras palabras, su decisión consciente de realizar un movimiento llegó casi un tercio de segundo después de que el cerebro hubiera iniciado ese movimiento.

La conciencia –es lo que sugieren estos experimentos– es mera observadora de una decisión que ya ha sido tomada, casi como si nos miráramos en un vídeo. Los científicos y los filósofos han propuesto muchas interpretaciones de estos hallazgos,[26] una de las cuales es que el papel de la conciencia podría no ser tanto el de escoger e iniciar acciones como el de observar decisiones ya tomadas y vetarlas, si es necesario, antes de concretarse en los hechos, de modo muy parecido a lo que hacemos cuando practicamos el autocontrol sofocando impulsos emocionales o instintivos inadecuados. (Puede que pasemos la mayor parte del día en posición de piloto automático, pero eso no quiere decir que no seamos capaces de asumir la responsabilidad de nuestros actos.) Los experimentos de Libet, con su sugerencia de que la conciencia es en gran parte un mecanismo de anulación o de revocación, llevó a un comentarista particularmente perspicaz, el neurocientífico indio V. S. Ramachandran, a concluir que lo que tenemos en realidad no es libre albedrío o libertad de querer, sino libertad de no querer.[27]

La conciencia, al parecer, es el pequeño pico emergente de un gran iceberg. Pero ¿qué es exactamente lo que hay debajo? ¿Qué es lo que acecha bajo nuestra conciencia racional? Immanuel Kant, el filósofo alemán del siglo XVIII, propuso una respuesta particularmente enigmática a esta pregunta: no sabemos qué es lo que hay allí. Kant creía que nuestra conciencia –esto es, nuestra experiencia de un mundo unificado y comprensible y a la vez de una persona de existencia ininterrumpida que tiene experiencia de ese mundo– sólo es posible porque nuestra mente construye esta experiencia unificada. Si nuestra mente no organizara nuestras sensaciones, el mundo sería un torbellino, una tremenda confusión. Pero la mente proporciona conceptos organizadores, como espacio y tiempo, de manera que tenemos la experiencia de un mundo sin interrupciones, a lo que también contribuye otro concepto, el de causa y efecto, que liga acontecimientos sucesivos en un relato coherente. Kant pensaba que todos estos conceptos unificadores se aplicaban únicamente a la máscara de las sensaciones, pero no a los entes que las producían o se hallaban detrás de ellas. Estos objetos nos son definitivamente incognoscibles. Puesto que son inaccesibles a los análisis racionales, irremisiblemente misteriosos para la ciencia, sólo a través del arte y la religión es posible intentar una incierta exploración de los mismos y distinguirlos de manera sugerente. A este mundo oscuro pertenece el alma, también ella más allá del núcleo de racionalidad y del dominio de la relación causa-efecto. Este argumento fue para Kant el fundamento de su creencia en el libre albedrío.

La filosofía de Kant dejó una profunda impronta en el pensamiento alemán. Freud, que se inspiraba en la visión kantiana, sostuvo que debajo de la fachada de nuestro yo racional, en la profundidad de nuestro subconsciente, bulle la demoníaca caldera de la envidia, la perversión sexual y las tendencias parricidas que nos distorsionan el juicio. También Nietzsche encontró bajo nuestras ilusiones de racionalidad y de moral un oscuro impulso de poder y dominación. Sin embargo, la neurociencia moderna ha levantado la tapa de este cerebro hasta ahora críptico y ha encontrado algo mucho más valioso que los entes que proponía la filosofía alemana del siglo XIX, a saber, un mecanismo de control meticulosamente diseñado.[28] Es más valioso porque ha sido calibrado con precisión a lo largo de milenios para mantenernos vivos en un mundo brutal y en rápido movimiento. Y podemos dar las gracias por ello a nuestra buena suerte, pues de lo contrario ya llevaríamos mucho tiempo extinguidos. Al levantar la tapa de nuestro cerebro no se nos aparece el submundo kantiano imposible de enunciar, ni la volcánica voluntad del superhombre nietzscheano, ni tampoco el infernal refugio subterráneo del inconsciente freudiano. Lo que se ve se parece mucho más al funcionamiento de un BMW.

LA VELOCIDAD EN EL PARQUÉ

Volvamos ahora al mundo financiero y consideremos la importancia de la rapidez de las reacciones en el éxito y la supervivencia de los tomadores de riesgos. Con frecuencia, los operadores financieros como Martin afrontan retos veloces que exigen una respuesta igualmente veloz. Puede que estos retos no exijan exactamente la misma velocidad de reacción que la de un defensa de críquet en el *silly point,* pero es normal que los operadores se vean constreñidos por el tiempo y que cuando toman su decisión y ejecutan un negocio deban pasar por alto la racionalidad consciente y confiar en las reacciones automáticas. Esto es particularmente cierto cuando los mercados despiertan del sopor que los invade esa mañana y comienzan a moverse rápidamente, como podían hacerlo en un frenético mercado en alza. Luego, Martin está obligado a vender bonos a clientes o correr el riesgo de alienar al equipo de ventas, y por otro lado tiene que arreglárselas para comprarlos en las pantallas de los corredores o a otros clientes antes de perder dinero. En momentos como éste, la operación financiera se parece mucho al *snap,* un juego de naipes en el que se canta «*snap*» cada vez que aparecen dos cartas iguales y en el que gana el jugador más rápido.

Este simple hecho acarrea inesperadas implicaciones para la economía. A menudo no se tiene en cuenta que, en las finanzas, la toma de decisión es mucho más que una mera actividad cognitiva. También es una actividad física y exige ciertas características físicas. Puede ser útil prestar atención a operadores de elevado cociente intelectual y gran intuición para el valor de las acciones y los bonos, pero si carecen de apetito de riesgo no actuarán de acuerdo con sus puntos de vista y padecerán el destino de Casandra, que podía predecir el futuro, pero no podía modificar su curso. E incluso si tienen una buena opción de compra en el mercado y un saludable apetito de riesgo, pero los coarta la lentitud de sus reacciones, quedarán siempre un paso atrás respecto del mercado y no sobrevivirán en su mesa de operadores ni en ningún otro lugar del mundo financiero.

Por tanto, los operadores de bonos del Tesoro, lo mismo que los operadores de fondos ajenos en general (estos últimos operan con clientes, manipulando los flujos de dinero que salen de las mesas de venta), requieren una batería de rasgos personales: un cociente intelectual lo suficientemente alto y la educación necesaria para comprender los elementos básicos de la economía, un voraz apetito de riesgo y una ambición desbordante. Pero también necesitan la constitución física adecuada. Han de ser capaces de dedicarse durante períodos prolongados, horas seguidas, a lo que se llama exploración visomotora, es decir, el escrutinio de las pantallas en busca de anomalías de precios entre, por ejemplo, un bono del Tesoro a diez años y a siete años, o entre el mercado de bonos y el de divisas. Esta exploración requiere concentración y resistencia, y no cualquiera está en condiciones de realizarla, de la misma manera que no cualquiera puede correr 1.500 metros en cuatro minutos. Y una vez identificada una discrepancia de precios, o una intensa puja durante una liquidación de activos, un operador debe moverse rápidamente para comerciar con estos precios antes que ningún otro. No es sorprendente que la mayoría de las mesas de operaciones con productos de terceros, ya se trate de bonos del Tesoro, de empresas o con respaldo hipotecario, empleen normalmente uno o dos ex atletas, un campeón mundial de esquí, digamos, o una estrella del tenis universitario.

La naturaleza física de esta tarea es aún más evidente en otros tipos de parqués. En la bolsa de valores o en el de bonos y materias primas del Chicago Board of Trade, el trabajo de un operador financiero puede asemejarse a pasar un día entero en un ring. Centenares de operadores se apiñan en el mismo lugar, se empujan y rivalizan por llamar la atención cuando tratan de realizar una operación entre ellos, lo que hacen mediante un misterioso sistema de señales manuales. Cuando los mercados se mueven rápidamente y un operador requiere la atención de alguien que se halla al otro lado de la sala, la altura, la fuerza y la velocidad adquieren fundamental importancia en la ejecución del negocio, al igual que la disposición para dar un codazo en la cara a un competidor. No hace falta decir que en los mercados financieros agresivos no hay muchas mujeres.

Otra manera de operar que exige un esfuerzo físico extenuante es lo que se conoce como comercialización de alta frecuencia. Esta actividad consiste en comprar o vender títulos, digamos un bono, una acción o un futuro contrato, a veces en volúmenes que llegan a los miles de millones, pero no retiene las posiciones más de unos minutos, a veces unos segundos. Los operadores de alta frecuencia no intentan predecir el mercado a uno o dos días vista, ni mucho menos a un año, como hacen los inversores a largo plazo, sino que tratan de predecir los pequeños movimientos del mercado, unos pocos centavos hacia arriba o hacia abajo. Por regla general, cuanto más breve es el período de tenencia para un estilo de operación, mayor es la necesidad de reaccionar con rapidez para los operadores.

Dicho esto, sin embargo, hay buenas razones para pensar que, hasta cierto punto, el aspecto físico de las operaciones financieras está en vías de desaparición. Cada vez son más las actividades que se llevan a cabo por medios electrónicos. La primera señal de dicho cambio, y la más impresionante, fue el cierre físico de algunas bolsas de valores, como el London Stock Exchange. En su lugar, los procesadores centrales se hicieron cargo de la tarea de poner en contacto a vendedores y compradores de valores. Hoy en día quedan pocos mercados físicos de valores, con sus tumultuosos parqués y la ejecución de los negocios cara a cara; los más famosos son el New York Stock Exchange y el Chicago Board of Trade.

La misma evolución ha empezado a producirse en el mercado de bonos y divisas en los bancos. Muchos bancos comenzaron a mostrar en las pantallas de los ordenadores los precios de la mayoría de los valores líquidos, empezando por los bonos del Tesoro y los bonos con respaldo hipotecario, y luego permitieron a sus clientes acceder a las pantallas. Así, éstos podían ejecutar operaciones por sí mismos, sin necesidad de acudir a vendedores como Esmee. Lo normal es que los operadores como Martin muestren los precios en estas pantallas hasta un montante limitado, digamos de 25 a 50 millones de dólares, y éstos sean ejecutados electrónicamente por los clientes; pero para negocios de mayor magnitud, como el de DuPont, los clientes todavía prefieren llamar a sus vendedores. No obstante, mucha gente de los bancos piensa que los operadores de valores ajenos son dinosaurios y terminarán por extinguirse.

Quizá la mayor amenaza a la que se enfrenta el operador humano sean los algoritmos de negociación informatizada conocidos como cajas negras. Para muchos operadores, la vida ha sido siempre desagradable, brutal y breve, dada la perversa competencia entre ellos. La supervivencia dependía de sus relativas dotes de inteligencia, información, capital y velocidad. Pero el advenimiento y la insidiosa expansión de las cajas negras han comenzado a expulsar a los humanos de su nicho ecológico en el mundo financiero. Estos ordenadores, respaldados por equipos de matemáticos, ingenieros y físicos (los llamados *quants)* y miles de millones de capital, operan en una escala temporal inimaginable hasta para un atleta de élite. Una caja negra puede recibir un amplio conjunto de datos de precios y analizarlo en busca de anomalías o modelos estadísticos en menos de 10 milisegundos. Las velocidades con las que se opera en los mercados son tales que hasta la localización física de un ordenador afecta al éxito de un negocio. Un fondo de cobertura en Londres que opere en el Chicago Board of Trade, por ejemplo, tiene un desfase de 40 milisegundos respecto del mercado, que es el tiempo que requiere una señal que viaja a una velocidad cercana a la de la luz para hacer el viaje de ida y vuelta entre ambas ciudades, mientras se comunica un precio y se ejecuta una operación; además, la demora añadida de los *routers* alarga considerablemente ese tiempo. Por esto, la mayor parte de las compañías que utilizan cajas negras localizan a sus servidores en el mercado en el que realizan sus negocios, a fin de minimizar el tiempo de viaje de una señal electrónica.

Muchas de estas cajas son las llamadas cajas «de mera ejecución». Este tipo de cajas no busca negocios, sino que se limita a mecanizar su ejecución. En esta tarea, las cajas son excelentes. Por ejemplo, pueden incorporar un enorme paquete de valores y venderlo por piezas aquí y allá, con lo que minimizan el efecto sobre los precios. Someten a prueba las aguas, en busca de piscinas profundas de liquidez, práctica conocida como *pinging,* exactamente como un sónar que busca las profundidades. Cuando descubren grandes ofertas de precio ocultas bajo la superficie de los precios existentes, ejecutan una parte del negocio. De esta manera pueden mover enormes paquetes de valores sin agitar el mercado. En este negocio, las cajas de este tipo operan con mucho mayor eficiencia que los seres humanos, pues son más rápidas y más hábiles. Hacen lo mismo que hizo Martin cuando troceó el negocio de DuPont, sólo que mejor. Muchos gestores han comenzado a preguntarse por qué los operadores invierten tanto tiempo y esfuerzo en ejecutar los negocios de los clientes cuando una caja podría hacerlo igualmente bien, pero nunca hablan de las primas que le corresponderían.

Otras cajas van más allá de la simple ejecución: piensan por sí mismas. Con el empleo de afiladas herramientas matemáticas como los algoritmos genéticos, ahora las cajas pueden aprender. Los fondos que utilizan estas cajas emplean por lo general a los mejores programadores, criptógrafos e incluso lingüistas, de modo que las cajas pueden analizar sintácticamente nuevos relatos, descargar informaciones económicas, interpretarlas y negociar con ellas antes de que cualquier ser humano pueda terminar de leer una sola línea del texto. Su éxito ha llevado a un crecimiento exponencial del capital que los respalda, y hoy las cajas son mayoritarias en el negocio financiero por el volumen que ocupan en las bolsas de valores más importantes y se están extendiendo a los mercados de divisas y de bonos. Su creciente predominio es uno de los cambios más importantes que jamás hayan tenido lugar en los mercados.[29] Yo, lo mismo que muchos otros, encuentro los mercados cada vez más inhumanos, y cuando ahora acudo a ellos para realizar una operación, a menudo me cuesta percibir el rastro propio del mercado.

Los operadores humanos como Martin, por tanto, están comprometidos en una lucha por la vida. Aunque los extraños lo ignoren, en Wall Street todos los días se libra una batalla entre el hombre y la máquina. Ciertos observadores informados creen que el tiempo de los operadores humanos ha pasado y que tendrán el mismo destino que John Henry, el trabajador ferroviario del siglo XIX que desafió a una locomotora de vapor a una competición y acabó con el corazón reventado.

Sin embargo, otros observan con optimismo que los operadores humanos son más flexibles que la caja negra, que aprenden mejor, sobre todo en lo que respecta a la formación de opiniones a largo plazo sobre el mercado, y por eso siguen siendo más rápidos en muchas circunstancias. Una evidencia de esta mayor flexibilidad la hallamos en el momento en que la volatilidad del mercado se repone tras algún acontecimiento catastrófico, como una crisis de crédito. En esas circunstancias, los gestores de los bancos y fondos de cobertura se ven forzados a desconectar muchas de sus cajas, en especial las que se ocupan de la predicción de precios a medio y largo plazo, porque los algoritmos no comprenden los nuevos datos y se empieza a perder cantidades cada vez mayores de dinero. Los seres humanos cubren entonces rápidamente estas deficiencias.

Algo muy parecido a esto es lo que ocurrió durante la crisis de crédito de 2007-2008. La evidencia anecdótica y las estadísticas publicadas del rendimiento de los fondos nos dan el siguiente resultado: en negociación de alta frecuencia, los seres humanos y las máquinas empatan, pues unos y otros consiguen cantidades históricas de dinero; en la predicción de precios a medio plazo o, en otras palabras, de segundos a minutos, los seres humanos aventajan ligeramente a las cajas, pues los operadores registraron grandes sumas de dinero; pero en la predicción a medio y largo plazo, de minutos a horas o días —las cajas que se ocupan de estos horizontes temporales son reconocidas como arbitraje estadístico y equidad cuantitativa—, los seres humanos superan sin duda a las cajas, porque sólo ellos entienden las implicaciones de las decisiones políticas que adoptan los bancos centrales y los funcionarios del Tesoro. Así, en lo que puede haber sido el primer test importante de eficacia de la negociación humana en comparación con la mecánica, ganó la primera, pero por muy poco. Esta batalla por el futuro tiene flujos y reflujos.

Sea cual fuere el resultado de esta batalla, el panorama financiero en el que los tomadores humanos de riesgos realizan sus búsquedas se ha transformado para siempre debido a la llegada de esas máquinas. Los gobiernos y los reguladores temen esos cambios, pues sospechan que la velocidad y la opacidad de los algoritmos puedan desembocar en mercados incontrolables, incluso en el colapso financiero.

Sin embargo, es posible también contemplar desde otra perspectiva la aparición de estas máquinas nuevas y más rápidas. Se puede considerar el fenómeno como una liberación de la asunción de riesgos. En efecto, las máquinas nos permiten descomponer la actividad o el negocio en sus elementos constitutivos y enviarlos a la persona o la máquina más adecuada, esto es, la aplicación de la división del trabajo a las finanzas. Como he dicho ya, hubo épocas en que un operador financiero debía poseer buen juicio, gran apetito de riesgo y rapidez física. Pero los papeles del juicio y de la velocidad se han ido separando cada vez más, en especial en los fondos de cobertura. Muchos gestores de carteras de valores tienen prohibido hacer sus propios negocios, que son manejados por una mesa de ejecución, la cual utiliza con frecuencia cajas de mera ejecución para colocar el negocio. Hasta el propio apetito de riesgo puede ser eliminado del operador y puesto en manos del gestor del parqué. Estos desarrollos quieren decir que, cada vez más, todo lo que necesita un tomador de riesgos financieros es una buena opción de compra en el mercado. De esta manera, la gente del mundo financiero con buen juicio, pero que se opone al riesgo o a la que le disgustan los aspectos físicos de la ejecución financiera, podría ser asimilada a lo que, en efecto, equivale a un tomador de riesgos protésico. La tecnología puede expiar la maldición de Casandra.

Además, si se eliminaran los requisitos físicos de la operación financiera, tal vez el campo de juego de las finanzas se nivelaría de tal manera que dejaría de ser predominante la presencia de hombres jóvenes. En el parqué del futuro podría haber un equilibrio mayor entre hombres y mujeres, jóvenes y viejos, todos seleccionados en función de la calidad del juicio, mientras que el trabajo pesado de la asignación del capital y la ejecución de las operaciones quedarían para los ordenadores. Más adelante volveré al importante tema de las mujeres en el mundo de las finanzas.

Es posible que del cuadro del futuro que se acaba de esbozar se desprenda un malentendido. Por él y por otras visiones similares, podríamos sentir la tentación de creer que nuestro cuerpo llegará a desempeñar un papel cada vez menos importante en la toma de riesgos financieros. No creo que tal cosa suceda. Los ordenadores, sin duda, pueden encargarse de la tarea de ejecutar rápidamente los negocios. Pero el cuerpo seguirá siendo decisivo para el éxito en los mercados, porque nos provee de lo que quizá sean los datos más importantes que dan forma a nuestras opciones de mercado: nuestras sensaciones instintivas. La investigación reciente en fisiología y neurociencia ha descubierto que las sensaciones instintivas son más que materia de leyenda, que son auténticas entidades fisiológicas. Las sensaciones instintivas surgen de un ejercicio masivo de información-recolección conducido por el cuerpo. Y el cuerpo, como veremos, sigue siendo la caja negra más avanzada que jamás se haya creado.

4. SENSACIONES INSTINTIVAS

Los mercados financieros están llenos de historias de intuiciones, corazonadas y sensaciones instintivas. Estas sensaciones, de acuerdo con la leyenda, consisten en una inexplicable convicción de que una inversión está destinada a ganar o perder dinero, y muchas veces van acompañadas de síntomas físicos. Los síntomas de los que informan los operadores y los inversores son a menudo estrafalarios, como un acceso de tos cuando un mercado va a bajar o un picor en el codo cuando va a subir. George Soros, fundador del fondo de riesgo Quantum Capital, confesó que confiaba mucho en lo que él llamaba instinto animal: «Cuando gestionaba activamente el fondo padecía de dolor de espalda. El comienzo de un dolor agudo era para mí la señal de que algo iba mal en la cartera de valores.»

¿Cómo funcionan exactamente estas señales? Cuando empleamos una expresión como «sensaciones instintivas» o «sensaciones viscerales» estamos dando por supuesto que nuestro cerebro recibe información del cuerpo, e información aparentemente valiosa. En el capítulo 2 hemos visto cómo las vías interoceptivas mantienen el cerebro constantemente actualizado en lo que respecta al estado del organismo. Las señales que tenemos en cuenta, que informan sobre la frecuencia cardíaca, la presión arterial, la temperatura corporal, la tensión muscular, etc., sirven en su mayor parte a las necesidades homeostáticas. Sin embargo, la idea de sensación instintiva implica mucho más, pues alude a que estas sensaciones nos orientan hasta en las tareas mentales más complejas, como la comprensión del mercado bursátil. ¿Cómo es posible que la información sobre la frecuencia cardíaca, la temperatura corporal y el estado de nuestro sistema inmune hagan tal cosa? ¿Qué prueba hay de que esas señales que recibe el cerebro desde el cuerpo contribuyan a la toma de decisiones superiores? Las señales que emanan del cuerpo hacia el cerebro actúan silenciosamente, rara vez alteran la superficie de la conciencia y nos dan una sensación difusa y apenas perceptible del cuerpo, pero, a pesar de eso, su efecto es poderoso, pues influyen en todas las decisiones. Y no solamente eso, sino que, en ausencia de su orientación, ni siquiera la fría racionalidad del *homo economicus* sería capaz de progreso alguno. Las sensaciones instintivas no sólo son reales, sino también esenciales en la elección racional.

Cuando la toma de decisiones tiene que ser rápida, cuando estamos conectados y metidos de lleno en una actividad, como estaba Martin esa mañana en que sólo contaba con uno o dos minutos para evaluar el negocio de DuPont y luego con una media hora para comprar los bonos que había vendido, es cuando más evidente resulta la necesidad de las sensaciones instintivas. En situaciones como ésta no se dispone de tiempo para reunir todos los datos pertinentes, analizar todas las opciones posibles, sopesar las resultados probables de cada una de ellas y trabajar sistemáticamente con un árbol de decisiones, como podría hacerlo un ingeniero que tiene por delante meses o quizá años para resolver un problema. Martin no puede predecir el futuro, así que cuando una decisión le urge, se ayuda con la confección de una breve lista de opciones y sus probables consecuencias. Es en este proceso donde las sensaciones instintivas contribuyen a afilar el pensamiento.

¿PODEMOS CONFIAR EN NUESTRAS CORAZONADAS?

Como hemos visto en el capítulo anterior, gran parte de nuestras sensaciones, pensamientos y reacciones automáticas se producen con rapidez y de modo preconsciente. Algunos de los científicos que estudiaron las diferencias entre pensamiento preconsciente y consciente les han dado nombres que vale la pena recordar. Daniel Kahneman los llama pensamiento rápido y pensamiento lento;[1] Arie Kruglanski y sus colegas, al enfatizar el elemento motor del pensamiento, los llaman locomoción y evaluación;[2] otros los llaman toma de decisión en caliente y en frío. Personalmente, prefiero concebirlos como pensamiento conectado y desconectado. Colin Camerer, George Loewenstein y Drazen Prelec, tres de los fundadores del nuevo campo de la neuroeconomía, han revisado esta investigación y resumido las diferencias entre los dos tipos de procesamiento cerebral con las etiquetas de pensamiento automático y pensamiento controlado.[3]

Pensamiento automático	Pensamiento controlado
Involuntario	Voluntario
Sin esfuerzo	Esforzado
Procede en paralelo, dando muchos pasos a la vez	Procede de manera consecutiva, un paso tras otro
En gran parte opaco a la introspección; no podemos seguir la huella de los pasos mentales que hemos dado para llegar a una conclusión	En gran parte abierto a la inspección; podemos seguir la huella de los pasos mentales que hemos dado para llegar a una conclusión

La mayor parte de nuestro pensamiento, señalan estos autores, tiene lugar de manera automática; es como un zumbido muy suave y eficiente que se produce con rapidez entre bambalinas.

Una buena ilustración del pensamiento automático nos la ofrece un experimento dirigido por Pawel Lewicki y sus colegas, en el que pidieron a los participantes que predijeran en una pantalla de ordenador la localización de una cruz que aparecería en diferentes lugares y luego desaparecería.[4] Aunque los sujetos del experimento no lo sabían, la localización de la cruz seguía una regla, de modo que la predicción era posible. Sin embargo, la regla era tan complicada que ningún sujeto del experimento pudo formularla explícitamente. Sin embargo, a pesar de su incapacidad para descubrir cuál era la regla, la habilidad de la gente para localizar la cruz mejoraba. En otras palabras, aprendían la regla de manera preconsciente. Cuando, ocasionalmente, Lewicki cambiaba la regla, las personas ya duchas en el juego perdían su destreza y tenían que reiniciar el aprendizaje desde el principio. Es un experimento precioso, que demuestra que muchos de los procesos mentales que suponemos conscientes se producen en realidad bajo la superficie de la conciencia.

Las intuiciones de los operadores financieros se apoyan muy probablemente en este tipo de procesamiento preconsciente de correlaciones. Pero para formular un juicio como éste tengo que andar con pies de plomo, pues se trata de un campo minado de problemas. Para empezar, muchos economistas y científicos cognitivos han discutido la supuesta fiabilidad de la intuición y de las sensaciones instintivas.[5] ¿Podemos confiar en los juicios que irrumpen sin más en la cabeza? ¿Son de verdad las sensaciones instintivas esas revelaciones oraculares que tan a menudo se afirma que son? Los economistas conductuales piensan que no. Estos investigadores han mostrado convincentemente y con gran detalle que buena parte de nuestro pensamiento automático viene envuelto de prejuicios que a menudo nos crean problemas.[6] Otros, en particular el psicólogo alemán Gird Gigerenzer, responden que una parte importante de nuestras pautas de pensamiento automático son en realidad adaptaciones eficientes a problemas de la vida real.[7] Pero sigue en pie la pregunta: si las sensaciones instintivas son a veces correctas y a veces erróneas, ¿cómo sabemos cuándo podemos confiar en ellas? Si no podemos saberlo, las intuiciones no nos sirven de mucho, francamente. En cambio, sostienen muchos economistas, psicólogos y filósofos, deberíamos utilizar el pensamiento más controlado e introducir los correctivos de la lógica y el análisis estadístico para superar los inconvenientes de las primeras impresiones.[8]

110

Para responder a la pregunta sobre si podemos o no confiar en las intuiciones, deberíamos reconocer ante todo que la intuición no es un don oculto, sino una habilidad. Una penetrante respuesta en esta línea surgió de la relación, al principio de enfrentamiento y luego de colaboración, entre Daniel Kahneman y Gary Klein, psicólogo que estudia la toma de decisiones natural, es decir, la propia de los expertos en sus respectivos campos de trabajo.[9] Al comienzo, Kahneman dudaba de la fiabilidad de la intuición, en tanto que Klein creía en ella. Mientras debatían sobre sus desacuerdos se hizo evidente que sus diferentes puntos de vista derivaban del tipo de personas a las que dedicaban sus respectivos estudios. Klein trabajaba con sujetos que habían desarrollado una destreza en la toma de decisiones rápidas –bomberos, personal médico de urgencias, pilotos de caza– y que poseían sin ninguna duda intuiciones fiables. Kahneman, por su parte, trabajaba con personas cuyas predicciones no superaban en acierto la mera probabilidad –científicos sociales, analistas políticos, seleccionadores de títulos– y a las que era imposible escuchar sin una recomendable dosis de incredulidad. Entonces, ¿qué era lo que diferenciaba esos dos grupos? ¿Por qué uno de ellos desarrollaba una intuición cualificada y fiable, mientras que el otro no?

Kahneman y Klein comenzaron por acordar que la intuición es el reconocimiento de pautas.[10] Cuando desarrollamos una habilidad en algún juego o actividad, creamos un banco de memoria de pautas de las que hemos tenido experiencia y cuyas consecuencias hemos conocido. Más tarde, cuando nos encontramos en una situación nueva, examinamos rápidamente nuestros archivos en busca de la pauta almacenada que más se parezcan a la nueva. De los grandes maestros del ajedrez, por ejemplo, se dice que almacenan hasta 10.000 configuraciones del tablero, a las que acuden en busca de pistas sobre el próximo paso que van a dar.[11] Por tanto, la intuición no es en absoluto más misteriosa que el reconocimiento.

A partir de aquí, Kahneman y Klein llegaron a la conclusión de que las intuiciones son fiables únicamente si se cumplen dos condiciones: en primer lugar, sólo es posible desarrollar una destreza si se trabaja en un medio con características lo suficientemente regulares como para que las pautas se repitan; en segundo lugar, hemos de encontrar esas pautas con frecuencia y recibir con rapidez información de su rendimiento, pues sólo así podemos aprender. El hecho de jugar al ajedrez ilustra estas condiciones; los grandes maestros del ajedrez juegan un partido tras otro, las reglas son fijas, y rápidamente se dan cuenta de si sus movimientos han sido correctos o no. Algo muy parecido puede decirse del personal sanitario de urgencias, los bomberos y los pilotos de caza. Por otro lado, los analistas políticos viven en un mundo demasiado fluido y complejo como para producir pautas, e incluso cuando aparece algo semejante a ellas, sucede a intervalos tan prolongados que su aprendizaje resulta excesivamente lento: «Recordad», advierte Kahneman, «esta regla: no es posible confiar en la intuición si el medio no presenta regularidades estables.»[12]

En nuestro caso, la pregunta toma esta forma: ¿presentan regularidades estables los mercados financieros? Sólo si esto ocurre pueden los operadores bursátiles y los inversores confiar en sus corazonadas. En el terreno de la economía, las opiniones acerca de este tema han sido prácticamente unánimes: los mercados no presentan regularidades estables. El juicio más rotundo a este respecto es el de la Hipótesis de los Mercados Eficientes en economía. De acuerdo con los economistas que sostienen esta hipótesis, el mercado se mueve cuando llega nueva información, y puesto que, por su propia naturaleza, las novedades son impredecibles, también lo es el mercado. La leyenda de los heroicos agentes de bolsa e inversores que se inspiran en sus sensaciones instintivas es para ellos pura mitología. Nadie puede predecir el mercado ni superarlo sistemáticamente.

¿Es esto cierto? Robert Shiller, economista de Yale, sospecha que no. No comparte la idea de que nada –ni el trato personal, ni el entrenamiento– pueda mejorar el rendimiento de un operador financiero. Por el contrario, Shiller cree que la inversión es como cualquier otra ocupación y que la inteligencia, la educación, el entrenamiento y el trabajo esforzado pueden mejorar realmente el rendimientio.[13] Creo que tiene razón. Y sospecho además que la Hipótesis de los Mercados Eficientes ha sido una bendición para muchos físicos, ingenieros y criptógrafos empleados por los fondos de cobertura, pues estos científicos han sido capaces de hallar pautas financieras allí donde los teóricos del mercado creían que todo era puro ruido, y construir algoritmos para explicar esas pautas.[14] La teoría de los mercados eficientes, dado que durante décadas ocupó el lugar de la ortodoxia, puede haber limitado la cantidad de competidores en busca de estas pautas.

Mi experiencia con los operadores financieros muestra que pueden aprender pautas, que pueden desarrollar destrezas en la predicción del mercado. Lionel Page, un brillante estadístico y economista conductual colega mío, y yo mismo hemos sometido a prueba esta hipótesis observando con qué continuidad ganaba dinero un grupo de operadores, entendiendo por continuidad lo que en el mundo de las finanzas se conoce como ratio de Sharpe. La idea que subyace a esta medida es simple: mide el riesgo que se ha asumido en la ganancia de un montante dado de dinero. Por ejemplo, si un operador gana 100 millones de dólares y en el lapso en que lo hace nunca gana ni pierde más de 5 millones en un solo día, su rendimiento ha sido estable; su riesgo, bajo, y su ratio de Sharpe, alta. Si otro operador financiero alterna entre ganar 500 millones de dólares un día y perderlos al día siguiente, su beneficio no parece ser más que resultado del azar, del puro y ciego azar incluso, su riesgo es mucho más alto y su ratio de Sharpe es baja.

Se puede comparar las diferencias entre estos operadores con el estilo de conducir de dos taxistas. El primero se mantiene en la velocidad límite y lleva a su pasajero al aeropuerto en cuarenta y cinco minutos. El segundo viaja a 160 kilómetros durante quince minutos, se detiene para tomar un café, retrocede 15 kilómetros para coger un periódico y luego pisa a fondo el acelerador hasta alcanzar los 190 kilómetros por hora con coches en sentido contrario, protesta interminablemente por el tráfico y apenas consigue evitar varios choques frontales, pero por milagro llega al aeropuerto en cuarenta y cinco minutos. «¿Lo ve? Le dije que llegaría usted a tiempo», dice mientras extiende la mano para recibir una prima, quiero decir una propina. Ahora bien, ¿a cuál de estos conductores le daría usted una propina? Las ratios de Sharpe permiten a los bancos someter a sus operadores a un test de conducción.

De acuerdo con la hipótesis del mercado eficiente, los operadores e inversores no pueden ganar dinero con mayor continuidad que la del propio mercado de valores. Afirmar esto equivale a decir que no se puede conducir hasta el aeropuerto —respetando el límite de velocidad, se entiende— en menos de cuarenta y cinco minutos. Pero en nuestro estudio hemos comprobado que los operadores sí podían. Eran como hábiles taxistas que no paran de imaginar caminos más cortos hacia el aeropuerto. El S&P 500 (índice de los precios de los 500 grandes valores de Estados Unidos) tiene una ratio de Sharpe a largo plazo de 0,4, mientras que los operadores experimentados de nuestro estudio tenían ratios superiores a 1,0, el mejor nivel entre fondos de cobertura.[15]

¿Tuvieron suerte? ¿O habilidad? El interés de la pregunta trasciende lo meramente académico. Los bancos y los fondos de riesgo tienen que decidir cómo colocar el capital, los límites de riesgo y las primas para los operadores, de modo que es decisivo que sean capaces de distinguir entre buena suerte y habilidad. Durante la crisis crediticia de 2007-2009, los directivos de estas compañías descubrieron, para su consternación y la de todo el mundo, que, al fin y al cabo, la mayoría de sus operadores estrella era como el alocado taxista de marras y perdió en esos dos años más dinero del que había ganado en los cinco anteriores. ¿Podían los bancos distinguir entre buena suerte y habilidad?

Nuestros datos indicaron que sí, que podían. Hemos descubierto que los operadores experimentados que ganaron dinero de manera coherente, incluso en tiempos de crisis de crédito, fueron aquellos cuya ratio de Sharpe había ido subiendo a lo largo de sus respectivas carreras. Cuando cruzamos sus ratios con los años que llevaban en el negocio descubrimos una curva notablemente

114

ascendente, lo que indicaba que habían ido aprendiendo a hacer negocios con menos riesgo. Shiller tenía razón: el entrenamiento y el esfuerzo rinden fruto en los mercados. Este hallazgo nos condujo a sugerir a los bancos y a los fondos de cobertura que podían determinar qué operadores habían desarrollado una habilidad por la que mereciera la pena pagar simplemente con observar la curva de su ratio de Sharpe durante los años en que operaron.[16] Si la curva era ascendente, probablemente el operador había desarrollado una capacidad de reconocer pautas que merecía la pena recompensar.

De este análisis de la intuición, las corazonadas y nuestros datos sobre la ratio de Sharpe se desprenden un par de puntos. En primer lugar, que parece haber algo así como una habilidad para operar. Los mercados financieros parecen cumplir los criterios que Kahneman y Klein proponen para que un entorno justifique la confianza en la intuición. No es sorprendente, por tanto, que con frecuencia las discusiones entre los operadores comparen el mercado actual con alguno en el que hayan trabajado previamente: «Esta crisis de crédito da la impresión de ser exactamente igual al *default* ruso del 98. Apuesto por la recuperación del yen.» La mayor parte del diálogo de un operador, sin embargo, es interior y preconsciente; un buen operador financiero escucha atentamente los susurros del pasado.

En segundo lugar, que la pregunta que a menudo aflora en las discusiones sobre la intuición —a saber, ¿qué es más fiable: la intuición o la racionalidad consciente?— no deja de encerrar una trampa. Usamos ambas, inevitablemente. Si tratáramos de utilizar únicamente la racionalidad consciente, si tratáramos de emular a Spock, descubriríamos haber dado un incontrolable paso atrás en lo concerniente a la mayoría de las decisiones que tomamos en el campo del pensamiento rápido, el que hemos reconocido antes como pensamiento conectado. A la pregunta por la fiabilidad de las decisiones resultantes no se puede responder de una vez por todas: ni «sí, confía siempre en tus corazonadas», ni tampoco «no, elabora un árbol de decisiones». La respuesta dependerá del entrenamiento personal. No deberíamos preguntar si hemos de confiar en nuestras intuiciones; lo que deberíamos preguntar es cómo entrenarnos para poseer una habilidad en la que se pueda confiar.

CORAZONADAS Y SENSACIONES INSTINTIVAS

Pero —se podría preguntar— ¿qué tienen que ver las intuiciones y los procesamientos preconscientes con las sensaciones instintivas, viscerales? El solo hecho de que el proceso mental se produzca al margen de la conciencia no quiere decir que se inspire en señales que proceden del cuerpo. En realidad, es probable que el reconocimiento de pautas, aunque silencioso, se inspire en regiones superiores del cerebro, como el neocórtex y el hipocampo, región cerebral que actúa como el sistema de archivos de recuerdos. ¿Cuál es la conexión entre estas regiones cerebrales superiores y el cuerpo? En realidad, hay una conexión entre las decisiones preconscientes y el cuerpo, porque son las sensaciones instintivas lo que nos permite evaluar rápidamente si una pauta y una elección en las que hemos pensado tienen probabilidades de culminar en un resultado placentero o enojoso, si nos gustan o no, si las recibimos con agrado o las tememos. Sin un cierto matiz visceral nos perderíamos en un mar de posibilidades, incapaces de escoger, situación que el psicólogo cognitivo Dylan Evans ha llamado «el problema de Hamlet».[17] Podemos muy bien estar dotados de considerables poderes racionales, pero para solucionar con ellos un problema debemos antes ser capaces de acotar el volumen potencialmente ilimitado de información, opciones y consecuencias. Nos hallamos ante el engañoso problema de limitar nuestra búsqueda, y para solucionarlo confiamos en las emociones y en las sensaciones instintivas.[18]

Ésta es la conclusión a la que llegaron dos neurocientíficos, Antonio Damasio y Antoine Bechara. Al trabajar con pacientes que tenían específicamente dañada una parte del cerebro que integra señales del cuerpo, Damasio y Bechara descubrieron que

116

dichos pacientes disfrutaban de capacidades cognitivas perfectamente normales, excepcionales incluso, y, pese a ello, tomaban decisiones terriblemente equivocadas en su vida. Tal vez fuera —supusieron Damasio y Bechara— que el cociente intelectual de los pacientes contaba poco en la toma de decisiones adecuadas porque estaba desprovisto de la ayuda del cuerpo, de la retroalimentación homeostática y emocional. Estos investigadores concluyeron que «la sensación era un componente integral de la maquinaria de la razón».[19]

Para explicar los defectos de la toma de decisiones de estos pacientes y de otros similares, Damasio y Bechara desarrollaron su «hipótesis del marcador somático».[20] De acuerdo con esta hipótesis, cada acontecimiento que almacenamos en la memoria queda señalado por las sensaciones corporales —Damasio y Bechara las llaman «marcadores somáticos»— que experimentamos en el momento de vivirlo por primera vez, y luego nos ayudan a decidir qué hacer en una situación similar. Cuando recorremos las opciones que se abren ante nosotros, cada una puede presentarse con una sutil tensión muscular, una aceleración de la respiración, un ligero temblor de la cabeza, un breve momento de calma, un escalofrío de excitación, hasta que uno se siente bien. El recuerdo de estas señales es particularmente útil, y de máxima urgencia su necesidad, cuando asumimos un riesgo, pues el riesgo puede dañarnos, física y financieramente. Por tanto, no es asombroso que los relatos sobre sensaciones instintivas sean tan frecuentes y legendarios en los mercados financieros.

La investigación científica de las sensaciones instintivas constituye una nueva perspectiva sobre el cerebro y el cuerpo. Hay científicos, como Damasio y Bechara, por ejemplo, que sostienen que la racionalidad por sí misma, sin la arenilla de los marcadores somáticos, no obtiene nada del mundo, que no sufre modificación alguna.[21] Estos científicos llaman la atención sobre el aspecto físico del pensamiento y plantean la posibilidad de que el buen juicio requiera la capacidad de escuchar cuidadosamente la retroalimentación que llega del cuerpo. Puede que haya en esto algunas personas que sean mejores que otras, que tengan un sistema más eficiente de circuitos conectivos entre el cuerpo y el cerebro, exactamente de la misma manera que hay personas que pueden correr más deprisa que otras. En cualquier parqué de Wall Street se encontrarán estrellas de elevado cociente intelectual de las más prestigiosas universidades norteamericanas incapaces de ganar un centavo, pese a sus convincentes análisis, mientras que al otro lado del pasillo se sienta un operador con un título mediocre de una universidad desconocida e incapaz de seguir el análisis más reciente, pero que, para asombro e irritación de sus colegas aparentemente más dotados, no deja de ganar dinero. Es posible, aunque difícil de aceptar, que el mejor juicio del operador o la operadora que gana dinero deba algo a su capacidad para producir señales corporales y para prestarles atención. Tendemos a pensar —deseamos pensar— que las decisiones son cuestiones de cognición, exclusivamente mentales, de pura razón, precisamente la visión que Damasio llama «error de Descartes». Pero el buen juicio puede ser un gesto tan físico como dar un puntapié a un balón de fútbol.

Entonces surge una posibilidad interesante: ¿podemos saber si una persona tiene mejores sensaciones instintivas que otra? ¿Podríamos monitorizar la retroalimentación de su cuerpo? Las sensaciones instintivas, como el oráculo de Delfos, proporcionan valiosas intuiciones, pero de frustrante dificultad de acceso y notable dificultad de interpretación. Esta inaccesibilidad se debe en parte a que son procesadas por regiones cerebrales no del todo abiertas a la inspección consciente. ¿Podríamos acceder a estas señales por otra vía que la introspección? ¿Podremos algún día introducirnos en estas líneas de comunicación entre el cuerpo y el cerebro y luego utilizar esta información como señal comercial?

RETROALIMENTACIÓN

Todos reconocemos que nuestros pensamientos afectan a nuestro cuerpo. Para tomar el ejemplo más trivial, el cerebro es el que indica a la mano que coja un vaso de agua que está sobre

118

la mesa de la cocina. Pero el cuerpo afecta a su vez a los pensamientos. A este respecto tampoco es difícil encontrar ejemplos en la vida cotidiana. Cuando tenemos hambre o sed, los pensamientos se alteran: entonces se desarrolla lo que se ha llamado «atención selectiva» a las señales de comida o de agua y se deja de prestar atención a cualquier otra cosa, como la belleza de una puesta de sol. Otros ejemplos de cómo el cuerpo afecta al cerebro son menos familiares, pero si nos detenemos a analizarlos, resultarán igualmente obvios, como el hecho de que el cerebro, lo mismo que un músculo, necesita sangre, glucosa y oxígeno para funcionar. El cerebro, que constituye únicamente el 2 % de la masa corporal, consume de hecho un 20 % de nuestra energía diaria. El sugerente hecho de que el pensamiento sea un proceso físico puede comprobarse controlando el pulso en la carótida, que suministra sangre al cerebro.[22] Cuando el lector comience una tarea mental exigente, como el cálculo aritmético mental, oprímase suavemente el cuello con dos dedos exactamente debajo del ángulo de la mandíbula y percibirá la aceleración del pulso a medida que la máquina de su cerebro atrae más combustible.[23]

En un experimento más formal, un grupo de radiólogos de Miami midió la cantidad de glucosa que utiliza el cerebro durante una tarea de fluidez verbal en la que los participantes debían confeccionar en muy poco tiempo una lista con todas las palabras posibles que empezaran con una letra determinada. Descubrieron que los sujetos que realizaban esta simple tarea atraían al cerebro un 23 % más de glucosa que cuando el cerebro se hallaba en reposo.[24]

En un inquietante experimento, un grupo de psicólogos del estado de Florida, también en busca de los niveles de glucosa en el cerebro, comprobó que durante la ejecución de actividades mentales exigentes (al igual que de actividades físicas) disminuyen las reservas de glucosa, lo cual reduce nuestra capacidad de autocontrol.[25] Llegaron a la conclusión de que la asignación de recursos energéticos durante las emergencias sigue una regla por la cual «lo último que entra es lo primero que sale»; esto quiere decir que las capacidades mentales que más tarde se desarrollaron en nuestra historia evolutiva, como la del autocontrol, son las primeras en sufrir el racionamiento cuando escasea el combustible. Los músculos, que cuando están en reposo atraen una pequeña cantidad de glucosa, pasan a monopolizar los recursos disponibles durante la actividad física. El tratamiento preferencial de los músculos durante una pelea, o cuando practicamos un deporte, con el consiguiente racionamiento de la glucosa que llega a las regiones cerebrales encargadas del autocontrol, podría explicar por qué las peleas quedan tan fácilmente fuera de control (el hockey sobre hielo parece especialmente proclive a ello). Tal vez lo mismo podría decirse del autocontrol cuando pasamos muchas horas trabajando en el despacho –tendemos a reaccionar con brusquedad más fácilmente– o cuando tratamos de seguir una dieta, pues la disminución de glucosa merma también nuestra capacidad de resolución.

Como ya hemos visto, estos simples hechos relativos a la manera en que el cerebro afecta al cuerpo y éste a aquél, son hechos que todo el mundo reconoce. Pero las cosas se vuelven un poco más extrañas cuando prestamos atención a uno de los fenómenos peor comprendidos y menos estudiados de las neurociencias: la retroalimentación entre el cuerpo y el cerebro. En los ejemplos que acabamos de mencionar, el cerebro afecta al cuerpo o al revés, pero la corriente causal es unidireccional: el cerebro afecta al cuerpo, por ejemplo, y aquí se acaba la historia. Pero la situación es muy diferente en los casos de retroalimentación cuerpo-cerebro. En la retroalimentación, un pensamiento afecta al cuerpo y los cambios que se producen en el cuerpo afectan a su vez al cerebro, cambiando su manera de pensar.

Tomemos un ejemplo sencillo del proceso: cuando uno se siente deprimido puede decidir, en un momento de autoafirmación, levantarse el ánimo y presentar batalla esbozando una sonrisa, forzando la postura o caminando con más vivacidad, y con el tiempo esos cambios pueden surtir efecto y hacer que uno termine sintiéndose mejor. Aquí, los cambios en el cuerpo –postura, expresión facial, etc.– han retroalimentado el cerebro y han alterado los pensamientos que se tenían. En determinadas circunstancias, este tipo de retroalimentación cuerpo-cerebro puede dar lugar incluso a reacciones fuera de control que culminan en una conducta desaforada. Cuando uno tiene miedo, por ejemplo, se le acelera el corazón, suda, respira agitadamente y huye de la supuesta amenaza. Al darnos cuenta de estos síntomas podemos comenzar a preocuparnos más aún, con lo cual se dan las condiciones para un ataque de pánico en toda regla. O, para tomar otro ejemplo, una discusión puede escalar hasta el punto de que los interlocutores se empujen o lleguen incluso al extremo de agredirse. En cada estadio la presión arterial aumenta, la respiración se acelera y, lo más importante, el cerebro pierde la serenidad. Hasta una persona pacífica puede llegar a abrigar pensamientos violentos a medida que la agresividad del intercambio aumenta. Esta espiral hacia el descontrol de pensamientos y conducta también puede operar en una dirección más placentera, como ocurre durante el intercambio sexual. En todos estos ejemplos de retroalimentación, el cerebro no está en la posición de un observador desinteresado, sino íntimamente implicado en el proceso. No es espectador sino actor.

No hay descripción más aguda y penetrante de esta retroalimentación que la que se encuentra en las obras de William James, el gran filósofo y psicólogo del siglo XIX (y hermano del novelista Henry James). «Todo el mundo sabe cómo el pánico aumenta con la huida», escribió James, «y cómo dar paso a los síntomas de dolor y rabia aumenta estas mismas pasiones. Cada acceso de llanto agudiza la pena y provoca otro acceso aún más fuerte, hasta que finalmente el reposo sólo sobreviene con debilidad y con un patente agotamiento de la maquinaria. En la ira, es notorio cómo "nos excitamos" hasta un clímax mediante repetidos estallidos de expresión.»[26]

Todos reconocemos la verdad de estas palabras; pero la familiaridad de la experiencia que describe James esconde un misterio: ¿por qué estamos hechos de esa manera? Si el cerebro quiere darse ánimo o sentir pánico, ¿qué sentido tiene enviar este mensaje a todo el cuerpo? ¿Por qué no enviar directamente una señal de una región cerebral a otra? A mi juicio, estas preguntas nos conducen en línea recta al núcleo mismo del problema de la relación cerebro-cuerpo. Pues no cabe duda de que el cuerpo influye en el cerebro, que transforma sus pensamientos y sus sentimientos. Pero, una vez más, ¿por qué?

Si el cerebro se limitara a enviar señales únicamente dentro de sí mismo ahorraría sin duda mucho tiempo. Tal vez; pero probablemente no. Y seguramente no si lo que el pensamiento se propone es producir movimiento, pues en este caso el tiempo de procesamiento cerebral extra podría en realidad ralentizar nuestra acción final.

Ésta era a grandes rasgos la conclusión que extrajo James, quien llegó a ella reflexionando sobre una forma muy especial y poderosa de sensación instintiva: una emoción. Había empezado a sospechar que normalmente no entendemos la naturaleza de nuestras emociones. En efecto, tendemos a pensar que primero se da el hecho de sentir la emoción y que luego ésta es la causa de la conducta emocional. Pero, según James, el hecho de sentir una emoción es en cierto modo lo menos importante de la experiencia.[27] En esto, la idea de la emoción que tiene el sentido común es completamente errónea. Tenemos una tendencia a pensar que lloramos porque estamos tristes o que huimos del oso porque tenemos miedo, pero James sostuvo que la verdad es que las cosas ocurren a la inversa. Estamos tristes porque lloramos y tenemos miedo porque huimos. En términos más precisos, los acontecimientos siguen el siguiente curso: percibimos un oso; el cerebro dispara una conducta automática de fuga, como correr; luego el cerebro recibe la información de este cambio fisiológico, que se muestra en la conciencia como un sentimiento de miedo. Algunos científicos han llegado a afirmar que el sentimiento por sí mismo desempeña un papel muy secundario en un acontecimiento emocional, al que sólo acompaña como simple observador de una acción ya ejecutada. Como sugiere el neurocientífico Joseph LeDoux, no es más que «la guinda del pastel».[28]

James trataba de corregir la creencia, predominante en su época, de que una emoción es en gran parte una cuestión mental, como el pensamiento, sólo que ligada a una fuerte afectividad. Al argumentar contra esta opinión, señaló que la misma omitía lo más importante en torno a las emociones: que ante todo son reflejos diseñados para ayudarnos a comportarnos y movernos, a veces, en momentos decisivos de nuestra vida, con gran rapidez. Como más tarde diría Charles Sherrington, premio Nobel de Fisiología de 1932: «las emociones nos mueven». Y lo decía en sentido literal. Si la función de la emoción es promover reacciones conductuales veloces, ¿qué son las sensaciones emocionales? James pensaba que emergen cuando percibimos los cambios que se producen en nuestro cuerpo durante un episodio emocional, cambios tales como tensión estomacal, sudor, aceleración del pulso, aumento de la presión arterial, aumento de la temperatura corporal, etc. En ausencia de estas sensaciones corporales, las emociones estarían vacías de afecto. «Si los estados corporales no siguieran a la percepción, esta última poseería una conformación totalmente cognitiva, pálida, incolora, carente de calor emocional. Entonces podríamos ver al oso y juzgar que lo mejor es correr, recibir la ofensa y considerar que lo correcto es golpear, pero no nos sentiríamos realmente asustados o iracundos.»[29]

En nuestro lenguaje emocional de la vida cotidiana, dado el gran peso que en él tienen las metáforas corporales, podemos encontrar apoyo informal al punto de vista de James; por ejemplo, hablamos de recibir malas noticias con una sensación de vacío en el estómago, del corazón partido o de una cólera que nos hace hervir la sangre. Calificamos un momento de escalofriante, un encuentro de tenso, una experiencia de palpitante, decimos que se nos ponen los pelos de punta o que nos invade la excitación, etc.[30]

La explicación de James de los estadios de retroalimentación emocional —en primer lugar la reacción física, en segundo lugar el afecto consciente— puede parecer contraria a la intuición. Pero tiene perfecto sentido si lo que necesitamos en una crisis emocional son las reacciones rápidas: primero actuamos, luego sentimos. Sin embargo, James recibió muchísimas críticas por su teoría, en particular las de Walter Cannon, el gran fisiólogo de

Harvard.[31] El de James y Cannon fue un choque de titanes. Cannon sostenía que la retroalimentación desde el cuerpo viajaba con excesiva lentitud para acompañar los estados afectivos tan rápidamente cambiantes que pueden surgir en el curso de un encuentro emocional y hacer así que la persona pase de la cólera al miedo y luego al alivio y la felicidad, todo en unos pocos segundos. Para que la serie de cambios corporales, incluyendo fluctuaciones en la respiración, temperatura corporal y niveles de adrenalina, pudieran seguir el ritmo de cada fugaz matiz de los estados afectivos, tendrían que crecer y decrecer en una fracción de segundo. Pero ése no es el caso. Algunos de estos cambios fisiológicos, como la liberación de adrenalina, pueden requerir uno o dos segundos para hacerse sentir, de modo que, en el caso de acontecimientos emocionales que ocurren a gran velocidad, los órganos viscerales quedarían rezagados.

Había otro problema respecto de la teoría de James, o al menos era lo que argumentaba Cannon, quien pensaba que la retroalimentación desde el cuerpo no tenía la especificidad suficiente como para proveer a cada emoción de un sello fisiológico individual. Las pulsaciones cardíacas y la respiración se aceleran cuando uno siente miedo, ira o alegría, o cuando se enamora. En realidad, toda vez que se experimenta una emoción fuerte, sostenía Cannon, se produce una serie de reacciones físicas muy semejantes. Y ponía el ejemplo de «un joven que, al enterarse de que le habían dejado una fortuna en herencia, empalideció, luego se llenó de júbilo y, tras expresar de diferentes formas su alegría, vomitó el contenido a medio digerir de su estómago».[32] Habla de síntomas similares en personas que sufren una pena profunda o un gran disgusto. La retroalimentación corporal puede incrementar nuestra excitación durante un encuentro emocional, pero no puede indicarnos qué emoción estamos sintiendo. La excitación física, concluía Cannon, es demasiado burda para describir las señales de nuestra vida emocional, a menudo tan finamente matizadas.

Finalmente, los argumentos de Cannon se impusieron y la teoría de James fue retirada del campo de los estudios sobre la emoción para permanecer en el oscuro mundo de las ideas interesantes pero desaprobadas. Sin embargo, en las décadas de 1970 y 1980 las cosas comenzaron a cambiar. Muchos científicos renovaron su interés por la retroalimentación entre el cuerpo y el cerebro, y decidieron que ya era hora de reconsiderar otra visión de la teoría de James.

Lo que encontraron fue que Cannon había formulado sus críticas sobre la base exclusiva de lo que puede llamarse sistema nervioso visceral, es decir, la red de fibras nerviosas que controlan el corazón, los pulmones, las arterias, los intestinos, la vejiga, las glándulas sudoríparas, etc. Pero el sistema nervioso visceral es sólo una de las muchas líneas de comunicación que operan entre el cuerpo y el cerebro. En efecto, no es la totalidad del sistema nervioso, puesto que, además de los nervios que conectan el cerebro a las vísceras, hay un sistema nervioso que conecta el cerebro a los músculos esqueléticos, y este sistema emplea señales que se mueven a la velocidad del rayo. Investigaciones recientes han descubierto que las señales que proceden del cuerpo viajan con la suficiente rapidez como para generar una vida emocional de alta velocidad, y que son lo suficientemente complejas como para producir su riqueza. Veamos estos dos puntos uno por uno.

LOS MÚSCULOS Y NUESTRA PRIMERA RESPUESTA

Cuando el cuerpo desea enviar una señal a gran velocidad, utiliza señales eléctricas más que químicas, transportadas por la sangre, como las hormonas. Pero la velocidad de transmisión de las fibras nerviosas varía extraordinariamente, de modo que el cuerpo y el cerebro seleccionan cuidadosamente las fibras a las que confían un mensaje. Las fibras del sistema nervioso que conectan órganos viscerales con el cerebro son relativamente lentas, pues transportan sus señales a velocidades que oscilan entre 5 y 30 metros por segundo y algunas de ellas a no más de un metro por segundo. Sin embargo, el sistema nervioso muscular está formado también por otro tipo de fibras que transportan señales

125

a cerca de 120 metros por segundo. Si comparáramos la red de conexiones de nuestro cuerpo con internet, diríamos que el sistema nervioso visceral constituye un módem de 56k y el sistema nervioso muscular su amplitud de banda, que es lo más aproximado que tenemos a una transmisión instantánea de mensajes. Esta característica de nuestro cuerpo es perfectamente comprensible, pues la velocidad de movimiento en las emergencias es lo que nos mantiene vivos.

También resulta que los músculos cumplen un papel central en nuestras expresiones emocionales. Cuando estamos coléricos, tristes o eufóricos, nuestra postura cambia y los músculos de una parte del cuerpo se tensan mientras que los de otra parte se relajan. Además, el sistema nervioso muscular es lo suficientemente rápido para acompañar e incluso provocar nuestras fluctuantes experiencias emocionales.

Se ha descubierto que un conjunto de músculos en particular desempeña un papel esencial en nuestras expresiones emocionales: los músculos faciales. Algunos de los trabajos más interesantes sobre las emociones y la retroalimentación cuerpo-cerebro se han ocupado de estudiar las expresiones faciales, en particular las que se conocen como microexpresiones. Fueron descubiertas durante la década de 1960 en la Universidad de Pittsburgh por William Condon, entre otros, cuando estudiaba filmaciones en cámara lenta de pacientes sometidos a psicoterapia.[33] Condon quedó asombrado al descubrir manifestaciones faciales de ira, disgusto, temor y otras emociones, que aparecían y desaparecían en 40 milisegundos, es decir, una vigésima quinta parte de segundo. Estas expresiones se presentan y se esfuman con tanta rapidez que ni siquiera nos damos cuenta de que las hemos realizado. Pero tienen una importante carga de sentido. Más tarde retomó su estudio Paul Ekman, psicólogo de la Universidad de California, quien empezó a entrenar a policías y personal de servicios de seguridad en la identificación de estas microexpresiones como un método de detección de mentiras nuevo y fiable.

Para nosotros, lo mismo que para muchos otros mamíferos, el rostro es un objeto de significado único. En gran parte, conocemos las intenciones de otras personas, y ellas las nuestras, a través del rostro. Cuando estamos enfadados transmitimos nuestra amenaza, así como nuestra necesidad de consuelo cuando estamos tristes. Lo primero que solemos hacer al encontrarnos con una persona es examinar su cara, ya directa, ya disimuladamente, mientras ella hace lo mismo con nosotros. El resultado es un intercambio silencioso en el que estudiamos si esta persona es amiga o enemiga, si confiamos en ella o no; y tras un breve intercambio se puede establecer una interpretación estable por ambas partes: nos caemos bien. A menudo somos sólo oscuramente conscientes de la cambiante expresión de nuestro rostro a medida que pasamos de una interpretación a otra de la persona que tenemos delante. Pero también tratamos de engañar a los demás disfrazando nuestros verdaderos sentimientos con la máscara de otra emoción. Un vendedor puede dedicarnos una sonrisa encantadora y, sin embargo, no sentir otra cosa que desprecio.

Las microexpresiones desempeñan un papel clave a la hora de respetar la verdad en este juego de espionaje y contraespionaje facial; la del vendedor, por ejemplo, puede traicionar su duplicidad. Nuestro control de las microexpresiones es escaso, de modo que en muchos sentidos son un indicador veraz de nuestro verdadero estado de ánimo y de nuestras verdaderas intenciones. Puesto que tomar a un enemigo por amigo puede ser fatal, nuestro cerebro está construido para poder procesar la información que le llega de las expresiones faciales más rápidamente que de ningún otro objeto del mundo. Las microexpresiones irrumpen en la superficie del rostro, transmiten su señal y luego desaparecen, todo en sólo 40 milisegundos; pero un observador puede registrar estas señales en 30 milisegundos, mucho más rápido que sus percepciones conscientes. Estas extraordinarias velocidades significan que, en teoría, podríamos mantener toda una conversación con diferentes intercambios de microexpresiones en el breve lapso de un segundo y sin tener conciencia de lo que hacemos.[34] Podríamos simplemente marcharnos después de un breve encuentro con un extraño invadidos de un desagradable malestar.

La velocidad de nuestras reacciones musculares en general, así como las velocidades casi increíbles de las expresiones faciales en particular, han llevado a muchos investigadores a proponer lo que ha dado en llamarse «teoría de la retroalimentación facial de las emociones», según la cual la finalidad de las expresiones faciales no es tanto expresar estados afectivos como generarlos.[35] Esta nueva teoría se hace eco de la de James: primero actuamos, después sentimos. Si esta teoría es correcta —y hay muchas investigaciones que así lo sugieren—, plantea una gran cantidad de inquietantes cuestiones. Por ejemplo, ¿tienen las personas de rostro muy expresivo —esas a las que con gracia se ha llamado «atletas faciales»— una vida emocional más rica? ¿Son los reservados británicos unos minusválidos emocionales? Es difícil saberlo. Es posible que la gente con rostro más lábil termine por hacer de sus payasadas faciales meros hábitos y que un británico con cara de póquer sucumba a un torrente emocional exteriormente invisible provocado por poco más que una mueca fugaz o una mirada furtiva. Por otro lado, las personas que se inyectan bótox en las mejillas, la frente y las patas de gallo, con la consecuente inmovilidad de sus músculos faciales, pueden estar amortiguando sus reacciones emocionales e incluso las cognitivas.[36] No deja de ser irónico que a menudo sean actores cinematográficos quienes hacen tal cosa, aun cuando, si hay algo de verdad en el método Stanislavski, según el cual es posible dar nacimiento a una emoción real en lugar de simularla artificialmente, estos actores estarían aniquilando su auténtico talento.

Robert Levenson y Paul Ekman, psicólogos que trabajaron sobre la manifestación emocional, han dirigido una serie de divertidos experimentos para demostrar que la retroalimentación a partir de expresiones faciales puede producir por sí sola todo un abanico de experiencias emocionales. Pidieron a los sujetos de los experimentos que flexionaran tal o cual músculo del rostro, que relajaran otro o que sostuvieran un lápiz detrás de los dientes. Mientras obedecían estas instrucciones, los participantes, sin saberlo, configuraban una expresión emocional, digamos de felicidad o de tristeza. Tras este ejercicio puramente físico se les sometió a prueba el estado de ánimo. Levenson y Ekman comprobaron que con sólo mover los músculos faciales, sin ninguna aportación emotiva, los sujetos habían llegado a sentir el estado de ánimo que sus rostros representaban.[37]

Una investigación extraordinaria, por cierto. En efecto, exactamente lo que William James había pronosticado. También él reconoció que los músculos pueden comunicar al cerebro una experiencia emocional. Incluso cuando, desde fuera, nuestros músculos parecen no cambiar, escribió, «su tensión interna se altera para acomodarse a cada variación del ánimo y ello se experimenta como una diferencia de tono o tensión. En la depresión, los flexores tienden a predominar; en la euforia o la excitación belicosa, los extensores toman la delantera».

LAS VÍSCERAS NOS ESTÁN DICIENDO ALGO

Por tanto, a través de los músculos, nuestro cuerpo puede transmitir información al cerebro no sólo con la velocidad suficiente para acompañar nuestra vida emocional, sino incluso para generarla. Además, nuestro cuerpo es capaz de componer mensajes suficientemente complejos como para producir nuestro abanico completo de emociones. Consigue tal cosa mediante una amplia paleta de señales, unas de ellas eléctricas, que envía por los músculos y los órganos viscerales, y otras hormonales, que son transportadas por la sangre. Contrariamente a lo que pensaba Cannon, tantas y tan diferentes son las señales de que dispone nuestro cuerpo, que juntas pueden fácilmente constituir mensajes con toda la sutileza del teclado de un piano y con la velocidad de una transmisión radiofónica.

Los distintos sistemas fisiológicos que transportan estas señales se conectan en orden secuencial cuando se presenta un acontecimiento desafiante. Nuestros músculos, en especial los de la cara, entran en acción rápida e irreflexivamente en cuestión de milisegundos. Muy poco después, el sistema nervioso vegetativo,

129

que opera en el orden de milisegundos o segundos, pone en acción los tejidos y órganos que darán soporte a los músculos durante la crisis. Poco después de haberse establecido la conexión de estos dos sistemas eléctricos, comienzan a funcionar los sistemas químicos. Las hormonas de acción rápida, como la adrenalina, liberadas en segundos o minutos, se incorporan a la sangre y liberan a su vez reservas de energía para su uso inmediato. Finalmente, si el desafío persiste, entran en acción las hormonas esteroides, que en el curso de horas e incluso días nos preparan el cuerpo para un cambio de vida. A estas alturas, el cuerpo se reorganiza, ya sea preparándose para un ataque, ya para un asedio. De cada uno de estos cambios sucesivos se informa al cerebro, donde nos alteran las emociones, el estado de ánimo, los recuerdos y los pensamientos. Para ver de una manera muy simplificada cómo funcionan estos bucles de retroalimentación, observemos a Gwen, la operadora que se sienta junto a Martin y que ha de lidiar con un susto.

Gwen, ex estrella del tenis universitario con una breve incursión en el circuito profesional (su mejor año la llevó a situarse en octavos de final del Open de Australia), se dedica ahora a operar bonos del Tesoro a cinco años. Tiene sólidos antecedentes en materia de dinero ganado, pero desde hace más o menos un mes está pasando una mala racha. Normalmente, esto no es grave, pues todos los operadores tienen períodos en los que no ganan dinero; sin embargo, ninguno se siente cómodo en esos momentos. Hay un dicho de Wall Street según el cual uno no vale ni más ni menos que el último negocio que ha hecho. Pues bien, el caso es que poco después del negocio de DuPont, Gwen sigue a Martin por el pasillo hasta la sala del café y al pasar capta una mirada de Ash, el director de la sala de negociaciones, que la observa fijamente. Su expresión facial transmite un mensaje complejo. Es una mirada sin carga afectiva, aunque tampoco niega un indicio de hostilidad, e incluso de compasión (¿por qué siente pena por ella?), y tal vez de disgusto (eso que sienten los directores, probablemente como una racionalización, una vez que han decidido despedirte). Gwen registra la mirada en un milisegundo y responde automáticamente con una microexpresión facial de

130

shock, de alarma. Se le tensan los músculos en todo el cuerpo, lo que hace más rígida su postura, con el cuello estirado. En una situación amenazante como ésa, el sistema nervioso muscular de Gwen es el primero en reaccionar, haciendo sonar timbres de alarma y preparándola para la acción rápida.

Cuando toma conciencia de la feroz mirada de Ash y de la tensión de su cuerpo, comienza a llegar otro conjunto de mensajes, esta vez del sistema nervioso vegetativo. Operando en el orden de milisegundos o segundos, el sistema nervioso vegetativo pone en acción los tejidos y órganos que habrán de sostener los músculos de Gwen durante esta crisis —si es que la hay—, proveyéndole de combustible, oxígeno, enfriamiento, eliminación de residuos, etc.; y, con una ligera demora, le inunda de adrenalina las arterias. Es la tradicional respuesta de lucha o huida, una preparación general del cuerpo para una emergencia física, que implica respiración más agitada, aceleración de la frecuencia cardíaca y sudor, dilatación de las pupilas, paralización de la digestión, etcétera. El sistema nervioso específico de la respuesta de lucha o huida prepara primero a Gwen para la acción y sólo luego, por los nervios de la espina dorsal, informa de su estado de alerta al cerebro.[38] Esta información imprime un sesgo a su percepción del mundo. Ella ve el rostro de Ash, registra la mirada de éste, y las perturbadoras señales de su propio cuerpo sugieren que algo no va bien. *¿Por qué me mira de esa manera?*

Otra parte de su sistema nervioso vegetativo, el conocido como sistema de «descanso y digestión», proporciona también una información igualmente valiosa, en especial desde el intestino, y tal vez desde las propias sensaciones viscerales. Nuestro sistema nervioso vegetativo está formado por dos ramas: el sistema de lucha o huida y el de descanso y digestión. El primero se conecta en tiempos de emergencia, pero, una vez pasada ésta, el cuerpo necesita tranquilizarse, descansar y, sobre todo, restituir la normalidad de la vida. En esos momentos entra en acción el sistema de descanso y digestión y aplaca la excitación de nuestro cuerpo. Los nervios del sistema de lucha o huida, por tanto, trabajan preferentemente (pero no siempre, como veremos en el capítulo siguiente) en oposición a los del sistema de descanso y digestión, pues ambos sistemas nerviosos alternan sus actividades, uno acelerándonos, el otro apaciguándonos. Pero lo importante es que ambos llevan información al cerebro y afectan a nuestros pensamientos, emociones y estados de ánimo.

El nervio principal del sistema nervioso de descanso y digestión es el vago, un nervio importante y poderoso que ejerce una influencia tranquilizadora en la multitud de tejidos y órganos que inerva. Etimológicamente la palabra *vagus* significa «errabundo» y andar errante es precisamente lo que hace este nervio. Surge del tronco cerebral y se dirige al abdomen. En el curso de su largo viaje visita la laringe, luego el corazón, los pulmones, el hígado y el páncreas, para terminar en el intestino (véase la figura 6). A causa de tan extensas conexiones, este curioso nervio puede modular el tono de la voz, ralentizar la frecuencia cardíaca y la respiración y controlar en el estómago las primeras fases de la digestión. Más aún, la región del tronco cerebral en la que se origina el vago es también la que regula los músculos faciales, lo que permite que las expresiones faciales se sincronicen con la frecuencia cardíaca y el estado del intestino. Al unir entre sí expresión facial, voz, pulmones, corazón y estómago, el vago desempeña un papel central en nuestra vida emocional.

En efecto, también él envía de vuelta mensajes al cerebro: casi el 80 % de las fibras del vago (el vago es un cable compuesto por miles de fibras) transporta al cerebro información procedente del cuerpo. La mayor parte de esa información de retorno viene del intestino, por lo que es completamente natural preguntarse si las sensaciones instintivas tienen su origen realmente en el intestino.[39] La respuesta inmediata es que sí, que al menos una parte de ellas se origina en el intestino. Pero no todas. La información interoceptiva va al cerebro desde todos los tejidos del organismo, no sólo del intestino. No obstante, el intestino ocupa un lugar especial en nuestra fisiología porque, y éste es un hecho notable, tiene su propio «cerebro».

El intestino está bajo el mando de lo que se llama sistema nervioso entérico (véase la figura 6), que controla el movimiento

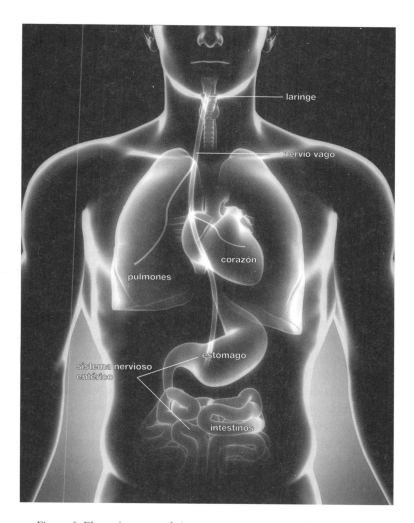

Figura 6. El nervio vago y el sistema nervioso entérico. El vago, que es el principal nervio del sistema nervioso de descanso y digestión, pone en relación el tronco cerebral, la laringe, los pulmones, el corazón, el páncreas y los intestinos. El sistema nervioso entérico, llamado a menudo segundo cerebro, es un sistema nervioso independiente que controla la digestión. El cerebro en las vísceras y el cerebro en la cabeza se comunican y cooperan (y a veces discrepan) en gran parte a través del nervio vago.

y la digestión de nutrientes mientras pasan por el estómago y los intestinos. A diferencia de otros nervios del cuerpo, este sistema nervioso puede actuar con independencia del cerebro, y es uno de los pocos que continuarían funcionando aun cuando todas las conexiones con el cerebro quedaran cortadas. Contiene aproximadamente cien millones de neuronas,[40] más que las que hay en la espina dorsal, y produce los mismos neurotransmisores que el cerebro. Michael Gershon ha calificado acertadamente de «segundo cerebro» al sistema nervioso entérico.[41] Y es el nervio vago el que une ambos cerebros, actuando a modo de teléfono rojo entre dos superpotencias.

Mediante el control de ácidos digestivos y enzimas, el sistema nervioso entérico descompone la comida hasta que las moléculas que la componen puedan ser absorbidas en el cuerpo. Digo intencionadamente «en el cuerpo» porque el sistema digestivo, para decirlo técnicamente, no forma parte del cuerpo. La cavidad formada por la boca, el esófago, el estómago, los intestinos y el colon quedan fuera del cuerpo, constituyendo, en palabras de Gershon, «un túnel que permite al exterior introducirse en nuestro interior».[42] El intestino aporta también las ondulaciones de tipo oruga del tubo intestinal que empujan el alimento y los residuos hacia delante, o, mejor dicho, hacia atrás. En realidad, fue el descubrimiento de estas ondulaciones lo que llevó al posterior descubrimiento del sistema nervioso entérico. En 1917, el fisiólogo alemán Ulrich Trendelenburg extrajo una sección de los intestinos de una cobaya y le cercenó toda comunicación con el cerebro. Cuando sopló dentro de esta sección, le asombró comprobar que el aire volvía hacia atrás. No era lo mismo que el retroceso que tiene lugar cuando se sopla dentro de un globo y éste deja escapar el aire. Era otra cosa. Tras un momento de demora, la sección intestinal se contraía y lanzaba una ligera ráfaga de aire hacia atrás, directamente sobre Trendelenburg, como si se tratara de una criatura que estuviera jugando. En ese momento se le ocurrió a Trendelenburg que estaba tratando con un sistema nervioso independiente.[43]

El cerebro y el sistema nervioso entérico, al estar conectados por el vago, se envían mutuamente mensajes y estos mensajes influyen en sus respectivas decisiones. Las condiciones imperantes en un cerebro pueden mostrarse en el otro como síntomas. Por ejemplo, cuando está estresado, el cerebro de la cabeza puede informar al cerebro del intestino acerca de una amenaza inminente y aconsejarle que detenga la digestión, pues representa un gasto de energía innecesario. Para tomar otros ejemplos, los enfermos de Alzheimer sufren frecuentemente de estreñimiento, lo mismo que las personas adictas a los opiáceos, mientras que los pacientes que toman antidepresivos suelen tener diarrea. La información puede fluir también en sentido contrario, con episodios intestinales que provocan cambios en el cerebro. Por ejemplo, las personas que padecen la enfermedad de Crohn, que es un tipo de inflamación intestinal, son más sensibles a los estímulos emocionales.[44] Además, ciertas hormonas que se secretan en el intestino durante la comida pueden intensificar la formación de recuerdos, cuya posible explicación evolutiva es, supongo, que si uno ha comido un alimento, las hormonas intestinales dan instrucciones al cerebro para que recuerde dónde se ha encontrado.[45] Por supuesto, los efectos de comer también pueden ser muy balsámicos, pues una buena comida es más que un simple placer gustativo: puede dejar satisfecho el cuerpo, calmar el cerebro e inundarnos de una profunda sensación de bienestar. En resumen, la actividad neural de nuestra cabeza puede afectarnos a la digestión y la actividad neural de nuestro intestino puede afectarnos al estado de ánimo y los pensamientos.

Gwen siente un nudo en el estómago, la respiración acelerada, el corazón le late un poco más fuerte, y estas sensaciones, canalizadas por el vago hasta el cerebro, influyen en su interpretación de la fulminante mirada de Ash. Como consecuencia de todo esto, tiene un momento de miedo, que, afortunadamente, no se prolonga demasiado. Ash aparta de ella la mirada y se marcha. Gwen piensa en el encuentro y se insta a no ser tan tonta: es probable que la mirada de Ash pasara simplemente por encima de ella mientras pensaba en alguna otra cosa, tal vez en una mala posición de la mesa de hipotecas o, quién sabe, en sus archiconocidos problemas matrimoniales. Se sacude las preocupaciones, su cuerpo se distiende y continúa camino de la sala del café sin dedicar un solo pensamiento más al incidente.

Pero las partes preconscientes de su cerebro y de su cuerpo no están convencidas del todo. De manera preconsciente entra en consideración otra información: los rumores sobre una reorganización de las mesas, un chiste que Ash ha hecho a expensas de Gwen en una reciente comida con clientes. Quince minutos más tarde, con el café en la mano, vuelve a recordar la mirada de Ash y sus nudos en el estómago. Esta vez no puede sacarse de encima sus preocupaciones. Las cosas empiezan a sumarse; sospecha que está a punto de ser trasladada. Pero ¿adónde?, ¿por qué?

Ahora Gwen afronta un desafío a largo plazo y para ello hacen su aparición las hormonas esteroides. Lo que hacen las esteroides es preparar el cuerpo de Gwen para un cambio de conducta. Por ejemplo, si espera una situación que le ofrezca extraordinarias oportunidades, como un mercado en alza, entra en acción la testosterona, que, producida tanto por los ovarios como por las glándulas suprarrenales, le prepara el cuerpo para un prolongado período de competencia. Si, por el contrario, piensa encontrarse en una situación estresante incontrolable, como un mercado en quiebra o un jefe colérico, entonces el cortisol organiza una coherente defensa física a largo plazo. Los esteroides, que actúan durante horas o incluso días, son el paso más lento y más abarcador de la respuesta escalonada de nuestro cuerpo al desafío.[46] Tal vez Gwen esté dotada de una fisiología de admirable resistencia, y su extensa experiencia en los circuitos del tenis la vuelven casi inquebrantable ante el riesgo. Pero no ante las intrigas de oficina. La política de oficina la pone nerviosa. Odia a esa gente. Durante las próximas horas –o días, si la cuestión no se resuelve pronto–, bajo la influencia de niveles aún más elevados de cortisol, desarrollará un estado de ánimo que se conoce como ansiedad anticipatoria, que la mantendrá inquieta todo el tiempo que está despierta.

136

De este relato se desprenden varias cuestiones. Para empezar, la retroalimentación corporal de Gwen durante este encuentro emocional no se limita al sistema nervioso de lucha o huida, como sostenía Cannon. Los mensajes procedentes del cuerpo son transportados por los músculos, el sistema nervioso de lucha o huida, el de descanso y digestión y por hormonas, que son en efecto muy diversas y lo suficientemente sutiles como para transmitir una rica vida emocional (véase la figura 7). Muchos científicos han comprobado que cada una de nuestras emociones se caracteriza por estar asociada a una pauta distinta de activación nerviosa y hormonal.[47] En cada situación, Gwen adapta frecuencia cardíaca, tensión muscular, digestión, resistencia vascular, sudor, contracción bronquial, rubor, dilatación pupilar, expresión facial, etc.[48]

Estas reacciones fisiológicas pueden luego retroalimentar el cerebro de Gwen. Pero el cerebro no se limita a la pura observación; Gwen no observa su cuerpo en actitud desinteresada, sino que experimenta esta retroalimentación como emoción o estado de ánimo. Las emociones difieren de los estados de ánimo, operan a distintas escalas temporales. Las emociones tienen corta vida.

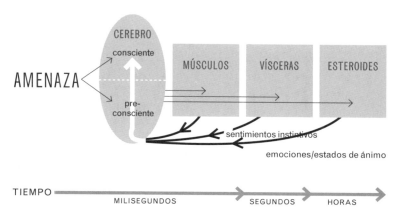

Figura 7. Sentimientos instintivos y bucles de retroalimentación entre el cuerpo y el cerebro.

Se ha sugerido que las emociones están diseñadas para ser fugaces porque proporcionan al cerebro una información valiosa en el momento oportuno. Si se prolongaran interferirían otras informaciones más recientes sobre las que se nos llama la atención. Un estado de ánimo es más dilatado, se parece más a una actitud a largo plazo, una emoción de fondo que se quema lentamente y que sesga nuestra visión del mundo. Tanto las emociones como los estados de ánimo alteran la actitud de Gwen ante los acontecimientos, juguetean con los recuerdos que evoca, cambian su manera de pensar.

Las partes preconscientes del cerebro registran rápidamente la amenaza
Los músculos del cuerpo y de la cara se preparan para la lucha o la huida
Los órganos viscerales dan soporte a los músculos
Las glándulas producen hormonas para dar soporte a los músculos durante más tiempo
La tensión muscular, la frecuencia cardíaca, la respiración, las hormonas, etc., envían señales al cerebro
Las partes preconscientes del cerebro experimentan esta retroalimentación como emoción a corto plazo o estado de ánimo a largo plazo
La emoción y el estado de ánimo garantizan que los pensamientos conscientes se sincronicen con el cuerpo para producir un comportamiento coherente de ira, miedo, felicidad, etc.

Esta anécdota nos devuelve a la pregunta que estamos intentando responder: ¿por qué disponemos de estos bucles de retroalimentación? ¿A qué finalidad sirven estas emociones y estados de ánimo? ¿Son mayoritariamente superfluas las sensaciones que implican? Probablemente no. Lo más probable es que estas sensaciones nos ayuden a alterar la atención, los recuerdos y las

138

operaciones cognitivas para ponerlas en sincronía con el cuerpo. Por ejemplo, cuando afrontamos un ataque, queremos que el cuerpo esté tenso y preparado, pero también que el cerebro piense de manera agresiva. Por otro lado, cuando queremos fundar una familia, deseamos que el cuerpo y el cerebro sincronicen de una manera más suave, más amorosa. En momentos importantes de la vida como éstos no queremos que nuestros tejidos se ocupen de diversas tareas al mismo tiempo; digamos que no queremos un cuerpo disponiéndose para la batalla y una mente animada de pensamientos de amor. La retroalimentación asegura que nuestros tejidos no trabajen para fines contrapuestos. La retroalimentación, transportada por el sistema nervioso y las hormonas, unifica cuerpo y cerebro en los momentos más importantes de la vida. Y en esos momentos –de euforia, de flujo, de amor, de miedo, de lucha– el cuerpo y el cerebro se fusionan.

LA RETROALIMENTACIÓN MENOS PERCEPTIBLE

Si la emoción y el estado de ánimo influyen en nuestro pensamiento para adaptarlo a la situación en la que nos hallamos, lo mismo ocurre con las sensaciones instintivas, la más sutil de las retroalimentaciones corporales. Las sensaciones instintivas ahorran recursos computacionales limitados y salvaguardan nuestras decisiones al apartarnos de manera preconsciente de las opciones peligrosas que pudiéramos estar considerando.

Damasio y Bechara pusieron a prueba los efectos de las sensaciones instintivas, o lo que ellos llamaron marcadores somáticos, con un juego informático conocido como Iowa Gambling Task.[49] Se presentaba a los jugadores cuatro barajas. Al ponerlas cara arriba, cada carta mostraba una cantidad de dinero, que el jugador había ganado o perdido. Las barajas estaban ordenadas de la siguiente manera: dos de ellas mostraban pequeñas cantidades de dinero, como ganar o perder 50 o 100 dólares, pero si elegía siempre de estas barajas, con el tiempo, el jugador obtendría un beneficio; las otras dos barajas mostraban cantidades de, digamos,

500 o 1.000 dólares y, en consecuencia, eran más apetecibles, pero si elegía siempre de ellas, con el tiempo el jugador perdería dinero. Al comenzar a jugar, los jugadores ignoraban las propiedades de las barajas, incluso que eran diferentes; tenían que jugar ingenuamente y encontrar la mejor manera posible de ganar dinero.

Con el tiempo, los jugadores descubrieron cómo estaban configuradas las barajas y con cuáles debían jugar si querían ganar dinero. Pero el curso que siguió su aprendizaje produjo ciertos resultados interesantes. Damasio y Bechara observaron que los jugadores empezaban a elegir de las barajas que daban ganancias antes de saber por qué. Lo mismo que en los experimentos de Lewicki, en los que los sujetos tenían que predecir la posición de una cruz en la pantalla de un ordenador, los jugadores aprendían la regla de manera preconsciente mucho antes de poder enunciarla conscientemente. Pero, y esto es lo más curioso, lo que orientaba el aprendizaje era una señal de sus cuerpos. Se monitorizó a todos los participantes mientras jugaban, para hacer el seguimiento de un marcador somático: la conductividad eléctrica de la piel. La piel experimenta rápidos e inadvertidos cambios en la conductividad eléctrica, resultado de cambios momentáneos en el volumen de sudor depositado en sus pliegues.[50] La conductancia de la piel es enormemente sensible a la novedad, la incertidumbre y el estrés. La conductancia dérmica de los jugadores comenzaba a subir cuando contemplaban la posibilidad de jugar con las barajas que daban pérdidas, y este aviso somático se demostró suficiente para apartarlos de estas elecciones peligrosas. Con la ayuda de estos breves shocks, los jugadores normales se fueron orientando hacia las barajas que daban ganancias mucho antes de que su racionalidad consciente se hubiera apercibido de por qué hacían tal cosa.

SENTIR EL MERCADO

Cuando experimentamos el aprendizaje de una actividad como la correspondiente a la de realizar operaciones financieras, no sólo acumulamos pautas, sino que tales pautas están íntimamente asociadas con reacciones musculares y viscerales. Cuando Martin se halla en plena actividad, cuando se encuentra con un episodio del mercado como el negocio de DuPont, tiene poco tiempo para sopesar cuidadosamente todos los resultados posibles de sus acciones, pero además necesita realizar averiguaciones rápidas y provechosas sobre las ventas y reaccionar a los precios que aparecen fugazmente en las pantallas. Pasa rápidamente revista a las pautas almacenadas en su memoria en busca de una analogía (aunque una analogía perfecta es rara) y con cada una de ellas su cuerpo y su cerebro cambian caleidoscópicamente de un estado a otro. El cuerpo y el cerebro aceleran y desaceleran juntos. De hecho, para aumentar la velocidad de la toma de decisiones, su cerebro, de acuerdo con Damasio y Bechara, emplea modelos predictivos, llamados «bucles del como si» que le permiten simular rápidamente la reacción corporal que con mayor probabilidad sigue a una determinada elección. Apoyado en este bucle del como si, Martin puede revolotear por todas las opciones que se van abriendo mientras observa el mercado, descarta las que lo llenan de un terror pasajero y escoge la que siente que es la correcta.

Estos ecos físicos de nuestros pensamientos son sensaciones instintivas, y todos, ya seamos atletas, inversores, bomberos u oficiales de policía, confiamos en ellas. Personalmente, me tocó aprender este principio básico de la neurociencia en circunstancias difíciles. Cuando operaba en Wall Street, a menudo se me ocurrían negocios que consideraba brillantes, juzgando baratos ciertos derivados financieros y caros otros. Pero mi jefe, habitualmente escéptico, no se cansaba de preguntar: si el negocio es tan atractivo, y tan impresionante la oportunidad de ganar dinero, ¿por qué no lo han aprovechado ya otras personas? ¿Por qué se expone el diferencial de precios en las pantallas para que todo el mundo lo vea, como si fuera un billete de 20 dólares abandonado en la acera? Eran preguntas irritantes, pero con el tiempo reconocí la sabiduría que las inspiraba, puesto que, en la mayoría de los casos, los negocios que se concebían sobre la base de razonamientos obvios terminaban dando pérdidas. Era un descubrimiento alarmante. Y lo era porque estas ideas se presentaban normalmente cuando apelaba a mis mejores esfuerzos analíticos, coherentes con mi formación y mis amplias lecturas de informes económicos y estadísticos. Me comportaba como un *homo economicus* racional.

Sin embargo, con el tiempo me di cuenta de que necesitaba más que estas operaciones cognitivas. Muchas veces, mientras observaba directamente un problema y llegaba a alguna solución obvia, captaba por el rabillo del ojo otra posibilidad, otro camino hacia el futuro. Se manifestaba como un simple pitido en mi conciencia, como un momentáneo tironcito de la atención, pero acompañado de una sensación instintiva que le estampaba el sello de lo altamente probable. Pienso que un operador financiero experimentado aprende a reconocer esas voces que le hablan desde los márgenes de la conciencia. Para operar bien hay que apartar la atención –y eso puede implicar una gran dosis de disciplina– del análisis obvio que uno tiene bajo la nariz y escuchar estas débiles vocecitas.

ESCUCHAR NUESTRO CUERPO

¡Y qué coro más angelical forman esas vocecitas! Con sólo poder oír su música a buen volumen y con claridad, tendríamos a nuestra disposición algunas de las señales más valiosas en todos los mercados financieros. Pues nuestros cuerpos y las partes preconscientes del cerebro, tanto la cortical como la subcortical, actúan como enormes y sensibles reflectores parabólicos que registran un tesoro de información predictiva. Siguen siendo las cajas negras más sensibles y complejas que jamás se hayan diseñado. Cuando las correlaciones entre activos se deshacen, cuando surgen nuevas correlaciones, es probable que los músculos, la frecuencia cardíaca y la presión sanguínea registren los cambios antes que nuestra conciencia. Así como la conductancia galvánica de la piel en la Iowa Gambling Task se manifestaba antes de que el sujeto escogiera las cartas de las barajas perdedoras, así también los cuerpos de los operadores experimentados están al acecho mucho antes de que un ataque de volatilidad haga impacto en el mercado. Las señales corporales, al anticiparse a la conciencia, gritan una advertencia. Sin embargo, muchas veces los operadores no les prestan atención porque estos mensajes son notable y frustrantemente difíciles de oír. Aparecen y desaparecen como en una radio que intenta sintonizar una estación lejana y nos deja colgados de cada una de sus notas, o, mejor dicho, sobreinterpretando cada uno de sus chisporroteos estáticos. Nuestro cuerpo y las regiones preconscientes del cerebro pueden oír claramente esas canciones y saber qué hacer con la información que contienen, pero nuestro cerebro consciente sólo tiene un debilísimo acceso a ellas.

Lo cierto es que el cerebro consciente tiene escaso conocimiento de lo que nos hace decidir por una cosa en lugar de otra. Un elocuente ejemplo de esta ignorancia es el que han proporcionado Joseph LeDoux y Michael Gazzaniga, neurocientíficos que han realizado un estudio de pacientes con el cuerpo calloso amputado y, dado que el cuerpo calloso es el haz de fibras nerviosas que conecta los dos hemisferios, con incapacidad de comunicación recíproca de las dos partes del cerebro.[51] LeDoux y Gazzaniga solicitaron a estos pacientes, a través del hemisferio derecho (se puede apuntar a uno u otro hemisferio con instrucciones que se muestren ya sea en el campo visual izquierdo o en el derecho), que rieran o movieran una mano y luego les preguntaron, a través del hemisferio izquierdo, por qué reían o movían la mano. El hemisferio izquierdo de los pacientes no tenía conocimiento de las instrucciones que se habían dado al hemisferio derecho, no obstante lo cual explicaban que reían porque los doctores parecían tan divertidos, o que movían la mano porque creían haber visto a un amigo. Por poco plausible que fuera la respuesta, los pacientes estaban convencidos de saber por qué habían actuado como lo habían hecho; pero se engañaban. La comprensión que tenían de sí mismos era pura fantasía.

Timothy Wilson ha realizado muchísimos experimentos similares, de los que informa en su libro *Strangers to Ourselves*.[52]

Wilson, lo mismo que LeDoux y Gazzaniga, ha comprobado que la gente se engaña constantemente a sí misma cuando cree conocer los verdaderos motivos de sus acciones. Pero el comentario que proporciona de su conducta es muchas veces un acompañamiento sin sentido de la acción que han ejecutado las partes preconscientes del cerebro. LeDoux, reflexionando acerca de sus propias observaciones y de las de Wilson, concluyó que «lo normal es que la gente haga todo tipo de cosas por razones de las que no es consciente (porque la conducta es producida por sistemas cerebrales que operan inconscientemente) y que una de las principales tareas de la conciencia es mantener nuestra vida unida en torno a un relato coherente, un concepto del yo».[53] En otras palabras, maquillamos la realidad.

Yo mismo me he encontrado con un resultado análogamente inquietante en un experimento que realicé con un grupo de operadores financieros. Un colega y yo tratábamos de descubrir cómo responden las hormonas del estrés a la pérdida de dinero y a la alta volatilidad de los mercados. Lo que encontramos fue exactamente lo que era de esperar sobre la base de la investigación existente en torno al estrés: que las hormonas del estrés de los operadores eran notablemente sensibles a la incontrolabilidad de los resultados de sus operaciones y a la incertidumbre y la volatilidad del mercado.[54] Hasta aquí, ningún problema. Sin embargo, además de los datos que recogí, esto es, los marcadores fisiológicos y los datos financieros, al final de cada sesión entregaba unos cuestionarios a los operadores para que los rellenaran, destinados a determinar, entre otras cosas, su grado de estrés. Lo que encontré fue que sus opiniones acerca de su grado de estrés tenían poco o nada que ver con la realidad, nada que ver con el hecho de que pudieran estar perdiendo dinero o de que los resultados de sus operaciones parecieran más incontrolables de lo normal, ni con la incertidumbre del mercado tal como la daba a entender su volatilidad. En realidad, sus opiniones tenían poco que ver con nada que pudiera yo reconocer. Parecían tan aleatorias y poco pertinentes como las fantasías que proporcionaban los pacientes con el cerebro dividido. Este resultado constituía

144

un cuadro cuasi cómico de seres humanos pronunciando palabras prácticamente sin sentido y de escasa conexión con los procesos fisiológicos que controlaban realmente sus actuaciones.

Por extraños que estos hallazgos puedan parecer, el que con frecuencia las opiniones y la fisiología sigan diferentes caminos es un rasgo bastante característico de la endocrinología. Lo extraño era que las hormonas de los operadores parecían registrar el riesgo con mucho mayor rigor que el que mostraban sus opiniones. ¿Acaso sus glándulas productoras de hormonas captaban los riesgos financieros mejor que su córtex frontal? Podría ser. Si bien carecían de la habilidad necesaria para seguir con rapidez el procesamiento preconsciente de las pautas asociadas a sensaciones instintivas, daban muestras de una completa desconexión de la habilidad para ganar dinero respecto de la comprensión de sí mismos. Éste también es un hallazgo completamente normal en un parqué: a menudo se dice que si uno desea conocer qué piensan del mercado los operadores, no debe pedirles sus opiniones, sino observar qué negocios hacen.

ENTRENAMIENTO FISIOLÓGICO

Con harta frecuencia, y a veces de manera cómica, malinterpretamos nuestras propias acciones. Dado este hecho desgraciado, podemos valorar la necesidad de contar con una segunda opinión a la hora de tomar una decisión importante. Esta opinión puede presentar diversas formas. Una de las fuentes más valiosas de una segunda opinión, que deja cruda y fríamente al descubierto nuestros errores de razonamiento, es la estadística. Otra persona que trabaje con nosotros, un entrenador, digamos, también puede contribuir a que mejoremos nuestra toma de decisiones. Cada vez son más las profesiones que emplean entrenadores,[55] y últimamente han empezado a aparecer también en un número creciente de parqués.

Pero esta observación externa también puede adoptar otra forma: la monitorización fisiológica. Dado que nuestro cuerpo nos proporciona un sistema de alarma precoz de altísima eficacia, tanto para el peligro como para la oportunidad positiva, y que las sensaciones instintivas se benefician de una rica experiencia, pero que estos marcadores somáticos son ampliamente inaccesibles a la inspección consciente, tal vez podamos introducirnos en ellos por medio de un artificio de escucha externa, como un monitor electrónico.

La monitorización fisiológica puede ayudar a los científicos a responder a un número de preguntas inquietantes, como, por ejemplo, ¿hay personas que poseen mejores sensaciones instintivas que otras? Es muy poca la investigación capaz de ayudarnos a responder esta pregunta, pero, en principio, no parece haber ninguna razón por la cual no pueda haber personas con corazonadas más certeras que otras. No cabe duda de que el entrenamiento es esencial en la construcción de un archivo de pautas para operaciones financieras y en el desarrollo de presentimientos a los que valga la pena prestar atención; pero, lo mismo que en los deportes, los operadores difieren en sus dotes físicas. A los que gozan naturalmente de vías interoceptivas sensibles me siento tentado de llamarles atletas del presentimiento. Para merecer esta calificación, una persona necesitaría generar poderosos marcadores somáticos. Para medir esta capacidad podría utilizarse una tarea informatizada, como la Iowa Gambling Task, acoplada a la monitorización fisiológica.

Pero los atletas del presentimiento necesitarían más que fuertes marcadores somáticos, pues éstos son prácticamente inútiles por sí mismos si no somos conscientes de su existencia. Igualmente importante para calibrar las sensaciones instintivas es medir nuestra conciencia de las señales. En este terreno disponemos de cierta investigación. Diversos científicos han hallado que la sensibilidad a los marcadores somáticos puede medirse mediante un test llamado conciencia del latido del corazón.[56] En este test se pide a los participantes que se tomen el pulso o que digan si tienen el pulso sincronizado o no con un sonido que se repite. Los experimentos acerca de la conciencia del latido del corazón han demostrado que este marcador es un buen representante de la conciencia visceral.[57] Los experimentos también han descubierto que la conciencia del latido del corazón es más baja en personas que tienen sobrepeso,[58] casi como si las señales sufrieran interferencias. Tal vez sea ésta una razón por la que los parqués están poblados por gente joven y en asombrosa forma física.

Las investigaciones de las que disponemos plantean la posibilidad de que el empleo de tests, como el de la conciencia del latido del corazón, como instrumentos de selección durante entrevistas regulares y pruebas psicométricas ayude a identificar a los tomadores de riesgos con buenas sensaciones instintivas.

¿Podrían monitorizarse también las sensaciones instintivas de los operadores mientras asumen un riesgo? Hoy es posible monitorizar la frecuencia cardíaca, el ciclo respiratorio, la conductancia galvánica de la piel y otras señales vitales de una manera no invasiva.

De hecho, la monitorización fisiológica de los agentes de bolsa ha sido propuesta por la revista *The Economist* con ocasión de un informe acerca del resultado que se desprendía de un estudio sobre hormonas en operadores financieros que había yo dirigido y al que he hecho mención más arriba.[59] Habíamos comprobado que cuando los niveles matutinos de testosterona en los operadores varones eran superiores a la media, dichos operadores obtendrían más tarde, en ese mismo día, un beneficio superior a la media. El periodista de *The Economist* sugería que lo primero que debían hacer los directivos por la mañana era someter a sus operadores a dicha prueba y, en caso de que su bioquímica dejara algo que desear, enviarlos de vuelta a casa. Parece demasiado inverosímil, pero esta práctica ya es común en el deporte. Muchos científicos deportivos monitorizan permanentemente la fisiología de sus atletas en busca de ese tipo de señales que indica si están listos para una competición o necesitan más trabajo. En efecto, hoy estamos en condiciones de realizar la identificación fisiológica que proponía *The Economist*. Esa monitorización tal vez pudiera ayudar a los directivos a saber cuándo los operadores están «en la zona» o lejos de ella, aunque sin conciencia de una ni de otra cosa incluso cuando hayan sucumbido al canto de sirena de la exuberancia irracional o al abatimiento del pesimismo irracional.

En el futuro podríamos incluso llegar a expresar los mensajes específicos que se envían por nuestras vías interoceptivas. Tal vez nuestro cerebro consciente tenga dificultades para hacerlo, pero la ciencia puede ayudar interceptando e interpretando estos mensajes. Algún día seremos capaces de escuchar nuestro cuerpo y las reacciones subconscientes de nuestro cerebro y hacer caso a sus advertencias. Tal vez los dispositivos de monitorización fisiológica, junto con el respaldo informático mencionado en el capítulo anterior, provean a los operadores humanos del equivalente a un exoesqueleto endurecido que les ayudara en la lucha contra las máquinas que dominan cada vez más el mercado.

Aunque este tipo de monitorización puede parecer futurista, ya hay mucha gente que lo emplea. Un movimiento que crece rápidamente es el que se ha dado en llamar «autocuantificación», cuya finalidad es registrar las constantes vitales propias como una forma de abrirnos camino, con nuestros propios datos objetivos, a través de la maraña del folclore, la publicidad y la psicología popular. Cada vez más, la gente está utilizando un abanico de monitores destinado a identificar de dónde surge el estrés en su vida, qué es lo que no la deja dormir bien una noche, qué ejercicios producen los mejores resultados. Incluso hay actualmente en desarrollo una serie de productos de consumo cotidiano que pueden cumplir las funciones de monitores de salud en tiempo real, como lentes de contacto con bionanotecnología incorporada que miden los niveles de colesterol, sodio y glucosa de las lágrimas y transmiten esta información a un ordenador a través de ondas de radio. En este sentido, hay científicos que han propuesto un nuevo tipo de inodoro que diagnostica el estado de salud sobre la base del análisis de orina, y cepillos de dientes que hacen lo mismo con la saliva.

No veo ningún motivo para que este tipo de monitorización fisiológica, si es útil y bien tolerada por el público en general, los atletas olímpicos y los militares, no se abra paso en el parqué. Precisamente a la sala de operaciones financieras volveremos en el capítulo siguiente para ver cómo funciona en la práctica la fisiología de la toma de riesgos que hemos analizado.

Tercera parte

Temporadas del mercado

5. LA EMOCIÓN DE LA BÚSQUEDA

UN MENSAJE INESPERADO

Después de la breve excitación producida por el negocio de DuPont, la sala de operaciones vuelve al estado de relajación de los días anteriores. Martin vuelve de la cafetería y no oye nada en el altavoz ni ve movimientos nerviosos en las mesas de operaciones ni en las de ventas, de modo que su cuerpo recibe esa tranquilidad y desacelera su motor interior hasta recuperar la calma de la frecuencia cardíaca y del metabolismo. La adrenalina se disipa. El nervio vago toma suavemente el control y, a la manera de la mano de una madre sobre una frente preocupada, hace desaparecer las últimas ondas de su tormenta corporal. El medio millón de dólares que Martin ha ganado le recorre las venas como un potente relajador muscular. La chispa de una sensación interna de bienestar, buena voluntad y tranquila confianza se enciende y se propaga. El dinero puede hacer eso.

El suave estrés que acaba de experimentar Martin ha sido beneficioso para él, porque ha puesto a prueba tanto su cuerpo como su cerebro. Es precisamente el tipo de esfuerzo para el que estamos diseñados, de modo que implica una experiencia satisfactoria. El esfuerzo, el riesgo, el estrés, el miedo e incluso el dolor en dosis moderadas son, o deberían ser, nuestra condición natural. Pero igualmente importante, igualmente vital para nuestra salud y clave del crecimiento continuo, es lo que los fisiólogos del deporte llaman período de recuperación. Una vez finalizado un desafío, hay que desactivar de inmediato los mecanismos de lucha o huida, pues su coste es muy alto en términos de metabolismo, y activar los sistemas de descanso y digestión. Estos períodos de recuperación actúan de un modo parecido a una buena noche de sueño, pero, a diferencia de las ocho horas que los médicos recomiendan para el sueño, son típicamente breves y frecuentes, como las breves pausas de una pelea de boxeo o de un partido de tenis. Sin embargo, pese a la brevedad de tales respiros, el cuerpo los aprovecha para descansar y repararse y, con el tiempo, esas minipausas pueden ser la condición de un cuerpo y un cerebro sanos. Si se nos negaran esas pausas, por breves que sean, incluso cuando todo va bien, nuestra biología se desequilibraría y nos arrastraría a estados mentales y físicos patológicos y a una conducta inadecuada. Eso puede suceder en Wall Street.

Desafío, recuperación, desafío, recuperación: esto es lo que nos curte. Y, precisamente por eso, esta operación ha sido buena para Martin. En efecto, se ha beneficiado de esa pauta de estrés y recuperación y ha salido de ella como una persona más fuerte y, en efecto, más rica. En este preciso momento, en todo su cuerpo, en un millón de diferentes zonas de guerra, microscópicos cirujanos y enfermeros van a trabajar en la reparación de sus tejidos dañados y a cuidar de todos los aspectos de su bienestar; y esto, naturalmente, hace que uno se sienta bien.

Martin camina por el pasillo que se adentra profundamente en el entorno de las mesas de operaciones y de venta, el imponente tronco del parqué. Este escenario, por lo general una autopista de financieros frenéticos, hoy se parece más a la calle mayor de un pueblo pequeño. Cuando entra en el departamento de obligaciones negociables, uno de los operadores, desconcertado ante lo que parece ser un extracto de tarjeta de crédito, levanta la mirada y responde con la cabeza a sus saludos. Un vendedor juguetón hace unas fintas de boxeo cuando Martin pasa. Ante la mesa de arbitraje, Martin intercepta una pelota de tenis que Logan le ha arrojado a Scott. Envía la pelota hacia Scott, quien le dice que los brokers han encargado sushi para el almuerzo. De nuevo en la mesa del Tesoro, situada entre la de arbitraje y la de hipotecas, Martin lanza una mirada afectuosa al parqué que tanto le ha dado y escucha sus sonidos familiares y tranquilizadores.

Martin decide darse un lujo raro en Wall Street: leer secciones del periódico sin ninguna relación con los negocios. Apoya los pies sobre la mesa y, satisfecho, abre el diario en la sección de artes y crítica de libros. Un poco más lejos, alguien anuncia que tienen donuts extra; una mujer en una mesa de venta lejana suelta una gran carcajada espórádica.

Martin se dispone a disfrutar de las horas distendidas que tiene por delante, pero cualquiera que lo observara durante un rato advertiría que en un momento dado vacila, reflexiona. Al mirar las pantallas, una ligera tensión le contrae la cara y Martin se mueve con incomodidad en su silla. Sin que él lo sepa conscientemente, un temblor muy sordo acaba de sacudir el mercado y las silenciosas olas que el impacto produce emanan de las pantallas y resuenan en la caverna de su cuerpo. Algo no anda bien. Las pantallas parpadean a diferentes frecuencias y la matriz de los precios salta tomando una nueva forma, como si se tratara del giro de un caleidoscopio. La volatilidad apenas se ha alterado, pero esos minúsculos cambios son inesperados; y nada nos llama más rápidamente la atención que los cambios inesperados, que la novedad que surge de un trasfondo indiferente.

Martin, atleta olímpico del presentimiento, es a menudo el primero en sentir esas cosas, pero hay otros que no le van a la zaga. En todo el parqué, el inaudible llamamiento del mercado encuentra eco en los cuerpos de los operadores y los vendedores. En unos casos, los músculos se tensan ligeramente; en otros, las pupilas se dilatan y la respiración comienza a acelerarse; finalmente, en algunos se tensa el estómago y el hambre desaparece. Un observador podría darse cuenta de que las posturas se enderezan y las conversaciones se animan, a la vez que las manos gesticulan con mayor brusquedad. Muy pocas personas tienen aún conciencia de los cambios que se están produciendo en sus cuerpos, pero el efecto acumulativo es similar al aumento de volumen de una radio en la sala de operaciones financieras. Un buen director percibiría la conmoción en ciernes, vería la inquietud. Y ahora, como una gran bestia que despierta tras un largo sueño, el parqué vuelve a la vida.

EL CÓDIGO MORSE DEL MERCADO

¿Qué era esa conmoción que emanaba de las pantallas? ¿Qué fue lo que hizo vibrar de manera preconsciente la tensa membrana del sistema de alarma de Martin? Esa conmoción era información, y la información se manifiesta en forma de novedad. Cuando el mundo nos envía un mensaje, lo hace con el lenguaje de la sorpresa y la discrepancia; y nuestros oídos han sido sintonizados para esas cadencias. No hay nada que más nos fascine, pocas cosas que nos sacudan el cuerpo de manera más completa. La información nos advierte del peligro, nos prepara para la acción, nos ayuda a sobrevivir. Y nos permite realizar el más mágico de todos los trucos: predecir el futuro.

El vínculo entre información y novedad fue descubierto y brillantemente explicado por Claude Shannon, ingeniero que en la década de 1950 trabajó en los Laboratorios Bell. Según Shannon, el volumen de información que contiene una señal es proporcional al volumen de novedad que contiene, o, en otras palabras, al volumen de incertidumbre. Esto puede parecer contrario a la intuición. La incertidumbre parece ser la antítesis de la información. Pero lo que Shannon quería decir era que la verdadera información debe decirnos algo que aún no sabemos; por tanto, tiene que ser impredecible.

La mayoría de los mensajes que encontramos en la vida cotidiana, sin embargo, son predecibles: lo normal es que cuando leemos un libro u oímos hablar a alguien sepamos de antemano lo que vendrá a continuación, porque la mayor parte de los mensajes contienen mucho ruido, esto es, palabras o signos que podrían eliminarse sin alterar el significado. De acuerdo con esto, las personas que escriben mensajes de texto condensan los enunciados que quieren enviar, tal como se hacía en los viejos tiempos para enviar telegramas, a fin de eliminar todo signo o palabra

154

que se pudiera predecir y dejar únicamente lo que es imposible prever, el contenido verdaderamente informativo del mensaje. Por ejemplo, imagine el lector que envía el siguiente mensaje treinta minutos después de la hora en que tenía que llegar a su casa: «Me he retrasado. El coche tiene una rueda pinchada. Estaré en casa en una hora.» Este mensaje de 78 caracteres incluyendo los espacios, contiene muchos elementos redundantes y es posible abreviarlo. Para empezar, si debía estar media hora antes, es evidente que se ha retrasado, de modo que la primera oración se puede eliminar. Y es obvio que la rueda pinchada la tiene el coche, ¿qué, si no? Así que podría evitar la referencia a ello. Y no hay duda de que será usted quien estará en su casa, así que el verbo podría quedar implícito. Si elimina todas estas redundancias, el mensaje que envía dice: «Rueda pinchada. En una hora en casa.» Este mensaje, de 35 caracteres, ha sido reducido de tal modo que sólo contiene la información que su familia no podía prever. Si tuvieran que recibirlo palabra por palabra, no podrían saber cuál es la que sigue. Este simple ejemplo ilustra el descubrimiento fundamental de la teoría de la información de Shannon: la información es sinónimo de impredictibilidad, de novedad. Cuando recibimos información pura estamos en un estado de máxima incertidumbre en relación con lo que vendrá a continuación.

Nuestro aparato sensorial ha sido diseñado para prestar atención a la información de manera casi exclusiva. Ignora los acontecimientos previsibles y se orienta rápidamente a los nuevos. El cerebelo proporciona un buen ejemplo de este principio. Cuando proyectamos una acción, nuestro neocórtex envía una copia de este proyecto al cerebelo, que entonces difumina o incluso anula la sensación que se supone que se suscitará.[1] A causa de esta difuminación somos en gran medida inconscientes, por ejemplo, de que cuando caminamos movemos los brazos hacia atrás y hacia delante, o del roce de la ropa sobre la piel. Por esta misma razón somos incapaces de hacernos cosquillas, pues desde el mismo momento en que movemos los dedos sobre el tórax, nuestro cerebro anula las sensaciones esperadas; podemos sentir

155

los dedos en nuestra piel, pero no nos sentimos sorprendidos y, en consecuencia, no ha lugar para las cosquillas.[2] ¿Por qué querríamos difuminar sensaciones que esperamos que nuestras propias acciones produzcan? Porque eso resulta de extraordinaria utilidad en un mecanismo de control: si la retroalimentación sensorial de una acción es exactamente la que esperamos, no necesitamos prestarle atención. En cambio, si la retroalimentación es diferente de la que esperamos, aporta información: la de que algo había fallado en nuestro proyecto. Y esta información nos enseña a adecuar los movimientos a las intenciones.

Otra magnífica ilustración del principio según el cual prestamos atención en particular a lo inesperado es la que nos ofrece la observación del sistema visual de la rana común. La evidencia sugiere que las ranas son ciegas a menos que algo se mueva en su campo visual. Aparentemente, las ranas no tienen ningún interés en contemplar su estanque sólo para apreciar su belleza; su visión ciega registra objetos únicamente cuando el movimiento indica la presencia de un insecto para comer o una amenaza de la que huir. El ojo de la rana, en consecuencia, presenta un ejemplo puro de sistema sensorial que hace exactamente aquello para lo que ha sido diseñado: prestar atención exclusivamente a la información.

Los sistemas sensoriales humanos funcionan de manera muy parecida a la visión de la rana. También nosotros perdemos de vista los objetos si no se mueven, lo que se conoce como efecto de Troxler, por el nombre de un fisiólogo alemán del siglo XIX que observó que poco a poco vamos perdiendo conciencia de los estímulos visuales inmóviles, tal como nos ocurre con el constante ruido de fondo del tráfico. Sin embargo, es raro que se dé el efecto de desaparición del objeto, como ocurre en el ojo de la rana, porque movemos los ojos y la cabeza casi sin interrupción y eso produce el movimiento del campo visual. Pero se puede experimentar una cosa muy parecida si le pedimos a alguien que mantenga su mano a un costado de nuestra cabeza, de tal manera que ocupe exactamente el borde de nuestra visión periférica. Cuando su mano permanezca inmóvil, no la veremos, pero si se mueve, la veremos. Este ejemplo apunta también a otro problema

–además de los analizados en el capítulo 3– relativo a la noción propia del sentido común, para la cual nuestros sentidos operan como una cámara cinematográfica que registra ininterrumpidamente los objetos y los sonidos que nos rodean. El efecto de Troxler muestra que nuestros sentidos no funcionan en absoluto de esa manera. En realidad, se aproxima más a la verdad decir que, como el ojo de la rana, su función es ignorar el mundo a menos que ocurra algo importante.

Semejante sistema sensorial reduce admirablemente las demandas a nuestros recursos atencionales; pero esto, en el mundo moderno, también puede crear problemas. Efectivamente, estamos hechos para prestar atención a la novedad; pero, desgraciadamente, en ausencia de ésta no funcionamos particularmente bien. Sin la novedad podemos sufrir de apetito de estímulos, lo que puede desembocar en una condición conocida de los conductores de coches (e incluso, se afirma, de los pilotos de aviones comerciales), que podría ser cómica si en ocasiones no resultara peligrosa, y que ha recibido nombres tan distintos como «hipnosis de la autopista» y «efecto polilla».[3] Los conductores que circulan por tramos de carretera largos y monótonos o de noche, pueden llegar a sentir tal apetito de estímulos que, de manera casi hipnótica, terminen prestando atención a la rara aparición de una luz al costado de la carretera, a menudo un coche de la policía con luces intermitentes y dirigiéndose directamente en su dirección.

Por tanto, la información ejerce sobre nosotros una extraña y poderosa atracción. En su presencia nos sentimos vivos. Si al entrar en casa nos encontramos con los muebles fuera de lugar; si, caminando por el bosque, oímos el crujido de ramitas detrás de nosotros; si al leer una novela de misterio nos damos cuenta, en un momento espeluznante del relato, de que el héroe ha empleado exactamente el mismo giro lingüístico que el psicópata asesino que la policía está buscando, nuestra conciencia se agudiza y nuestra atención se concentra en la escena inesperada –«¿Qué diablos pasa?», dice nuestra preconciencia–, y en ese mismo instante nuestro mundo se transmuta de fondo indiferente, impresionista, en paisaje hiperrealista.

El mecanismo que opera en el cerebro en ese momento es una maravilla de ingeniería química y eléctrica. Cuando el centro de alarma del cerebro se activa, las neuronas del locus coeruleus, situadas en el tronco cerebral, incrementan su tasa de disparos y rocían el cerebro con un neuromodulador llamado noradrenalina (véase la figura 8). Los neuromoduladores son transmisores –los elementos químicos que se emplean para colmar la brecha sináptica entre neuronas a fin de que el mensaje eléctrico pueda saltar de una a otra– de un tipo muy particular. No participan en ninguna actividad cerebral específica, como las de realizar cálculos matemáticos, hablar francés o recordar las fechas de las guerras púnicas; su función es más bien la de alterar la sensibilidad de las neuronas por todo el cerebro, con lo que facilitan sus estímulos y aceleran su ritmo. El efecto que tiene la noradrenalina sobre las neuronas puede compararse con el aumento de intensidad de las luces de una habitación y del volumen de un micrófono.

Esto es lo que le está sucediendo a Martin exactamente en este momento. Su sistema de alarma ha rociado noradrenalina por el cerebro, poniéndolo así en un elevado estado de alerta, realzando los estímulos y la vigilancia y disminuyendo los umbrales sensoriales, de manera que sus sentidos han sido llevados al límite, gracias a lo cual es capaz de oír el más leve sonido, advertir el más mínimo movimiento.[4] Al llegar al neocórtex, la noradrenalina también mejora la ratio señal-ruido de entrada de datos sensoriales. Se trata de un truco muy útil. Cuando Martin, en actitud relajada, estudia su entorno al azar, sus sentidos barren 360 grados, como un radar, y es de esperar una baja ratio señal-ruido. Pero cuando es sorprendido por un acontecimiento inesperado, como lo es en este momento, sus sentidos son atraídos hacia un centro de atención, de modo que él desecha las sensaciones de fondo y se concentra únicamente en la información pertinente al problema que tiene entre manos. Esta propiedad del locus coeruleus de poner algo de relieve, como si se tratara de un radar, es en parte responsable de lo que se conoce como efecto «cocktail party», esto es, nuestra ocasional habilidad para reco-

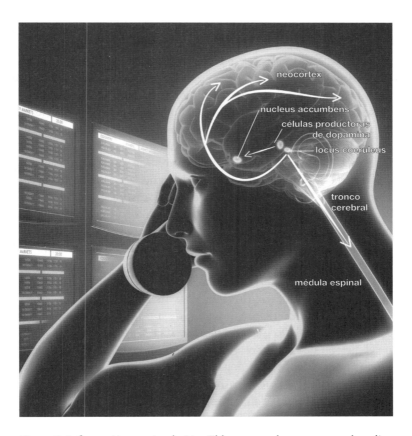

Figura 8. Información y estimulación. El locus coeruleus proyecta adrenalina
a las zonas superiores del cerebro, donde agudiza nuestros sentidos y eleva
la relación señal-ruido en la información que llega del exterior, de tal modo
que nos permite centrarnos en una amenaza o una oportunidad presentes.
Las células del tronco cerebral que producen dopamina la proyectan a los
ganglios basales; una de las áreas a las que apuntan es el nucleus accumbens,
muchas veces llamado el centro emocional del cerebro. La dopamina
nos estimula a asumir riesgos, a comprometernos en actividades físicas,
como la caza, la búsqueda de comida y el comercio, que conducen
a recompensas inciertas.

nocer una voz al otro lado de una habitación llena de gente.[5] Los animales cuando cazan, los atletas en el momento culminante de una competición y los operadores financieros en el momento de ganar dinero, todos ellos dependen de esta atención y de estos sentidos sobrenaturales. Lo mismo ocurre con los soldados en el campo de batalla: «En el momento en que silban los primeros obuses», explica Erich Maria Remarque, «en que el aire se desgaja con los primeros disparos, os llega de pronto a las venas, a las manos, a los ojos, un ansia intensa, contenida, un estar ojo avizor, un vigoroso despabilamiento, un extraño aguzamiento de los sentidos. Con un brinco el cuerpo queda dispuesto a todo.»[6]

Así, el locus coeruleus estimula el cerebro de Martin y, de manera decisiva, también su cuerpo. Proyecta sus fibras neurales hacia arriba, a las zonas superiores del cerebro, y hacia abajo, al sistema nervioso de lucha o huida del cuerpo. Aquí irriga con noradrenalina los tejidos del corazón, las arterias, los tubos bronquiales y las glándulas suprarrenales (véase la figura 8). Esto pone el cuerpo en estado de preparación, de modo que una vez que el cerebro ha calculado qué amenaza acecha y qué acción se requiere, el cuerpo de Martin está listo para ejecutarla. La información que registra el locus coeruleus es de baja calidad; con su incapacidad de expresión, no transmite a Martin mucho más que un vago: «¡Atención! ¡Hay algo raro!» Puede que sea una información pobre, pero su transmisión es rápida y en eso estriba su valor. Si una correlación entre acontecimientos se quiebra o si emerge una nueva pauta, si algo no va bien, el locus coeruleus responde al cambio mucho antes de que éste resulte consciente. Y transporta una alarma muy básica que nos prepara para reacciones rápidas. Tensa las membranas de nuestros dispositivos de registro, enciende el fuego de nuestro metabolismo y amartilla los músculos para que puedan disparar instantáneamente.

Mediante su influencia en el locus coeruleus, la información es registrada como mucho más que simples datos; es registrada como reacción corporal. La información se hace física. Tan estrecha es esta relación, que Daniel Berlyne, psicólogo que en la década de 1960 trabajaba en la Universidad de Toronto, representó gráficamente la relación entre la excitabilidad corporal y la información y halló la elegante forma de ∩.[7] El significado de la u invertida de Berlyne es que los bajos niveles de información, como los de una conversación intrascendente, nos aburren y nos adormecen, mientras que los elevados niveles de complejidad, como podrían ser los de una película con una intriga difícil de seguir o, en otro plano, un exceso de expedientes en el trabajo, nos confunden y provocan ansiedad. Pero el volumen adecuado de información nos estimula la curiosidad, nos calma la sed de novedades y nos proporciona una imprecisa sensación de satisfacción que se extiende a la totalidad del cuerpo y el cerebro.

Para no ahogarnos en la complejidad y no crear una ansiedad constante, el cerebro debe discriminar entre la información importante y la trivial. El locus coeruleus no puede hacer esto por sí solo. Para cribar lo significativo de lo que no lo es dependemos de juicios instintivos, algo muy parecido a las sensaciones instintivas. Varias regiones del cerebro superior, en el hipocampo y en las zonas posteriores del neocórtex, aunque operando por debajo del nivel de la conciencia, examinan rápidamente las pautas almacenadas en nuestro banco de recuerdos y las comparan con los hechos que tenemos delante. El proceso de comparación de pautas recibe un mensaje de urgencia y un acicate motivacional procedente de la amígdala, que marca cada pauta con un afecto, lo cual nos proporciona una rápida y contaminada evaluación de la potencial amenaza o la potencial oportunidad a la que hacemos frente. Este conjunto formado por el reconocimiento de pautas, la evaluación emocional y el centro de alarma filtra la información y nos entrega las sensaciones instintivas que necesitamos para no distraernos con información carente de interés.

Durante todo el día experimentamos estas fluctuantes evaluaciones de la importancia de las informaciones. Un acontecimiento capta nuestra mirada y nos debatimos entre prestarle atención o darle la espalda. El ver una silla inesperadamente colgada del cielo raso en una galería de arte puede provocar un momento de curiosidad, pero, a menos que la instalación tenga un significado más profundo, muy pronto nos habituamos a la escena y perdemos interés en ella. En efecto, sin la orientación de nuestras sensaciones instintivas, el locus coeruleus estaría para siempre perdido en el país de las maravillas, distraído, como un niño, por visiones siempre nuevas. Una parte importante de la literatura fantástica tiene precisamente su base en esta suerte de asombro inicial. Pero lo que distingue a los clásicos de este género, como las novelas de la serie *Terramar*, de Ursula K. Le Guin, es una parábola que afecta a nuestras preocupaciones más profundas. Las artes visuales de hoy también se apoyan en lo que el crítico Robert Hughes llama el impacto de lo nuevo, pero también aquí nuestras sensaciones instintivas distinguen (aunque no lo haga el mercado) entre lo profundo y lo superficial. El locus coeruleus puede ser engañado por una obra de arte escandalosa, como puede serlo también por la publicidad llamativa; pero sólo si se implican la amígdala y las regiones del cerebro superior, y en realidad el cuerpo entero, un obra de arte sorprendente, como las mejores instalaciones conceptuales, echará raíces en nuestras incertidumbres más profundas y provocará una reacción satisfactoria y duradera. Los buenos críticos de arte confían en las sensaciones instintivas tanto como los operadores financieros rentables.

En ningún campo es más apremiante la necesidad de distinguir entre la información importante y la trivial que en los mercados financieros. Todo acontecimiento de interés periodístico que tenga lugar en el mundo, ya sea el alza de la tasa de interés del Banco de Japón, el anuncio de la producción industrial china, la inflación en la Eurozona, un huracán que se aproxima al Golfo de México, se pone de manifiesto sucesivamente en las distintas fuentes de información y en los precios del mercado. La información fluye sin parar, como un mensaje interminable e incomprensible, como un telégrafo que nunca acaba su repiqueteo. Todo cambio en el mundo se manifiesta como cambio en el precio del bono, la acción, la divisa o en el mercado de materias primas. Cuanta más información entra, mayor es la incertidumbre y mayor la volatilidad del mercado. De este modo, la volatilidad del mercado financiero constituye el barómetro más sensible de lo que podríamos llamar excitación global, el volumen de novedades en el mundo. De hecho, hay un contrato de futuros en el Chicago Board Options Exchange, llamado VIX, que sigue la huella de esta misma incertidumbre, pues es un índice de las expectativas de la comunidad financiera acerca de los movimientos del mercado en los meses venideros. Con razón se lo ha llamado «el Índice del Miedo», y cuando hizo irrupción la crisis de crédito de 2007-2008, el VIX trepó de un aletargado 12 % a más del 80 % en cuestión de meses.

Un cerebro humano que tratara de recoger toda la información existente en los mercados financieros quedaría muy pronto absolutamente agotado. Pocas profesiones, excepto quizá la del control del tráfico aéreo o la militar en tiempos de guerra, son comparables con la del mundo financiero en lo tocante al volumen de información que hay que filtrar y procesar en tiempo real. Pero los operadores y los inversores expertos pueden hacerlo. Pueden, en efecto, distinguir entre señal y ruido y sentir en su cuerpo cuándo se puede ignorar sin peligro el caos de las pantallas y cuándo es un aullido de advertencia al que es preciso prestar atención. Los buenos operadores como Martin no sólo procesan información sino que la sienten. En las finanzas hay pocos fenómenos más notables, incluso misteriosos, que este estrecho vínculo entre mercado y cuerpo.

La imagen que evoca esta investigación sobre la relación entre información y estimulación personal es la de un constante llamamiento y respuesta entre mercado y operador. El mercado transmite su información, repiquetea su mensaje sobre el tamtan de la volatilidad, y el cuerpo del operador, como un diapasón, vibra en simpatía. No estoy seguro de que los operadores tengan siempre pleno conocimiento de este hecho, pues gran parte del mismo ocurre de manera preconsciente. A juzgar por mi experiencia personal, mis observaciones de otros operadores y mis experimentos en una sala de operaciones financieras, diría que en general no lo tienen. Sin embargo, la información del mercado y la excitación del operador crecen y decrecen juntas, arrastrando al parqué –tanto si es consciente de ello como si no, tanto si lo desea como si no– por la mencionada curva en forma de ∩ de Berlyne, primero del aburrimiento a la excitación, para pasar luego a la ansiedad y el estrés.

¡LA RESERVA FEDERAL!

Por eso hoy, a alrededor de las once de la mañana, los operadores y los vendedores sintieron en su cuerpo los primeros presentimientos de la inminente tormenta. Los cuerpos de estos financieros desprevenidos ya han dado los primeros pasos para preparar su defensa. Bastan unas ligerísimas sacudidas de excitación para que la mirada se dirija al origen de la perturbación. Logan, a mitad de lanzamiento, mira la pantalla por encima del hombro; Scott ya ha hecho rodar la silla hasta su mesa. Sienten que algo va mal, pero no están seguros de qué es. Uno por uno, mesa por mesa, y en todo Wall Street, los operadores y los vendedores dejan de lado los periódicos para mirar las pantallas, las conversaciones telefónicas se interrumpen cortésmente –«Oye, ¿puedo llamarte más tarde?»–, los donuts quedan a medio comer. Martin, Gwen, Logan y Scott, electrizados por el estado de alerta de sus sentidos, registran rápidamente los pequeños cambios que se producen en las pantallas, dando así comienzo a la tarea cognitiva de descubrir qué es lo que está agitando el mercado.

Ash, el director de la sala de negociaciones, mira por encima de sus papeles y sale de su despacho para vigilar la sala. Luego, caminando hacia Martin con las manos en los bolsillos, pregunta: «¿Qué pasa?»

«No estoy seguro. Parece que el mercado podría venirse abajo», contesta Martin, haciendo revolotear el bolígrafo y sin apartar la mirada de las pantallas.

En ese momento, un vendedor de la mesa de hipotecas grita a Martin: «Wells Fargo ha oído decir que la Fed puede subir medio punto esta tarde. ¿Sabes algo de eso?»

Martin y Ash se miran un momento, desconcertados. Pero Ash descarta inmediatamente la sugerencia. La Reserva Federal no filtra de esa manera los movimientos de tasas. Si quiere advertir a los mercados, cosa que acostumbra hacer, facilita indicios de su intención de cambiar los tipos de interés semanas antes, no el mismo día en que la Junta de Gobernadores se reúne para ultimar su decisión. Casi todos los que se dedican a este negocio lo saben, y sin embargo parecen tomar en serio el rumor. Mientras la fábrica de rumores de Wall Street se dispone a pulir la historia; se sabe que uno de los gobernadores de la Reserva Federal dio anoche una charla a un grupo reducido de importantes banqueros, en la que habló en términos imprecisos de la preocupación de la Reserva Federal por lo que considera una injustificada alza de los valores. Hizo saber que la institución no toleraría una burbuja, dada la amenaza que la misma suponía para la estabilidad del sistema financiero. Uno de los banqueros que se hallaba entre el público interpretó la charla como un claro mensaje de que la Reserva Federal subiría las tasas hoy, y después de dar tiempo a su propio banco para que tomara posición ante el incremento de las tasas, dijo a sus clientes lo que pensaba. De ahí la noticia que ahora se filtra en el mercado.

Un aumento de los tipos de interés por parte de la Reserva Federal, especialmente en un día en que nadie lo espera, produciría un maremoto de efecto devastador sobre los precios. Los tipos de interés que establece la Reserva actúan como punto de referencia para la evaluación de todos los activos, de modo que cuando aquélla cambia, cambian también los precios de todos los activos. Suponga el lector que la Reserva ha establecido sus tipos de interés al 5 %. Suponga luego que tiene usted sus ahorros colocados en una cartera de valores equilibrada: tiene acciones que pagan un dividendo del 3 % y cuyo precio, además, sube un promedio del 4 % anual; bonos que rinden el 5 %; y una pequeña cantidad de materia prima, como oro, cuyo valor no hace más que aumentar en épocas de inflación. Ahora bien, ¿qué sucede si la Reserva Federal sube sus tipos al 6 %? De golpe, el conjunto de los activos que posee usted dejan de ser atractivos. Sus acciones producen un 3 % menos de lo que podría ganar en cuentas de ahorro; el retorno del 5 % sobre los bonos parece irrisorio en comparación con el 6 % que podría recibir sobre nuevos bonos; y el dinero que tiene usted invertido en oro, renunciando al 5 % que recibiría de los bonos, podría dar ahora una ganancia del 6 %, lo que hace mucho más penoso retener este metal inerte. En consecuencia, lo normal es que la subida de los tipos de la Reserva Federal deprima los valores de todos los activos. Ésta es la razón por la cual las manos experimentadas de Wall Street tienen en mente un sabio consejo de la sabiduría tradicional del mercado: ¡jamás luchar contra la Reserva Federal!

Este mercado no está en actitud de lucha, y actúa en concordancia con ello. Los valores recuperan la lucidez ante la realidad de que su fiesta está a punto de acabar. La Reserva podría poner fin al dinero fácil, y si eso ocurriera, sería el anuncio del final del glorioso mercado en alza que ha elevado sus valores en casi el 40 % en los dos últimos años; de modo que en la primera media hora el índice de S&P cae casi el 2 %. Las materias primas también sufren un batacazo con el oro que baja 5 dólares por libra y el petróleo 2 dólares el barril. Sin embargo, es en el mercado de bonos, el propio mercado de los tipos de interés, donde la noticia produce su efecto más inmediato y más diáfano. Si la Reserva Federal subiera realmente los tipos de interés medio punto porcentual, el mercado de bonos sufriría un golpe terrible.

Ash pregunta qué posición ha tomado la mesa y se siente aliviado al oír que no tiene posiciones largas, que no tiene nada peligroso. Se apresura a hablar con otras mesas de negocios. Martin convoca a sus operadores a una reunión urgente. Una docena de operadores se acerca para celebrar la asamblea. ¿Qué pasa con los bonos, reflexionan, si la Fed sube un cuarto de punto las tasas de interés? ¿Y si es medio punto? ¿Qué pasa con las acciones? Pero la elaboración de estrategias de los operadores se interrumpe. El altavoz comienza a crepitar con la intervención de vendedores de todo el mundo que buscan conectar negocios y clientes: ofertas de 150 millones a cinco años para Industrial Bank de Japón, 375 millones a diez años para la Monetary Authority de Singapur, 275 millones en bonos a largo plazo para un gestor de activos francés, y el mercado del Tesoro empieza a caer.

Esta avalancha de negocios y el enorme agujero que se ha abierto en el mercado del Tesoro, que lo arrastra rápidamente medio punto abajo, ha cogido desprevenido a Martin. Adaptándose a la volatilidad y a los ininterrumpidos negocios de los clientes, se sumerge en su zona. Es para lo que está entrenado, y lo hace bien.

Los primeros negocios los resuelve bien, lo mismo que Gwen, comprando bonos de los clientes y vendiéndolos en las pantallas, obteniendo pequeñas ganancias con algunos, pero principalmente quedando a la par, lo que en este mercado aterrorizado es un alivio. Sin embargo, en los últimos quince minutos las ventas de los clientes se han vuelto incesantes y han empujado la pérdida total de los bonos a diez años a casi un dólar. Incluso un operador experimentado como Martin tiene problemas para mantenerse un paso por delante del mercado. Del último paquete de bonos que ha comprado a un cliente apenas pudo obtener beneficio, pues tuvo que vender la mitad del mismo a un precio menor que el que había pagado por él, y la otra mitad no pudo venderla en absoluto. Mientras el mercado sigue cayendo, estos bonos empiezan a perder dinero de un modo alarmante. Otros operadores que están junto a la mesa se encuentran en dificultades similares y lentamente se repliegan tras una barrera de ventas. Gwen lucha con 450 millones de dólares en bonos a cinco años, la mayor parte de los cuales ha comprado a la Caisse de Depot, fondo gubernamental de Quebec. Martin tiene que concentrarse en ponerse a salvo del riesgo existente en la mesa antes que en comprar más bonos, así que baja las ofertas que muestra a los clientes y empieza a dejar pasar negocios. Los operadores están siempre atrapados entre la necesidad de ganar dinero y la de mantener contentos a los clientes y al equipo de ventas. En los mercados unidireccionales y sumamente veloces, como es hoy el caso, ambas necesidades entran normalmente en conflicto. A medida que pasa la mañana, la mesa del Tesoro va dejando una estela de vendedores descontentos, y el buen ánimo que había creado el negocio de DuPont no tarda en evaporarse.

Luego, tal como ocurre en general en estas cosas, los rumores, nunca totalmente fiables en un primer momento, quedan secues-

167

trados por el miedo y entonces la razón abandona el terreno. Ahora el rumor es que la Reserva Federal subirá los tipos tres cuartos de punto, y que eso será tan sólo el comienzo de un endurecimiento que continuará en los meses siguientes. La liquidación de activos entra en caída libre, los bonos a diez años caen otro medio punto sin demasiado movimiento y lo mismo sucede con los bonos a cinco años. En quince minutos, Martin ha perdido tal vez 1,75 millones en los bonos que no ha conseguido vender; y Gwen, otros 2 millones de dólares en su posición a cinco años. Ahora los operadores del Tesoro se sienten sitiados. En conjunto han perdido más de 4 millones de dólares en posiciones largas de las que no han podido desprenderse, mucho más de lo que Martin ganara con el negocio de DuPont, y un murmullo de preocupación se extiende ahora entre las mesas vecinas. Más aún, las cajas negras, aprovechando el miedo y la volatilidad, así como los límites de pérdida de los operadores, empujan el mercado a la baja, con la esperanza de que cunda el pánico entre los operadores.

Para Martin, esta liquidación de activos se ha convertido en una especie de montaña rusa. Pero es un veterano que ha conocido crisis mucho peores y no pierde la sangre fría. Pese a estar en flujo y absorbido por la actividad, medita sobre la información, analizando cada cambio de precio, su dimensión y velocidad, el volumen de bonos negociado; escucha los negocios de los clientes que entran en el parqué por su mesa y las mesas distantes —la de hipotecas, la de empresas— y en el fondo de su mente se pregunta por el rumor, si es digno de crédito, si el mercado está reaccionando correctamente aun en el caso de que sea cierto; y en un nivel más abstracto, pasa revista a las recientes estadísticas económicas para dar sentido a la realidad macroeconómica, preguntándose, ¿es esta economía lo suficientemente fuerte como para resistir tipos de interés más altos? Una sobre otra, las diferentes capas del cerebro revuelven los datos en busca de una pauta que parezca correcta.

Y entonces para cada capa de análisis aparece una correspondencia, como las ruedas giratorias de una máquina tragaperras que, una a una, llegan a pararse en una única fruta. Una, dos, tres. Martin siente en su cuerpo una especie de cambio estructural: el nudo del estómago se desata y siente una naciente confianza. Tiene un presentimiento. Una nueva interpretación tira desde la periferia de su conciencia, el mero destello de una posibilidad. De ninguna manera puede esta economía resistir una gran subida de tasas de interés, por no hablar ya de subidas en serie. De ninguna manera debería este mercado estar asustado aun cuando hoy se produjera una subida, porque eso reduciría las probabilidades de inflación, que es el mayor enemigo del mercado de bonos. Además, este último movimiento a la baja y la desesperada liquidación de activos que trajo consigo parecen ser un último intento, el movimiento de pánico conocido en el lenguaje de los mercados como «negocio de capitulación», en el que gestores nerviosos, aterrorizados por futuras pérdidas, desean desprenderse de sus bonos a cualquier precio. Cuando domina el miedo, dan un paso al frente las personas de sangre fría. Martin es una de ellas. Pero no es la única. En los últimos cinco minutos el mercado ha empezado a negociar de otra manera. Todavía castigado por las grandes ventas –en realidad no hay otra cosa que ventas–, los precios siguen cayendo, pero rápidamente rebotan, como en un trampolín. Algo grande, invisible, acecha en las profundidades, un inmenso cliente que entra para comprar las gangas del mercado. Pero ¿quién? Tal vez el Banco de China, tal vez el Banco de Japón, tal vez la Kuwait Monetary Authority, ¿quién sabe? Pero, sea quien sea, se trata de una bestia grande. Gwen también tuvo esta sensación, y juntos, ella y Martin deciden retener algo más las posiciones largas que compran a los clientes.

Comienzan a ver algunas compras, clientes que entran para mordisquear en el mercado. No pasa mucho tiempo antes de que resulte evidente que el bajón por pánico ha pasado y que el mercado ha vuelto a una batalla normal entre compradores y vendedores. Éstas son las condiciones en las que los operadores pueden hacer fortuna. La volatilidad es alta, grande el volumen de clientes y, puesto que el mercado es tan variable y la incertidumbre tan elevada, los clientes no son demasiado exigentes en lo que concierne a los precios que reciben. Quieren una ejecución rápida y están dispuestos a sacrificar algo de dinero con tal de conseguirlo. Por ejemplo, en una operación con bonos a cinco años que se negociaban a 100,16-18, una compañía de seguros de Florida quiere vender 80 millones de dólares, Gwen ofrece 100,14 y los compra; unos minutos después, otro cliente quiere comprar 100 millones de dólares, ella pide 100,19 y consigue vender, consiguiendo así rápidamente 125.000 dólares. En un día como el de hoy, este tira y afloja entre clientes que compran y venden puede prolongarse durante horas. Los márgenes de ganancia tal vez sean pequeños, cien aquí, cincuenta allá, pero con volúmenes de dinero que en un banco llegan a decenas e incluso a centenares de miles de millones de dólares, se alcanza una suma considerable. El poderoso edificio que es hoy Wall Street no se construyó con las fortunas de llamativos especuladores, como pretende el mito, sino centavo a centavo.

Tan valioso como el diferencial de precios entre oferta y demanda de la que disfrutan los operadores es la información a la que sólo ellos tienen acceso. Los operadores de los grandes bancos tienen a la vista los negocios de los mayores clientes y, en consecuencia, saben antes que el resto de la comunidad financiera hacia dónde va el gran dinero: bancos centrales, fondos de cobertura, grandes fondos de pensión, fondos soberanos de inversión y el dinero del petróleo. Esto les permite llegar antes. Por tanto, pueden vender grandes paquetes de bonos a sus clientes a precios de mercado y luego comprarlos en las pantallas antes de que los bancos y las instituciones de menores dimensiones se enteren de lo que ocurre y de por qué están perdiendo dinero. Nadie más en el mundo está al tanto de ese fondo de información –aunque en realidad ellos lo compartan con sus grandes clientes, en particular los fondos de cobertura para los que esperan trabajar un día–, y tan valioso es, que los grandes bancos gastan verdaderas fortunas en mantener una extensa fuerza de ventas global.

Cada vez son más los operadores del parqué que, al ver cómo surgen los compradores, han adoptado la misma estrategia de Martin y Gwen: la de hacerse con una posición larga en bonos.

Por el pasillo, Martin se siente aliviado. Los operadores ya no luchan para sobrevivir; se preparan para su juego. Al igual que un equipo de fútbol que ha marcado un gol importante, los operadores y los vendedores sienten que la actitud defensiva ha dado paso a la ofensiva. Es el tipo de mercado con el que los operadores sueñan, un mercado que los libere de sus temores, sus pensamientos y sus ideas preconcebidas. Martin, Gwen, Logan, Scott y los otros operadores del pasillo ya no ven la volatilidad del mercado como una amenaza a la que temer, sino como un desafío que afrontar. Han entrado en la zona. Cuando se encuentran en este estado, las novedades informativas que llegan a los operadores son bien recibidas; los riesgos, asumidos con alegría, y la incertidumbre, anhelada como un juego excitante. Aquí, en la cumbre de la colina de Berlyne, la información llega cargada de excitada expectativa.

EL PLACER DE LA INFORMACIÓN

Tan completamente nos cautiva la información, que podríamos decir, sin exageración, que somos adictos a ella. El desarrollo de la adicción se debe a la influencia de otro neuromodulador, llamado dopamina. Producida por un grupo de células en la parte superior del tronco cerebral, la dopamina tiene como objetivo las regiones del cerebro que controlan la recompensa y el movimiento. Cuando recibimos alguna información importante o realizamos algún acto que mejora nuestra salud y nuestra supervivencia, como comer, beber, hacer el amor o ganar cuantiosas sumas de dinero, la dopamina es liberada a lo largo de lo que se conoce como vías cerebrales del placer, que nos proporcionan una experiencia de recompensa, incluso de euforia. En efecto, el cerebro parece apreciar más la dopamina que la comida o la bebida. Si se da a elegir a un animal entre, por un lado, comer y beber y, por otro lado, autoestimularse con dopamina, escogerá esto último hasta morir de hambre.[8] Así como la noradrenalina modula el nivel general de estimulación del cerebro, esto es, su grado de vigilia y de atención, la dopamina modula su nivel de motivación, es decir, la intensidad con que desea las cosas. Desgraciadamente, las neuronas de la dopamina son fáciles de embaucar, de modo que pueden llegar a ofrecer su recompensa engañadas por drogas de consumo recreativo. Casi todas las drogas de este tipo, como el alcohol, la cocaína o la anfetamina, desarrollan sus efectos adictivos si se incrementa la acción de la dopamina en una región del cerebro llamada ganglios basales, que se sitúa a mitad de camino entre el tronco cerebral y el córtex, y específicamente en una parte del encéfalo conocida como núcleo accumbens (véase la figura 8). Si bien consideramos que la dopamina es la compensación normal que recibimos por un esfuerzo valioso, las drogas de consumo recreativo, en cambio, resultan ser, en efecto, una estafa, pues engañan al cerebro compensándolo por actividades saludables que nunca hemos realizado. Para darse una idea de hasta qué punto es efectiva esta estafa, veamos los números. El alimento puede aumentar un 50 % los niveles de dopamina de un animal y el sexo un 100 %. Sin embargo, la nicotina puede aumentarlos un 200 %, la cocaína un 400 % y la anfetamina un 1.000 %.[9] Si se da a elegir a los adictos entre comida y autoestimulación con dopamina no será nada raro que también ellos pierdan interés en comer.

Se siente la tentación de pensar que la dopamina es la molécula del placer, pero, desgraciadamente, las cosas no son tan sencillas. Cuando los científicos pusieron a prueba esta idea, descubrieron algo que no esperaban. Si, por ejemplo, suministraban a un animal un trago de una bebida, constataban en él una subida de dopamina, exactamente lo que era de esperar si esta sustancia codificara el placer de beber. Hasta aquí, sin problemas. Pero cuando dieron al animal varios tragos más de la bebida, vieron que sucedía algo extraño: la introducción de dopamina en el cerebro del animal comenzaba a producir su efecto por adelantado, de modo que ocurría en realidad antes de que el animal bebiera. La excitación producida por la dopamina vino a coincidir con la aparición de señales, un sonido tal vez, o una imagen, que habían precedido sin duda al consumo de la bebida.

Para decirlo en otras palabras, el efecto de la dopamina se producía cuando el animal recibía alguna información que anunciaba la inminente llegada del placer.

¿Cómo puede un animal sentir placer antes de beber realmente?, se preguntaron los científicos. Algunos empezaron a sospechar que quizá hubiera dos tipos de recompensa: el placer del consumo y el placer de la anticipación, y que la dopamina tenía más que ver con el último que con el primero. Otras sustancias químicas del cerebro, como los opioides naturales, pueden provocar el placer de la bebida real, pero quizá la dopamina proporcione algo que se acerca más al deseo, incluso al deseo ansioso. El deseo es en gran medida un afecto anticipatorio; no obstante, es poderosamente motivacional y, en cierto sentido, agradable, aunque a veces se asemeja más a una desazón desesperante. Dos de los científicos que dirigieron esta investigación pionera, Kent Berridge y Terry Robinson, llegaron a la conclusión de que la dopamina estimula la necesidad de la bebida más que la satisfacción que ésta proporciona.[10]

Muy parecido es el modo en que la dopamina opera en los seres humanos, pues nos lleva a valorar las señales que anticipan el placer, señales tales como el olor de nuestro restaurante favorito, la excitante aparición de lejanas pistas de esquí o un jersey azul favorecedor que llevábamos puesto en una cita amorosa.[11] Desde esta perspectiva, tal vez sea igualmente la dopamina la responsable de nuestra permanente obsesión por el dinero, máximo vaticinio de buenos tiempos.

Hay otro enfoque posible de la dopamina como generadora de vehemente deseo. Si se da una sola dosis de zumo a un mono, se advierte en su cerebro un incremento de dopamina, pero si se repite varias veces el proceso, las neuronas de la dopamina terminan por calmarse. Si se dan al simio dos dosis cuando espera una, el efecto de la dopamina vuelve a subir. Si se le dan tres dosis, el efecto de la dopamina se hace aún mayor. Pero si se repiten esas tres dosis, la dopamina vuelve a estabilizarse. El significado de todo esto es que la cantidad de dopamina que se libera en el núcleo accumbens no depende del volumen absoluto de la recompensa que el animal recibe, sino de lo inesperada que sea. Esto último sugiere que disfrutamos de los entornos que nos proporcionan recompensas inesperadas, y los anhelamos; en otras palabras, disfrutamos del riesgo. Para decirlo de otra manera, la dopamina se hace más incitante con la información y actúa como señal de aprendizaje, recordándonos lo que acabamos de descubrir. Algunos neurocientíficos, como Jon Horvitz en Columbia y Peter Redgrave en Sheffield, han ido incluso más allá de la dopamina como anticipadora de la idea del placer y han sostenido la polémica tesis de que cualquier experiencia, incluso desagradable, puede liberar dopamina si ayuda a predecir futuras fuentes de placer y de dolor.[12]

La investigación de la dopamina ha modificado la manera de entender y de tratar la drogadicción. Los investigadores médicos han descubierto que la química cerebral de las personas que consumen drogas sigue el mismo camino que la de los animales a los que se les administra bebida. Las drogas producen primero un choque agradable y una poderosa liberación de dopamina, pero a medida que aumenta el consumo, la señal de la dopamina se adelanta y se une a las señales que prevén el consumo de droga —determinada música, gente, o lugares especiales, como una discoteca—, las cuales estimulan una apetencia prácticamente irresistible. Ahora, la motivación realmente poderosa es el deseo de la droga más que el placer que proporciona. Muchos adictos llegan en realidad a perder el placer del que habían disfrutado con las drogas e incluso a encontrar desagradable su consumo presente, pero no pueden parar. Los fumadores no pueden resistir la tentación de fumar, pero muchas veces encuentran repugnante el acto mismo de fumar, que les deja una sensación espantosa. Para liberarse de un hábito que ahora les resulta desagradable, muchas veces los adictos tienen que apartarse de las señales vinculadas al consumo de droga cambiando de barrio y evitando los viejos amigos. Muchas campañas publicitarias contra la drogadicción han fracasado por no tener adecuadamente en cuenta este aspecto. A menudo estas campañas utilizaban imágenes que representaban los horrores de la adicción, como, por ejemplo, una

174

jeringa ensangrentada y un callejón oscuro; pero estas imágenes eran exactamente las que anunciaban el consumo de drogas y, en consecuencia, liberaban una gran cantidad de dopamina en muchos adictos recuperados, lo que renovaba de manera perversa su deseo y los arrastraba nuevamente a la heroína o a la cocaína.

¿Qué otra cosa, fuera de las drogas de consumo recreativo, puede provocar el acuciante deseo de dopamina? Si la dopamina exacerba un deseo de información y de recompensa imprevista, tal vez también nos llene de ardiente curiosidad. Quién sabe si la propia curiosidad, la necesidad de saber, no es ella misma una forma de adicción que nos lleva sin parar hasta el final de una buena novela de misterio, o que impulsa a los científicos a trabajar día y noche hasta descubrir la insulina, digamos, o decodificar la estructura del ADN, descubrimiento científico que es el máximo éxito de la información. Cuando a Einstein se le ocurrió la Teoría de la Relatividad General debió de experimentar la madre de todas las explosiones de dopamina.

El juego, con sus recompensas inesperadas, también puede llegar a convertirse en una adicción provocada por la dopamina. Meter monedas por la ranura de una máquina hora tras hora puede parecer el vivo ejemplo del aburrimiento, pero cuando las tres frutas de las máquinas se colocan de maneras inesperadas y uno oye caer la cascada de monedas, se liberan en el cerebro grandes cantidades de dopamina, dejando el ferviente deseo de más. Y si el juego puede ser adictivo, ¿por qué no las operaciones financieras? Esta actividad proporciona las recompensas más altas de las que se pueda disponer en nuestra economía, pero son muy inciertas y para conseguirlas hay que prever el futuro y asumir enormes riesgos. Así las cosas, es posible que la dopamina sea la responsable de la poderosa exaltación que sienten los operadores cuando sus negocios dan buenos resultados. No es asombroso que muchos observadores sospechen que los operadores inmersos en una buena racha puedan ser presa de una adicción. Y así como un adicto que se habitúa rápidamente a una dosis determinada de droga tiene que incrementar continuamente el consumo, así también los operadores pueden habituarse a ciertos niveles de riesgo y de beneficio y sentirse irresistiblemente impelidos a mejorar su posición más allá de lo que normalmente se consideraría prudente.

Es muy importante destacar que la función de la dopamina, al igual que la de la noradrenalina, excede la mera motivación del cerebro, pues también prepara el cuerpo para la acción. En palabras de Greg Berns, neurocientífico de la Emory University: «En el mundo real, la acción y la recompensa van juntas. Las cosas buenas no nos caen por sí solas en el regazo; tenemos que salir a buscarlas.»[13] Y es la dopamina la que impulsa la búsqueda. Es precisamente lo que comprobó un grupo de investigación en Alemania cuando diseñó un experimento para distinguir el deseo de comida del deseo de búsqueda de alimento. Por medios farmacológicos redujeron la dopamina del cuerpo de unas ratas y luego comprobaron que estos animales continuaban comiendo y disfrutando de la comida siempre que les fuera puesta directamente en la boca pero que no se moverían en absoluto para obtenerla.[14]

Cuando observamos esta conexión entre movimiento y recompensa, atisbamos el verdadero núcleo motivacional de nuestro ser, qué es lo que nos emociona, por qué asumimos riesgos, por qué amamos la vida. Pues la dopamina va mucho más allá de aportar un colorido hedónico a la información; la dopamina también nos recompensa por las acciones físicas que han conducido a una recompensa inesperada, como probar una nueva y eficiente técnica de caza o dar con una rica parcela de moras durante una búsqueda de alimento en el bosque, y eso hace que deseemos repetir estas acciones.[15] En realidad, bajo la influencia de la dopamina llegamos a anhelar vivamente esas actividades físicas.[16] Como dice Berns, la investigación de la dopamina «ha puesto patas arriba un principio básico de la economía», pues gran parte de esta investigación ha comprobado algo que resulta contrario a la intuición: que los animales prefieren trabajar por la comida antes que recibirla pasivamente.[17]

La preferencia por el consumo obtenido con esfuerzo tiene sentido desde el punto de vista evolutivo, tanto para los animales como para los seres humanos. Si se quiere programar a un animal para que sobreviva, debe hacerse que disfrute de más cosas que simplemente comer, beber y copular, porque éstas no harían de él más que algo que no se mueve del sofá o un hedonista indecente; debe procurar que se entusiasme por las actividades que conducen al descubrimiento de la comida, el agua y el sexo. Esto es justamente lo que hace la dopamina, que nos crea la necesidad de repetir determinadas acciones, ya sea cazar, acudir a citas amorosas o buscar en las pantallas una oportunidad de hacer negocio. Una clara exposición de este principio puede encontrarse, sorprendentemente, en la película *Parque Jurásico*. Cuando un grupo de visitantes observa a través de una valla electrificada cómo se está atando una cabra a una estaca para el almuerzo del *T. rex* que acecha fuera del campo visual, Sam Neill comenta en tono inquietante que el depredador no quiere que lo alimenten, que lo que quiere es cazar.

Si reunimos las diversas ramas de la investigación sobre la dopamina, podríamos decir lo siguiente: la dopamina surge con más poder cuando realizamos una acción física nueva que termina en una recompensa inesperada. La dopamina nos impulsa a superar las rutinas establecidas y probar nuevas pautas de búsqueda y nuevas técnicas de caza. La consecuencia de ello es que los efectos de la dopamina sobre el curso de la evolución han sido revolucionarios. De acuerdo con Fred Previc, psicólogo de la Texas A&M University, el crecimiento rápido de las células productoras de dopamina, resultado de los cambios que el incremento del consumo de carne introdujo en la antigua dieta, cambió la historia.[18] Eso nos estimuló a asumir riesgos por el riesgo mismo, con independencia de cualquier expectativa racional de ganancia. La dopamina alimentó un fuerte deseo de vida, con todas sus vicisitudes. También es posible imaginar lo decisivo que fue el día en que un nuevo cerebro impulsado por la dopamina recibió en la sabana africana las claves del cuerpo del mamífero, con sus impresionantes recursos metabólicos, pues entonces los seres humanos se convirtieron en lo que hoy son: voraces y merodeadores motores de búsqueda, o sea un Google sobre ruedas.

John Maynard Keynes, más que ningún otro economista, entendió estas urgencias subterráneas por explorar y las llamó «espíritus animales», «una espontánea necesidad de acción más que de inacción». Pensaba que eran el corazón impulsor de la economía. «Es una característica de la naturaleza humana», escribió, «que una gran proporción de nuestras actividades positivas dependan del optimismo espontáneo más que de una expectativa matemática.»[19] Si este optimismo espontáneo decayera y el espíritu animal desapareciera, dejándonos sin otra cosa que el cálculo matemático, advertía Keynes, «la empresa se debilitaría y moriría». Este autor sospechaba que la empresa comercial no tiene más motivación en el cálculo de probabilidades que una expedición al Polo Sur. Lo que en gran medida mueve a la empresa es el puro amor a la asunción de riesgos.

Un principio básico de las finanzas formales es que la ganancia sólo se incrementa si el riesgo que se asume es mayor, y algo muy parecido puede decirse de nuestra antigua búsqueda de pautas de caza. La dopamina nos predispone a intentar cosas que antes no habíamos intentado, y al hacerlo nos lleva a toparnos con valiosos territorios y técnicas de caza que de otra manera habrían permanecido ignotos para nosotros. Nos impulsa a la aventura más allá de las barreras protectoras. «Nunca he traspasado el borde de la jungla y me pregunto cómo será estar en esa vasta sabana.» «Me pregunto si una lanza de otra forma daría mejor resultado.» «Me pregunto qué hay detrás del horizonte.» Aun cuando la respuesta a estas preguntas entrañe gran peligro y termine en incontables muertes (en sentido literal, la curiosidad a veces mata al gato), demuestra tener un gran valor en nuestra larga historia de exploración geográfica, científica y, también, financiera. Podríamos decir que la dopamina es la molécula de la historia.

Esta inquietante molécula no deja de contener misterios, uno de los cuales me viene en particular a la mente. Si la dopamina alimenta un amor casi adictivo por la exploración y la toma de riesgos físicos, ¿qué diablos ha sido de ella? Hoy, un 30 % de la población norteamericana es obesa y parece haber perdido casi por completo este impulso, pues prefiere el consumo inmóvil al consumo con esfuerzo. Si la dopamina ha gobernado ese poderoso impulso a lo largo de nuestra evolución, lanzándonos a través de los océanos y al espacio, ¿por qué se ha debilitado con tanta facilidad? Todavía no tenemos una respuesta a esta pregunta, aunque es uno de los problemas más apremiantes de la ciencia médica. No obstante, es posible encontrar un inquietante indicio en una investigación prácticamente olvidada que se realizó en Vancouver en la década de 1970 y que es conocida como el parque de las ratas. Fue ésa la época en que se introdujeron muchas leyes relativas a las drogas recreativas y el principal autor del estudio, Bruce Alexander, cuestionó la lógica que subyacía a la manera de entender la adicción que por entonces se defendía.

Lo que hizo Alexander en su estudio fue colocar ratas en una jaula sin más contenido que dos botellas de las que las ratas podían beber, una con agua y la otra con agua mezclada con morfina. No es sorprendente que las ratas prefirieran la botella que contenía la morfina y que con el tiempo se hicieran adictas a ella. Luego Alexander hizo una cosa interesante. Repitió el experimento, pero esta vez colocó las ratas dentro de lo que denominó parque de las ratas, una jaula con una rueda para correr, hojas, otras ratas, tanto machos como hembras, etc. En otras palabras, proveyó a las ratas de un medio enriquecido. Cuando se los colocó en el parque de las ratas, los animales no prefirieron el agua con morfina y no desarrollaron la adicción. A la luz de investigaciones posteriores podemos conjeturar que estas ratas conseguían de las formas normales de búsqueda, trabajo y juego las dosis diarias de dopamina que necesitaban. Investigaciones recientes han descubierto que un medio enriquecido constituye una alternativa tan atractiva a las drogas, que los animales adictos a la cocaína, una vez que regresan a un medio enriquecido, abandonan el hábito.[20]

El parque de las ratas[21] ofrece una nueva perspectiva para la consideración de los actuales problemas de adicción y obesidad. Nos lleva a preguntarnos si no hemos privado de un entorno suficientemente enriquecido a amplias franjas de la población. ¿Les hemos negado el acceso a instalaciones deportivas? ¿A la formación artística o incluso científica? ¿A los espacios verdes? ¿Ha ido algo mal en el lugar de trabajo? En el desarrollo urbano? ¿Hemos sacado de verdad demasiadas personas del parque humano para instalarlas en un jaula vacía? Son preguntas lacerantes, porque la epidemia de obesidad, aparte de ser una catástrofe médica, puede estar adormeciendo las sensaciones instintivas y el impulso emprendedor de los que depende nuestra prosperidad y nuestra felicidad.

EL ANUNCIO

A las 13.30, el mercado ha recuperado la mitad del terreno perdido, con los bonos del Tesoro a diez años sólo tres cuartos de punto por debajo. Gwen ha recuperado el dinero que había perdido en su posición a cinco años, y ella y Martin, como era de esperar, han salido con un bonito beneficio de casi 3 millones de dólares en las posiciones largas que constituyeron cuando el mercado tocó su punto bajo. Gwen recupera su encanto, de ningún modo la trasladarán a ninguna parte (Martin la ha tranquilizado diciéndole que lo que a Ash le preocupa no es ella, sino los problemas de la mesa de hipotecas). Gwen y Martin deciden vender la mitad de sus posiciones sobre la base del correcto razonamiento de que no es prudente mantener grandes posiciones, ni largas ni cortas, en caso de producirse el anuncio de la Reserva Federal. El resto de los operadores también ha actuado correctamente y ahora la mesa se siente unida como un equipo experimentado. Se contagia y aumenta el buen estado de ánimo y surge una silenciosa complicidad. La comunicación se reduce a la ocasional frase a medias o a la afirmación monosilábica.

Puede que persista una señal de peligro en el mercado, pero la mayoría de los operadores la recibe de buen grado; una sorda excitación y una tranquila confianza los prepara para el anuncio de la Reserva Federal. El rumor había sido inesperado, y la venta, una total sorpresa, pero Martin y Gwen han estado a la altura del reto y se ven sorprendidos por un buen beneficio. Son ésas precisamente las circunstancias que disparan una oleada de dopamina, y esta droga narcótica, que ahora inunda el cerebro, produce un incomparable entusiasmo en Martin y en Gwen.

Sin embargo, el desafío al que hicieron frente es más que un acertijo intelectual. Es una actividad física que exige habilidad, reacciones rápidas y recursos metabólicos y cardiovasculares suficientes para soportar sus esfuerzos. De esta manera, a medida que el pleno significado del rumor va penetrando en el mercado, la frecuencia cardíaca de Martin y Gwen se acelera, la respiración se agita, la presión arterial aumenta y, lo que es decisivo, las hormonas del estrés fluyen a raudales en la sangre. La adrenalina libera glucosa del hígado y el cortisol las reservas de energía de este órgano; los músculos y las células grasas, de modo que Martin y Gwen cuentan con amplias provisiones de combustible que los sostenga toda la tarde. Especialmente potente es el cortisol, pues entra libremente en el cerebro, halla receptores a lo largo de las vías del placer y realza los efectos de la dopamina. Los estresantes físicos, como conducir a gran velocidad, esquiar fuera de pista o negociar en un mercado excitante, producen una exaltación que habitualmente no es de esperar de un estresante. Pero, a bajos niveles, el cortisol, en combinación con la dopamina, produce un choque narcotizante que el neurocientífico Robert Sapolsky ha descrito muy bien como estimulación intensa −«Te sientes concentrado, alerta, vivo, motivado, intuitivo»−[22] y en el caso de Greg Berns con un profundo sentimiento de satisfacción.[23]

En realidad, si las demandas son altas, inciertos los resultados y suculentas las recompensas, la gente hace frente al desafío con renovada energía y excitación, así como con una atención concentrada y devoradora que elimina las distracciones y hace perder la noción del tiempo: entra en un estado que los psicólogos describen a menudo como flujo.[24] Las personas lo suficientemente afortunadas para experimentar el eufórico estado de flujo −artistas, atletas, matemáticos y otras personas que simplemente aman

181

su trabajo— llegan a vivir para estos momentos de exaltación. Con todos los sistemas del cuerpo conectados y funcionando a la perfección, Martin y Gwen sienten una vitalidad hasta entonces desconocida. Disfrutan enormemente de sus poderes y se enorgullecen de su pericia, gozan de la vida en toda su intensidad. Esto es lo que aman, este trabajo, esta Nueva York, este momento de marzo.

A las 13.45, Martin coge el micrófono del altavoz y emite un comentario para el equipo de ventas. Sus opiniones son ampliamente respetadas en Wall Street y sus comentarios dan a los vendedores un pretexto para llamar a los clientes y animar los negocios.

«¡Hola, escuchad!», empieza a decir Martin. «Todos hemos oído los rumores y hemos visto la liquidación de activos. Hemos visto la venta masiva a la baja, pero también una barbaridad de compras por los suelos y de clientes con bolsillos sin fondo. Si tuviera que adivinar —y para eso me pagan— diría que mucha gente de Wall Street ha quedado atrapada por el rebote y aún necesita comprar bonos. A menos que haya una subida de tres cuartos de punto del tipo de interés —y la Fed jamás hará tal cosa—, yo negociaría este mercado del lado de la compra. Shen os dará nuestra opinión sobre la Fed.»

Shen es el economista interno del banco y en este momento transmite la opinión oficial de éste según la cual siempre creyeron que la Reserva no elevaría hoy las tasas de interés. Una vez dicho esto, ellos, como todo el mundo en Wall Street, pudieron haber omitido una o dos pistas que la Reserva ha dejado caer. En consecuencia, Shen no puede descartar del todo la posibilidad de que la Reserva Federal aumente hoy los tipos, dada su decidida desaprobación del desarrollo de una burbuja bursátil, pero confía en que el alza no será de más de medio punto.

A las 14.10, las operaciones menguan en las pantallas. El parqué se tranquiliza. En las dos horas anteriores, los bancos y los clientes han luchado por ganar una posición, y la mayoría ha hecho sus negocios. En todo el mundo, los operadores y los inversores esperan el anuncio. Un expectante silencio se cierne sobre los mercados mundiales.

Ahora tengo que intentar explicar qué sucede en los próximos minutos. A las 14.14, Martin y Gwen se inclinan hacia sus pantallas, miran fijamente con las pupilas dilatadas, la respiración rítmica y profunda, los músculos en tensión, el cuerpo y el cerebro fusionados para la acción inminente. Cuando el anuncio haga su aparición a través del cable de noticias, ellos, como jugadores de tenis que devuelven un servicio, tendrán que entrar instantáneamente en acción comprando o vendiendo bonos en las pantallas, voleando los negocios de sus clientes, dando sentido a los impredecibles movimientos del mercado; y lo más probable es que su actividad se prolongue toda la tarde, y tal vez hasta que llegue la mañana en Tokio. Por tanto, necesitarán mantener una respuesta plena de lucha o huida. Pero no es eso lo que sucede exactamente en este momento, sólo unos instantes antes del anuncio. Lo que ahora mismo ocurre es otra acción refleja, conocida como respuesta de orientación. La respuesta de orientación es una reacción involuntaria de esperar y ver, y mientras es ella la dueña de la situación, el corazón y los pulmones se ralentizan hasta casi detenerse.

Los fisiólogos no están del todo de acuerdo sobre la explicación exacta de este fenómeno. Cuando una gacela permanece inmóvil entre unas hierbas altas, esperando no ser vista por un león que anda por allí merodeando, su corazón y sus pulmones permanecen igualmente inmóviles. Si fuera descubierta, se lanzaría de inmediato a una veloz carrera. Pero ¿cómo lo hace? ¿Cómo despiertan con tanta rapidez su corazón y sus pulmones? Puesto que dispone de unos pocos segundos para que la respuesta de lucha o huida alcance su máximo efecto, ¿no tendría más sentido para la gacela que, mientras espera, pusiera su corazón y sus pulmones en la plenitud de su capacidad antes de que el león la descubriera, pues de esa manera, cuando tuviera necesidad de correr, no perdería un solo instante?

Una explicación de la respuesta de orientación es que el corazón y los pulmones ralentizan su funcionamiento para incrementar su capacidad de salida, de modo que cuando el animal se ponga en movimiento, los pulmones estén llenos de aire y el corazón lleno de sangre. De esto no cabe la menor duda. Pero también hay otra razón. Cuando la gacela permanece inmóvil observando al león cercano, cuando un velocista está agazapado en el punto de salida, cuando el portero se prepara para detener un penalti, y cuando Martin y Gwen se sientan inmóviles ante el anuncio de la Reserva Federal, sus cuerpos están preparando la respuesta de lucha o huida. Todos ellos están listos para entrar en acción. No todavía, pues el corazón y los pulmones, como perros que tiran impacientes de la correa, son retenidos por el nervio vago.

Durante la respuesta de orientación, tanto los sistemas nerviosos de lucha o huida como los de descanso y digestión son activados al mismo tiempo.[25] Cuando tal cosa sucede, nuestro cuerpo está completamente preparado para una carrera veloz o para una lucha a muerte, pero es contenido por lo que Stephen Porges, de la Universidad de Indiana, llama freno vagal. En ese momento el cuerpo se asemeja a un coche de carreras en la línea de salida y a punto de arrancar: bloquea los frenos delanteros, pero pone el motor en marcha y hace girar las ruedas traseras, que queman goma y despiden llamas, hasta que, cuando aparece la luz verde, el conductor se limita a soltar el freno y el coche sale disparado. El principio que se aplica aquí es que el coche acelera mucho más soltando el freno con un motor ya en revoluciones que si tiene que arrancar e iniciar la aceleración. Algo muy parecido ocurre en el cuerpo humano. El vago, nervio poderoso y de acción rápida, retiene la respuesta de lucha o huida y suelta su freno cuando llega la noticia, lo que pone instantáneamente el corazón y los pulmones a toda velocidad.[26]

14.15. Una sola línea en el cable. Una breve pausa, luego Shen lanza un grito: «¡Un cuarto de punto! ¡La Fed sube los tipos un cuarto de punto!» El parqué hace una pausa para digerir la noticia. Sigue otra línea en el cable, con el texto del anuncio de la Reserva Federal y el motivo de la medida, que no es otro que su alerta por el exceso de operaciones de bolsa. Luego, una explosión de actividad llena el vacío creado por la confusión momentánea. Los nervios vagos del mundo entero sueltan los frenos y todos comienzan a chillar a la vez. Las pantallas parpadean con los precios y repentinamente el altavoz cobra vida con la inundación de negocios de los clientes, unos que venden, otros que compran, algunos de los cuales son los mismos que esta mañana estaban desesperados por comprar. La confusión es total. La Reserva ha subido realmente las tasas cuando poca gente lo esperaba, y ese hecho brutal es lo primero que se registra. El mercado cae, los bonos a diez años pierden instantáneamente medio punto, pero sin mucho volumen ni demasiadas operaciones. Simplemente una reacción refleja.

Pero luego se afirma la respuesta más reflexiva: ¿un cuarto de punto? No es nada. No son tres cuartos de punto, ni siquiera medio punto. ¿Qué es toda esa historia de poner freno al mercado de valores? ¿Un cuarto de punto? ¡No es nada! Un simple tirón de orejas. Esta Reserva no está dispuesta a presentar batalla; no va a respaldar su bravuconería con alzas de tipos de interés agresivas, no hará lo que hizo Paul Volker a comienzos de los ochenta, cuando subió los tipos un 20%. Ése sí que era un banquero aguerrido. Pero ¿un cuarto de punto? ¡Bah!

El mercado lanza un suspiro colectivo de alivio y luego está listo para las carreras. Las acciones, envalentonadas por la noticia, repuntan rápidamente 200 puntos, el mercado de bonos recupera todo lo perdido en el día y continúa subiendo. Los negocios que entran ahora en las mesas de venta son cuantiosos, ininterrumpidos, y todos del lado de la compra. Martin y Gwen utilizan estas demandas de bonos como una oportunidad para desprenderse del resto de sus posiciones largas, adquiridas casi a dos puntos por debajo del actual precio de mercado de 101,16 a diez años. La diversión continúa toda la tarde, y hacia el final del día Ash se pasea por la sala y susurra a Martin y Gwen que el parqué está en camino de tener un gran día. Todo parece indicar que la mesa del Tesoro, junto con sus mesas satélites, como la de facturas del Tesoro y la de agencias gubernamentales, recogerá casi 12 millones de dólares.

La Reserva Federal ha perdido ahora su poder de atemorizar.

Hay que decir en su defensa que esta pérdida de credibilidad no es pura y exclusivamente achacable a la Reserva. Los bancos centrales afrontan una tarea prácticamente imposible cuando han de hacer frente a una exuberancia irracional, pues en esos momentos controlar el mercado es como pretender imponer disciplina a unos escolares con alto índice de azúcar. Además, si eleva los tipos lo suficiente como para pinchar una burbuja bursátil, podría fácilmente matar la economía. Se trata de un riesgo muy real, pues cuando un mercado está en llamas y desesperado por obtener beneficios, la elevación de uno o dos puntos porcentuales en los tipos de interés tiene muy pocas consecuencias en el mercado, pero podría en cambio producir un enorme impacto en otros negocios que dependen del dinero prestado, como los de la industria o los servicios. Si los inversores piensan, por ejemplo, que las acciones en la tecnología más avanzada serán las de IBM y Microsoft, no serán disuadidos por un par de puntos porcentuales que puedan ganar sobre los depósitos bancarios. Ésta es precisamente la mentalidad que ha echado raíces en los mercados.

Están sembradas las semillas para una buena temporada de primas. Al final del día, los operadores salen muy animados del parqué y se van a celebrar sus triunfos con martinis y Nouveau Mexique y a terminar la larga noche en clubs del SoHo y Tribeca, barrios en los que el mito de la vida bohemia, incluso en el mundo del arte, ha sido eclipsado por el toque de Midas de Wall Street. Logan, enarbolando su bolsa de gimnasia, anuncia confidencialmente a dos vendedores que se demoran en sus mesas que nada se interpone en el camino del Dow Jones hacia los 36.000.

6. EL COMBUSTIBLE DE LA EXUBERANCIA

A medida que marzo se va extinguiendo y comienza a hacerse sentir el frío del invierno, un espíritu de plenitud juvenil se apodera de Wall Street. Prácticamente acallada la voz de la autoridad encarnada por la Reserva Federal, los mercados parecen un patio de recreo sin vigilancia. En los dos últimos años, el mercado al alza pudo registrar subidas del 40 % en las acciones y del 20 % en los bonos, pero los operadores y los inversores creen que eso no fue más que el comienzo. Con entusiasmo visionario llegan a la conclusión de que están asistiendo al nacimiento de una época histórica, nada menos que el renacimiento de la economía norteamericana, con permanentes índices de crecimiento y baja inflación, de modo que los bonos saltan de subida en subida. Con independencia de su contenido, las noticias llegan con la inaudita promesa de oportunidades sin parangón. Los periodistas financieros advierten a los inversores de los peligros que entrañan los titubeos y declaran que es el momento de sembrar en los campos de la inversión.

Cuando los mercados se hallan en este estado de vértigo, el dinero llueve sobre Wall Street. Todos los departamentos de un banco de inversión, estén o no directamente implicados en los mercados en alza, comienzan a informar sobre récords de beneficios. Los valores que suscriben los bancos –acciones, obligaciones negociables y obligaciones hipotecarias– mejoran inevitablemente su precio, de modo que los bancos ganan una fortuna

187

sobre cualquier producto sin vender. Y los clientes –que son el dinero real que sustenta a los bancos–, asentados sobre activos que han incrementado extraordinariamente su valor, se sienten triunfadores, así que se tornan menos agresivos en los precios que piden a Wall Street y no se esfuerzan por sacar el máximo provecho posible. Los márgenes de ganancia extra que se obtienen en las transacciones de los clientes pueden llegar a representar un récord anual y primas ingentes para los operadores financieros.

Estos beneficios desmedidos vienen acompañados de una irresistible necesidad de los operadores por incrementar el riesgo que asumen. Allí donde en otros tiempos un operador podía negociar cómodamente unos 100 millones de dólares en bonos, negocia ahora 200 millones e incluso un millar de millones. Y con este aumento de tamaño de las posiciones, junto con un mercado fuertemente al alza, los resultados comerciales, lo que en los bancos se conoce como el P&L de los operadores (abreviatura inglesa que significa balance de ganancias y pérdidas), son inesperadamente cuantiosos. Allí donde en otros tiempos un operador podía haber alcanzado un P&L de 250.000 dólares diarios, llega ahora a los 375.000. La diferencia, si se mantiene durante los aproximadamente 230 días de promedio anual de actividad bancaria, suma un extra de 29 millones en P&L y tal vez de 3 millones en primas.

Esta deriva al alza en el riesgo ha tenido lugar en la mayoría de los mercados alcistas, pero en uno de ellos adquirió proporciones prácticamente increíbles. Durante la reciente burbuja inmobiliaria, más o menos entre 2002 y 2006, el mundo financiero experimentó una auténtica hiperinflación. Antes de esa época, en la década de 1990, un operador exitoso de Wall Street podía realizar operaciones de riesgo equivalentes a 500 millones de dólares a diez años, alcanzar un P&L de entre 30 y 50 millones de dólares y recibir entre uno y tres millones de dólares en primas; las auténticas estrellas podían llegar a los cinco millones. Pero en la década de 2000, sólo unos pocos años después, era como si el mundo financiero hubiera multiplicado por diez todas las cifras que manejaba, ya fuera el volumen de las posiciones, los

P&L o las primas, que ahora podían llegar a superar los 50 millones de dólares. Yo había sido bastante afortunado como operador y estaba acostumbrado a asumir grandes riesgos, a ejecutar lo que en esa época se hallaba entre las mayores operaciones en opciones en eurodólares realizadas en el Chicago Mercantile Exchange, pero cuando en 2005 visité mis antiguos lugares preferidos, supe lo que era este nuevo mundo. Me sentí como un abuelo contando sus batallitas de los tiempos de las cargas de caballería y recibiendo complacientes sonrisas a cambio. Pero los observadores más perspicaces pensaban que los riesgos que se asumían durante la burbuja inmobiliaria eran peligrosos y estaban mal pensados. Desgraciadamente, tenían razón.

Pero, mientras duran, las burbujas de este tipo pueden ser agradables. Los P&L inesperadamente cuantiosos que surgían de tomas de riesgos mayores que las habituales pertenecían precisamente a la categoría de las situaciones que estimulan la producción de dopamina en el núcleo accumbens, narcótico que con toda probabilidad es el que provoca en los operadores ese ataque de euforia del que disfrutan en los mercados en alza. Pero a medida que el movimiento alcista crece, los operadores sienten que a la mezcla se añade algo más profundo, más físico, algo así como el ruido de las entrañas de un gran motor cuando se pone en marcha. Pues a medida que los beneficios aumentan, aumenta también la testosterona. Se piensa que en realidad ambos sistemas, la dopamina y la testosterona, funcionan de manera sinérgica y que la testosterona alcanza en gran parte sus efectos excitantes mediante el incremento de la dopamina en el núcleo accumbens,[1] siendo la testosterona la voz de bajo de la euforia, mientras que la dopamina es la voz de soprano. En efecto, hay evidencias que sugieren que los esteroides sexuales como la testosterona pueden sensibilizar el cerebro a los efectos de la dopamina, haciendo mucho más emocionantes las recompensas, ya sean del triunfo deportivo, ya de la victoria militar, ya de un gran P&L;[2] y hay otras evidencias que sugieren que los esteroides pueden ser adictivos.[3]

La testosterona, puesto que es una hormona esteroide, opera

189

en una escala temporal más baja que la mayoría de las otras moléculas a las que hemos hecho referencia. A diferencia de la adrenalina, por ejemplo, que es producida con antelación y almacenada en pequeñas bolsas llamadas vesículas a la espera de su liberación, los esteroides no pueden almacenarse. Sintetizados a partir del colesterol, terminan siendo una molécula que atraviesa las membranas celulares, que incluso permean la piel (al igual que la testosterona, muchos otros esteroides se aplican como gel) o penetran los guantes de goma de los técnicos de laboratorio. Tratar de acumular moléculas esteroides en una vesícula sería como tratar de encerrar fantasmas en una habitación, pues atravesarían sin problema las paredes celulares. Por esta razón, sólo se producen cuando se necesitan para liberarlas en el torrente sanguíneo, y este proceso lleva tiempo. En consecuencia, la hormona que señala el proceso, desde el hipotálamo hasta la producción de la hormona esteroide, requiere hasta quince minutos tan sólo para iniciarse.

Más tiempo aún necesitan los esteroides para producir efecto: horas e incluso días. Puede que el proceso sea lento, pero la manera en que los esteroides actúan en el cuerpo humano es única. Atraviesan membranas, entran en los núcleos celulares y dan lugar a la transcripción génica. En otras palabras, los esteroides permiten la producción de proteínas, que son los ladrillos con los que se construye el cuerpo. Además, a diferencia de otras hormonas cuyos efectos se localizan generalmente en uno o dos tejidos, los esteroides tienen receptores en casi todas las células con núcleo del organismo. Un solo esteroide, como la testosterona, puede provocar una desconcertante serie de cambios fisiológicos: aumentar la densidad ósea y la masa muscular magra, incrementar la hemoglobina y los agentes coagulantes en el cuerpo, mejorar el estado de ánimo, atormentar con fantasías sexuales, e inclinar la conducta a la toma de mayores riesgos. Con todo esto, la testosterona organiza una respuesta física bien centrada y coordinada con la competencia y las oportunidades que se tienen delante. De esta manera, en un mercado en alza, los operadores experimentan una transformación personal más profunda y de mayor alcance cuando los grandes motores de su fisiología comienzan a turboalimentar su toma de riesgos.

CÓMO ESTÁN HECHOS LOS HOMBRES

Puede resultar difícil hablar de la testosterona simplemente como de una molécula, tratarla como un tema de investigación científica y médica, porque ha sido envuelta en mito y convertida en cliché. La mera mención de la palabra parece suficiente para ahuyentar cualquier pretensión de objetividad científica. Desde los primeros días de la investigación de hormonas sexuales, los hallazgos escaparon fácilmente de las manos de científicos y médicos clínicos para caer en las de charlatanes que proclamaron tener envasada la fuente de la juventud, el último afrodisíaco, la poción mágica que, como la que poseían los galos en los cómics de Astérix, promete poderes sobrehumanos en el campo de batalla. Lamentablemente, muchos de los científicos que descubrieron esta molécula contribuyeron a crear la bruma de exageraciones publicitarias que la envuelve.

En 1889, un neurólogo franconorteamericano llamado Charles Edward Brown-Séquard produjo una pócima de brujería hecha a partir de testículos de perros y de cobayas. Brown-Séquard era un médico que gozaba de buena reputación −incluso hoy lleva su nombre un trastorno del sistema nervioso que él identificó−, pero cuando este científico, a los setenta y dos años, bebió su propio brebaje de testículos de animales, perdió toda imparcialidad científica, afirmó haber encontrado un «elixir de la juventud» y en una ocasión, ante el público que lo escuchaba en París, confesó con orgullo haber hecho justamente ese día «una visita» a su mujer. Hoy se cree que la virilidad de la que se jactaba era en gran medida la consecuencia de un efecto placebo, pero a partir de sus declaraciones la investigación de las hormonas en general y de la testosterona en particular quedó marcada por el sello de desvariadas y extravagantes expectativas. Más tarde, en las décadas de 1920 y 1930, la búsqueda del ingrediente activo en los testículos de animales se convirtió en una especie de carrera armamentista y a ella se unieron científicos de todo el mundo. En esa época, la investigación de las hormonas parecía mantener la promesa de una vida sobrehumana mediante la química. Tan apasionada fue esa búsqueda, que invadió las revistas generales y la cultura popular. Noël Coward, maestro de la comedia de salón, se inspira en este parloteo cuando Ernesto, un personaje de *Diseño para mi vida*, su comedia de 1932, al decir: «Me gustaría que me dijeras qué te inquieta», recibe la siguiente respuesta: «Las glándulas, supongo. Todo es glandular. El otro día leí un libro sobre eso.»

El año anterior, 1931, se había aislado el primer andrógeno, que es la clase de esteroides a la que pertenece la testosterona. Un científico alemán llamado Adolf Butenandt consiguió extraer 50 miligramos de androsterona, forma débil de la testosterona, de 25.000 litros de orina que había donado un cuartel de la policía de Berlín. Él y otros creían que esta sustancia química poseía importantes aplicaciones médicas y comerciales pero tenía que haber una manera más fácil de elaborarla. Las compañías farmacéuticas dedicaron mucho tiempo y dinero tratando de sintetizar la hormona a partir de su molécula madre, el colesterol, lo que en 1935 consiguieron Butenandt y un científico croata, Leopold Ružička. En 1939 se les concedió conjuntamente el Premio Nobel de Química por sus esfuerzos, lo cual les confirió la máxima respetabilidad científica. Pero el avance científico siguió acompañado de impresionantes exageraciones; cuando Butenandt describió la testosterona ante el comité del Premio Nobel, exclamó: «¡Dinamita, caballeros, es pura dinamita!»

A finales de los años treinta, esta molécula se utilizaba en la clínica médica para tratar la depresión y lo que entonces se llamaba «melancolía involutiva»,[4] o sea los altibajos de vitalidad en los hombres que entraban en la etapa media de su vida y que a menudo era resultado de una declinación perfectamente natural de la testosterona. Hoy, esta afección –que, si corresponde al envejecimiento natural, no debería recibir tal calificación– es mercantilizada por las compañías farmacéuticas con el nombre de andropausia, equivalente masculino de la menopausia, si bien el término aún tiene que ganarse la respetabilidad médica.

Pero, dejando de lado toda exageración, ¿qué es exactamente la testosterona? En general, se cree que la testosterona es la hormona sexual masculina, pero también se encuentra en las mujeres. Sin embargo, hay profundas diferencias entre los sexos. Los hombres producen la testosterona en los testículos y en menor medida en las glándulas suprarrenales, mientras que las mujeres lo hacen en los ovarios y las suprarrenales. Lo importante es que los hombres producen alrededor de diez veces más testosterona que las mujeres y, por tanto, en ellos los efectos de esta molécula son más pronunciados. La testosterona ejerce efectos al mismo tiempo anabólicos y masculinizantes en el cuerpo. Tan amplios y poderosos son sus efectos, que esta molécula produce un varón prácticamente por sí sola. Me explico.

Cada uno de nosotros tiene veintitrés pares de cromosomas y es el vigésimo tercero el que determina si un feto es niño o niña. Este cromosoma puede ser XX, en cuyo caso el feto se desarrolla como hembra, o XY, en cuyo caso se desarrolla como varón. El sexo por defecto, en todos los fetos, es femenino: a menos que tengan un cromosoma Y, se desarrollarán como hembras. El cromosoma Y es asombrosamente simple, con muy pocos genes en su interior. Uno de esos genes es responsable de la mayor parte de las diferencias entre hombres y mujeres y se denomina SRY, que significa, en sus siglas en inglés, región determinante del sexo del cromosoma Y.

Lo que hace el gen SRY es muy sencillo: codifica la producción de una hormona proteínica llamada factor de determinación testicular, que desvía las gónadas primordiales de la senda que las lleva a convertirse en ovarios a otra senda, que las lleva a convertirse en testículos. Una vez que empiezan a crecer, los testículos producen testosterona, molécula que se derrama en el torrente sanguíneo y se ocupa de todo el trabajo restante alojándose en receptores dispersos por todo el cuerpo y confiriendo a los tejidos la forma masculina en lugar de la femenina. Esto es lo que ocurre.

193

Un gen, una hormona proteínica, desarrollo de los testículos, y después la testosterona se ocupa de hacer todo lo demás, creando un varón a partir de una costilla de Eva. En los últimos tiempos, los científicos han descubierto otros genes que codifican diferencias entre hombres y mujeres, en especial las del cerebro, pero la testosterona se encarga de la mayor parte del trabajo. Es una sustancia química muy poderosa, justamente como anunciaban Brown-Séquard y Butenandt.

En este cromosoma acechan los problemas. Normalmente, los cromosomas intercambian material genético, proceso que se conoce como recombinación, y este intercambio tiene el feliz efecto de reparar cualquier material genético dañado y asegurarnos una buena salud. La recombinación genética puede compararse con los servicios habituales que se supone que tenemos que programar para nuestro coche, cuyas piezas envejecidas es preciso reemplazar por otras nuevas. Algo muy parecido es lo que hacen nuestros cromosomas cuando recombinan, pues cambian piezas genéticas viejas y rotas por otras nuevas. Un cromosoma X puede intercambiar material con otro cromosoma X, asegurando así que cada generación esté dotada de piezas nuevas. Pero no ocurre lo mismo con el cromosoma Y. Este lobo solitario no tiene nada para intercambiar, de modo que, con el tiempo, lo mismo que un coche sin servicio de mantenimiento, acrecienta los problemas y acumula daños hasta que sus genes, uno a uno, mueren. En algunos animales, como el canguro, solamente unos pocos genes permanecen en el cromosoma Y. Bryan Sykes, genetista de Oxford que predice que dentro de 5.000 generaciones los seres humanos se habrán extinguido, ha denominado maldición de Adán a esta muerte lenta.[5]

Los niveles de testosterona varían muchísimo a lo largo de la vida de un hombre. Hay un arranque prenatal entre la octava y la decimonovena semana de gestación, precisamente el momento en que el feto se masculiniza, cuando la testosterona se expande por todo el cuerpo y el cerebro y crea los tejidos, los circuitos químicos y los campos receptores que ejercerán su influencia en la vida del varón adulto. Luego, los niveles de testosterona bajan,

194

para volver a repuntar, por razones aún no bien conocidas, inmediatamente después del nacimiento, y caer nuevamente hasta la pubertad, vacaciones de la hormona que permiten a los niños ser esos ángeles que son. En la pubertad, la testosterona inunda nuevamente el cuerpo del muchacho por los canales existentes, activa los tejidos que la propia testosterona había creado y luego había dejado dormidos, de modo muy semejante al de las células durmientes de una red de espionaje.[6] En este momento, sus efectos son profundos: formación de la musculatura, producción de semen, descenso del registro vocal, crecimiento de pelo en la cara, estimulación de las glándulas sebáceas en la piel y, con frecuencia, provocación de acné. Más tarde, a comienzos de la treintena, los niveles de testosterona de un hombre comienzan a descender y así continúan durante el resto de su vida, descenso que tal vez sirva para calibrar el riesgo que el hombre decide asumir con la declinante capacidad de acción de su cuerpo.

La oleada de testosterona en la pubertad puede ser en gran parte la causa de la conducta arriesgada característica de los adolescentes varones. Sin embargo, no puede acusarse de ello por entero a las hormonas, porque el cerebro del adolescente aún no ha acabado de desarrollarse plenamente y hay ciertas evidencias de que, hasta bien entrada la veintena, el núcleo accumbens, centro emocional del cerebro, es más grande que el córtex racional prefrontal. Sea cual fuere la causa, lo cierto es que los adolescentes varones son un peligro, y todo hombre adulto, incluido yo mismo, sabe en el fondo lo afortunado que ha sido al sobrevivir a esos años.

Estas bruscas subidas de testosterona tienen otro efecto notable: el impulso sexual. En los animales, esta hormona prepara a un macho tanto para la lucha como para el apareamiento en la época de reproducción, doble acción que ilustra una vez más la unificación de cuerpo y cerebro que llevan a cabo los esteroides en los momentos fundamentales de la vida. Entre los seres humanos, la testosterona produce un efecto muy semejante (aunque amortiguado) tanto en hombres como en mujeres, pues incrementa el deseo y la fantasía sexuales. No obstante, es preciso

195

puntualizar que la testosterona, si bien es cierto que interviene en el deseo sexual masculino, no está directamente implicada en el mecanismo de la erección. Curiosamente, las erecciones están controladas por el sistema nervioso de descanso y digestión (lo que explica por qué la práctica sexual puede resultar difícil en condiciones de estrés), mientras que la eyaculación es controlada por el sistema nervioso de lucha o huida. Por tanto, el sexo requiere una complicada sincronización de hormonas y dos ramas del sistema nervioso. La testosterona afecta principalmente al interés sexual del varón, su tendencia a pensar a cada momento en el sexo, a ver por doquier alusiones sexuales y a prolongar enloquecedoras fantasías.

¿Qué es lo que determina el volumen de testosterona al que está expuesto un feto en el útero? En gran parte, como es de esperar, estos niveles son resultado de la genética, pero hay ciertas evidencias de que se ven afectados por el orden del nacimiento. En los animales, el primero de una camada tiene claras ventajas sobre sus hermanos y hermanas, pues con un día o dos de adelanto será más grande y más fuerte, capaz de acaparar la comida e incluso de expulsar del nido al siguiente. Sin embargo, la naturaleza ha encontrado una manera de igualar las probabilidades de supervivencia. El cuerpo de una madre, en palabras de un equipo de investigación, «parece "recordar" las crías que ha llevado en su vientre»,[7] posiblemente porque cada una de ellas deja un marcador, conocido como antígeno HY. Una hembra, por ejemplo, de ave, depositará mayores niveles de testosterona en los machos que nazcan más tarde.[8] Puede que, en el momento de nacer, estos machos sean más pequeños, pero son más agresivos, lo cual los pone en igualdad de condiciones con respecto a sus hermanos mayores. Algunos informes sugieren que el mismo mecanismo existe en los seres humanos, en los que a menudo los hijos varones más jóvenes dan muestras de mayor agresividad que sus hermanos mayores.

¿De qué ventajas se benefician estos segundones? Los biólogos del desarrollo distinguen entre los efectos anabólicos y los masculinizantes de la testosterona. Los efectos masculinizantes comprenden el crecimiento del pelo en la cara, el descenso del registro vocal y el crecimiento de los testículos y las células espermatogénicas. Los efectos anabólicos incluyen el aumento de la masa muscular, la hemoglobina y la densidad ósea. Cuando los atletas se administran esteroides de manera ilegal, van en busca de los efectos anabólicos.

En la actualidad se invierten grandes sumas de dinero en el diseño y la producción de andrógenos sintéticos. La consecuencia de ello es una amplia lista de hormonas anabólicas conocidas en los gimnasios con diferentes nombres populares. Una fascinante mirada a este mundo del consumo de esteroides ilegales es la que encontramos en *El luchador*, película en la que Mickey Rourke representa el papel de un luchador envejecido que depende de las drogas para mantenerse fuerte y en forma. Los atletas que abusan de los esteroides anabólicos suelen llegar a niveles de testosterona cuatro o cinco veces superiores a los que se encuentran naturalmente en el cuerpo y sufrir efectos colaterales inesperados. Por ejemplo, sus testículos, al interpretar los niveles excesivos de testosterona en sangre como señal de que no necesitan producirla, se reducen al tamaño de uvas. Además, en muchos tejidos del cuerpo y del cerebro, por un curioso giro del destino evolutivo, la testosterona, antes de hacerse biológicamente activa, debe ser transformada en estrógeno, la hormona sexual femenina, por una enzima llamada aromatasa. El tejido adiposo –células grasas, en realidad– es particularmente rico en esta enzima, de modo que los hombres que o bien tienen gran abundancia de estas células, como los obesos, o muchísima testosterona, como los consumidores de esteroides anabólicos, pueden terminar desarrollando mamas, condición conocida como ginecomastia. Extrañamente, a niveles suficientemente elevados, la testosterona, molécula masculina por excelencia, ha comenzado a feminizar a los levantadores de pesas.

Sin embargo, en niveles moderados, los esteroides anabólicos benefician claramente el rendimiento de los atletas, razón que ha llevado al juego del gato y el ratón de alta tecnología entre los científicos deportivos, que tratan de elevar ilegalmente los niveles de testosterona, y los policías de los organismos de gobierno, como el COI. La indudable mejora que la testosterona confiere a los atletas ha llevado también a una forma mucho más controvertida de comprobación, la del sexo. En varias Olimpíadas se sospechó que en diversas competiciones femeninas se había otorgado en realidad medallas de oro a hombres, de modo que se puso en práctica la revisión de las atletas para comprobar si eran realmente lo que habían declarado ser. Al principio parecía tratarse de un simple caso de búsqueda de un cromosoma Y. Si una atleta daba positivo en una prueba de XY, era un hombre. Muy sencillo. Como resultado de esta prueba, tanto en los Juegos Olímpicos de Barcelona de 1992 como en los de Atlanta de 1996, varias mujeres fueron descalificadas.

Desgraciadamente, el razonamiento que subyacía a las pruebas era discutible. Si una persona tiene un cromosoma Y, es indudable que produce testosterona desde la etapa fetal. Pero ¿qué ocurre si esa persona ha nacido con una perturbación genética que la vuelve insensible a la testosterona? ¿Qué pasa si sus receptores de testosterona no funcionan? En estos casos, la testosterona no tendrá ningún efecto. Parece ser que eso es precisamente lo que sucede en una enfermedad llamada síndrome de insensibilidad a los andrógenos, por la cual las personas con un cromosoma Y producen testosterona pero ésta no las masculiniza. Dado que, por defecto, el sexo de un feto es femenino, para todo el mundo estas personas serán mujeres. ¿Lo son realmente? Ellas piensan que sí, ¿y quién tiene derecho a decirles lo contrario? Finalmente, el problema de establecer la identidad sexual resultó ser insoluble y cargar con un delicado lastre político. Muchas atletas consideraron que tales pruebas eran invasivas, demasiado públicas y casi medievales en su humillación, como el despliegue de las sábanas de los recién casados. La consecuencia de todo ello fue que en las Olimpíadas de Sidney de 2000 fueron suprimidas.

«SPREAD», OPERACIONES DE COBERTURA Y OPERACIONES EN CORTO

Estamos en una época maravillosa para las mesas de operaciones: los flujos son profundos y los mercados volátiles pero optimistas. Los operadores de bonos del Tesoro se hacen con posiciones cada vez más importantes y ganan más dinero que nunca. Pero los riesgos que asumen no son nada en comparación con los de otras mesas. Los riesgos reales para un capital bancario, y para su solvencia, están normalmente en las mesas que negocian títulos que implican riesgos crediticios, tales como acciones, bonos de corporaciones (los que emiten las compañías privadas), bonos basura (los que emiten compañías privadas que están al borde de la quiebra) y bonos con respaldo hipotecario.

Pero hay una mesa que tiene por finalidad negociar todos estos títulos peligrosos y no es extraño que a menudo se encuentre en la zona de impacto de cualquier crisis financiera. Esta mesa está situada sobre el pasillo, exactamente a continuación de la de Martin: es la mesa de «arb» de ingresos fijos. Arb es la abreviatura de arbitraje, complicado y supuestamente ingenioso tipo de negociación diseñado para extraer beneficio de los títulos incorrectamente valuados. Los operadores de arb no proporcionan precios ni servicios a clientes, como hacen los operadores de flujo, por ejemplo, Martin; más bien operan por cuenta del propio banco, comprando títulos que parecen baratos y vendiendo otros que parecen caros, con lo que a veces acumulan gigantescas posiciones apalancadas, es decir, financiadas con dinero prestado. Las posiciones pueden a veces llegar a ser mayores que el valor total del banco. Para dar una idea de la magnitud de este apalancamiento, podemos comparar estas posiciones de los operadores con un propietario inmobiliario que toma 20 millones de libras en préstamo contra la garantía de su casa, que vale 500.000 libras, para comprar unas propiedades de alquiler. Si el valor de estas propiedades cayera un simple 2,5 %, el capital del propietario inmobiliario se esfumaría y él entraría en quiebra. Esta escala de apalancamiento fue lo que en 2008 llevó a la quiebra al banco de inversión Lehman Brothers.

Las mesas de arb albergan a los llamados *rocket scientists*, o sea ex físicos y matemáticos de ingeniería financiera que construyen modelos diseñados para identificar anomalías en los precios de, por ejemplo, la curva de rendimiento o la superficie de volatilidad en el mercado de opciones. Stefan, por ejemplo, que es el jefe de la mesa, tiene un doctorado en física otorgado por la Universidad de Moscú y ha trabajado en teoría de las supercuerdas, desconcertante rama de la física cuántica en la que los objetos subatómicos vibran en diez dimensiones. Los operadores de arb, al ser genios inescrutables, tienen permiso para comportarse inadecuadamente, como no afeitarse, vestirse de cualquier manera o presentarse a trabajar al mediodía. A diferencia de los operadores de flujo, que tienen que tener un aspecto cuidado, ir bien vestidos pero no demasiado llamativos (más bien ropa de Brooks Brothers que de Prada) y ser capaces de observar los buenos modales básicos en la mesa cuando invitan a los clientes, los operadores de arb son considerados los excéntricos del parqué. No importa si sus cerebros y sus personalidades son idóneos para satisfacer las exigencia de ese papel. Los parqués tienen una mitología fija: el tipo divertido, la leyenda deportiva, el sabio excéntrico, y la gente es encasillada en alguna de estas categorías, pertenezca a ella o no. Es así como se clasifica a los operadores de arb, a los que se tolera y, por desgracia, se concede el beneficio de la duda cuando los directivos no entienden lo que hacen.

Uno de los operadores de arb, Scott, es particularmente experto en la valiosa tarea de identificar las discrepancias entre el valor de las acciones de una compañía y el de sus bonos. Puede ocurrir que la acción de General Motors, de General Electric o de IBM refleje expectativas optimistas de futuras ganancias y que sus bonos, en cambio, denoten preocupación acerca de las finanzas de la empresa. En esos casos, la evaluación de la acción puede ser demasiado alta y la de los bonos demasiado baja, lo que presenta a Scott una oportunidad de arbitraje. Scott es particularmente hábil en esta clase de negocios porque es un ex operador de flujo procedente de la mesa de bonos de empresas privadas y tiene una extensa experiencia en evaluación de la calidad crediticia. En consecuencia, es una de las pocas personas del departamento de bonos a la que se permite operar activamente en el mercado de valores. Cuando Scott identifica una situación en la que dos títulos están recíprocamente mal evaluados, compra uno y vende el otro en corto, estableciendo lo que se llama *spread* u operación de cobertura, expresiones casi equivalentes, una de las estrategias de venta más comunes que persiguen las mesas de arbitraje y los fondos de riesgo. También acuden a ella los operadores de flujo, como Martin.

¿Qué es exactamente una operación de *spread*? ¿Qué es una cobertura? ¿Qué es vender en corto? Puesto que poca gente de fuera de la banca entiende realmente estas estrategias de negocio, puede merecer la pena explicarlas. También vale la pena entenderlas porque muchas de las posiciones más tóxicas que han constituido las instituciones financieras, posiciones que a menudo llevan a la crisis, son precisamente estos *spreads* u operaciones de cobertura. Hay en ello cierta ironía: se supone que en un *spread* u operación de cobertura se minimiza el riesgo del mercado. Puesto que un *spread* se aprovecha de los precios erróneos de dos títulos en su consideración recíproca, esos beneficios no dependen en principio de que el mercado suba o baje, sino más bien de la vuelta a la normalidad del diferencial de precios entre ambos valores, y siempre se ha dado por supuesto que ese tipo de negocio es menos arriesgado. Para ver cómo funciona un negocio de *spread*, tomemos un ejemplo de la frutería del barrio.

Imaginemos una situación en la que el precio promedio de una naranja es 10 peniques superior al de una manzana. Si las naranjas del mercado se cotizan a, digamos, 60 peniques cada una, las manzanas deberían valer normalmente 50 peniques. Imagínese también que esta diferencia de precio de 10 peniques persiste incluso cuando el precio de la fruta suba o baje: podría subir a causa de la inflación y, por tanto, aumentar el precio de las naranjas a 1 libra, pero en ese caso las manzanas también subirían a 90 peniques. Esta relación de precios es lo suficientemente fiable como para confiar en que si los respectivos precios de ambas frutas llevan la diferencia de 10 peniques a 20, por ejemplo, terminarán casi seguramente por volver a la diferencia normal de 10 peniques.

Imagine ahora el lector que, observando el mercado, ve un día que las naranjas están a 60 peniques, pero las manzanas a 40, es decir, que la diferencia es de 20 peniques. Espera entonces, sin dudarlo, que esta diferencia de precio vuelva a sus valores normales, y puesto que es hábil por naturaleza, trata de encontrar la manera de ganar dinero a partir de esa predicción. Podría comprar manzanas al precio aparentemente bajo de 40 peniques; pero si el valor de la fruta llegara a caer, digamos que a causa de una espléndida cosecha, las manzanas podrían cotizarse a 20 peniques. En este caso, aun cuando la diferencia entre las manzanas y las naranjas volviera a ser de 10 peniques debido a la caída del precio de éstas a 30 peniques, habría perdido 20 peniques sobre las manzanas. Análogamente, podría vender las naranjas al precio aparentemente alto de 60 peniques, pero, si el mercado de la fruta fuera al alza, tal vez debido a una helada en las regiones frutícolas, las naranjas podrían llegar a valer 1 libra y las manzanas 90 peniques. También en ese caso, la diferencia de precio ha vuelto a sus valores normales, pero el lector ha perdido dinero sobre sus naranjas, en este caso 40 peniques. La única manera de obtener beneficio del retorno de la diferencia de precios a sus valores normales es establecer un *spread* o una posición de cobertura, esto es, una posición cuyos beneficios estén determinados con independencia de que el mercado suba o baje. Por eso se dice que una posición de cobertura es una posición neutral respecto del mercado.

¿Cómo funciona? ¿Cómo podría usted, estimado lector, beneficiarse como operador de una fruta con un precio mal calculado de un modo neutral respecto del mercado? Podría hacerlo con tres transacciones distintas. En primer lugar, compra, por ejemplo, 100 manzanas a 40 peniques en un puesto de fruta. En segundo lugar, vende 100 naranjas a 60 peniques en otro puesto que desea comprarlas; a vender un activo que no se posee se llama operar en corto. Pero ¿cómo entrega usted 100 naranjas a ese puesto si no las posee? Vender algo que no se posee es un fraude, de modo que, de alguna manera, tiene usted que entregar las naranjas. Para no infringir la ley, emprende la tercera transacción: va a otro puesto, se lleva al puestero aparte y le comenta con franqueza: «Mire, necesito 100 naranjas prestadas por unos días; no quiero comprarlas, sino tomarlas en préstamo. Si usted me presta 100 naranjas se las devolveré dentro de unos días y le pagaré 5 peniques por naranja por sus servicios.» Este puestero, al observar sus existencias de naranjas, piensa que la propuesta es una manera razonable de ganar un poco de dinero extra sobre una fruta que, de lo contrario, tal vez no vendería hasta entonces. Así pues, le presta las 100 naranjas, que usted entrega a su vez al comprador.

Acaba usted de realizar una operación de *spread*. Y observa las finanzas de su pequeño fondo de cobertura. Ha comprado 100 manzanas a 40 peniques, de modo que ha pagado 40 libras; pero también ha vendido 100 naranjas a 60 peniques, así que ha cobrado 60 libras, que puede utilizar para pagar las manzanas. La posición de arbitraje ha sido montada sin necesidad de capital (aunque en los mercados financieros se requiere el depósito de una pequeña suma de margen o de garantía), lo que significa que usted podría en principio construir enormes posiciones y terminar dominando su pequeño mercado local de frutas. Ese simple juego de apalancamiento permitió al fondo de cobertura Long Term Capital apalancar su capital en posiciones tan cuantiosas, que cuando éstas fallaron, el fondo quebró y estuvo a punto de arrastrar a la ruina a todo el sistema financiero.

El negocio que usted ha hecho, por supuesto, es una insignificancia en comparación con el más pequeño de los fondos de cobertura. Sin embargo, en los días siguientes el mercado de frutas entra en una montaña rusa: un día, los rumores de una buena cosecha hunden los precios el 25 %; al día siguiente, los rumores de una huelga de cosechadores inmigrantes los aumenta el 50 %. No importa: las manzanas y las naranjas suben y bajan juntas, de modo que lo que usted pierde por un lado de su posición de cobertura lo gana por el otro. No obstante, en un momento el diferencial de precios excede los 20 peniques, se amplía a 25, pues las manzanas pierden valor mientras que las naranjas aumentan de precio, y a usted esto le asusta. No hay posición más temible en los mercados financieros que una operación de *spread* en la que los dos valores en cuestión pierden la correlación y comienzan a moverse en direcciones opuestas, que es desgraciadamente lo que tiende a ocurrir en las crisis. Las posiciones de cobertura están etiquetadas como neutrales respecto del mercado, pero no es una descripción del todo acertada, porque conllevan importantes riesgos.

Esta semana las correlaciones se mantienen firmes en el mercado de frutas y tras unos días se restablece la antigua relación de precios de 10 peniques de diferencia, con las manzanas a 30 peniques y las naranjas a 40. Entonces decide usted desplegar el negocio. Vende al nuevo precio de 30 peniques las 100 manzanas que compró a 40, perdiendo 10 peniques por manzana y 10 libras en total; compra usted al nuevo precio de 40 peniques las 100 naranjas que ha vendido a 60, obteniendo 20 peniques de ganancia por naranja y un beneficio total de 20 libras; devuelve las 100 naranjas que ha tomado en préstamo y paga 5 libras al puestero. En resumen, ha ganado 5 libras en su operación de *spread*, con escaso riesgo (o eso es lo que se cree) y una mínima disposición de capital.

Si el lector ha comprendido ese simple ejemplo de operación en corto y de operaciones de cobertura y de *spread*, tiene en su poder los principios básicos de las altas finanzas. Las operaciones de *spread* son la principal estrategia de negocios tanto de los bancos como de los fondos de cobertura. En los bancos no las utilizan solamente la mesa de arbitrajistas, sino también los operadores de flujo en las mesas del Tesoro, hipotecas y bonos corporativos. Los operadores de flujo facilitan los negocios a los clientes, pero pueden utilizar los flujos de estos clientes como instrumento para construir grandes operaciones de *spread*. Si Martin hubiese creído que los bonos del Tesoro a diez años que vendió a DuPont eran caros en relación con, pongamos, los bonos del Tesoro a dos años o futuros sobre bonos, podía haber comprado cualquiera de estos valores y establecido una gran operación de *spread*. Originariamente, las mesas de operación de flujos tenían la finalidad de servir a los clientes, pero, con el tiempo, las posiciones de arbitraje que ostentaban crecieron de forma exponencial en tamaño y en P&L, de modo que durante la burbuja inmobiliaria eclipsaron los negocios de sus clientes.

Sin embargo, para dar el salto del mercado de frutas a las altas finanzas tiene usted que aguzar la imaginación y figurarse operaciones de *spread* entre, por ejemplo, bonos del Tesoro y bonos con respaldo hipotecario, entre bonos del Tesoro y acciones, entre bonos alemanes y griegos, entre oro y plata, o incluso la precipitación pluvial de California en comparación con la de Kansas. Además, hay que imaginar cifras que rozan lo increíble, como posiciones agregadas que llegan a billones de dólares y beneficios que alcanzan los centenares e incluso los miles de millones. Su pequeña operación de *spread* produjo 5 libras, pero si tuviera que llevar su posición a una escala comparable a la de los grandes fondos de cobertura y comprara manzanas por, digamos, 4.000 millones de libras, su beneficio habría ascendido a los 500 millones de libras en una semana decente del mercado de frutas.

Esto es precisamente lo que Scott ha estado haciendo este año, montar operaciones de *spread*, la mayoría de ellas entre mercados de acciones y de bonos. Scott cree firmemente que las acciones están infravaloradas y por eso ha estado comprando acciones, y que los bonos, especialmente los de las corporaciones, están sobrevalorados y por eso los ha estado vendiendo en corto. Ha tenido éxitos sin precedentes en esta forma de arbitraje y puede jactarse de haber acumulado un P&L de casi 17 millones de dólares hasta la fecha, actuación excepcional dado que estamos a comienzos del año. Scott calcula mentalmente que, si sigue ganando dinero a estas tasas, al final del año el P&L será de unos 40 millones de dólares, por lo que acaricia la idea de una prima de unos 5 millones de dólares.

Pero el éxito de Scott lo ha llevado a arrojar por la borda la prudencia, que es el rasgo más valioso de un operador arbitrajista. Ahora está convencido de que todas sus operaciones de *spread* no son en esencia otra cosa que una engorrosa manera de comprar en el mercado de valores. Es uno de los muchos operadores que ha interpretado el mensaje de la Reserva Federal como luz verde para un repunte del mercado, de modo que últimamente, además de las operaciones de *spread* que mantiene como estrategia básica, ha invertido cada vez más tiempo en limitarse a comprar acciones y esperar a que subieran. Hasta ahora ha demostrado tener una habilidad casi misteriosa en detectar la tendencia del mercado, así que su jefe Stefan le ha dado permiso para que continuara.

Específicamente, Scott compró contratos de futuros sobre el índice 500 de S&P, contratos llamados e-minis. Su posición inicial, antes del anuncio de la Reserva Federal, ascendía a 2.000 contratos, lo que significa que para un 1 % de modificación en el mercado de valores ganaba o perdía alrededor de 1,3 millones de dólares, negocio de magnitud razonable, pero en absoluto demasiado arriesgado. La estrategia de Scott funcionó bien: el mercado de valores mejoró casi 100 puntos y él ganó 10 millones de dólares.

Mentes más frías habrían llegado a la conclusión de que lo prudente era cerrar su posición básica y retirar algo de los beneficios o, como mínimo, reducir su escala. Pero no parece que esto ocurra en los mercados desenfrenadamente al alza. Scott, sin duda, no piensa de esta manera. Lejos de ello, difícilmente puede contener su excitación. Scott vio ante sus ojos un negocio raro, grandioso, su gran ballena blanca. Quienes están al tanto de la sabiduría popular del mercado llaman a esa oportunidad «el negocio del retiro», el negocio con el que ganarán tanto dinero que nunca más volverán a trabajar. El negocio del retiro, hay que puntualizar, tiene algo de mito, no porque tales oportunidades no existan, sino porque muy poca gente de la banca, pese a su declarado sueño de pasar el resto de su vida en un campo de golf, desea en realidad abandonar este juego. Perdería la excitación, la sensación de ser el centro del mundo, lo que en cierto sentido es. Para la mayoría de ella sería difícil reproducir la racha de dopamina que consiguen con las operaciones financieras.

Es posible que esta primavera los valores hayan repuntado un 15 % y los dividendos hayan bajado a menos del 2 %, pero, razona Scott, ¡fijaos únicamente en el telón macroeconómico de fondo! Asia sólo acaba de empezar a crecer, lo mismo que África, Oriente Medio, Latinoamérica y Europa Oriental (del *default* ruso de 1998 no quedó rastro en la memoria). Nunca en la historia se habían incorporado tantas regiones geográficas a los mercados mundiales. Éste es el Nuevo Orden Mundial de George W. Bush y en ese mundo nuevo son inaplicables las viejas herramientas de valoración. Scott cree que el mercado está a punto de ser revalorizado.

Algo muy parecido es lo que ocurrió a comienzos de la década de 1980. En ese momento, la ratio precio-ganancias del índice S&P se elevó a más de 9 –lo que es poco en comparación con su promedio de 15 a largo plazo–, en gran parte debido a que muchos inversores habían vivido al crac de 1929 y la Gran Depresión y conservado un arraigadísimo miedo a las acciones.[9] Pero cuando esta generación envejeció y perdió su influencia en el mercado, los oscuros recuerdos de la crisis financiera, que durante cincuenta años habían obsesionado a la economía, comenzaron a debilitarse. Después de la década de 1970, cada vez menos gente recordaba los duros tiempos de la década de los treinta, y se puso a gastar e invertir con el mismo espíritu despreocupado que sus abuelos en los años veinte. Las acciones subieron durante los veinticinco años siguientes, llevando en 1999 su ratio precio-ganancia al pico de 44.[10] Scott piensa que con posterioridad al crac tecnológico de 2001 se presentó una oportunidad semejante. En los supervivientes de ese crac persisten las dudas y los temores, pero no en Scott. Scott no sólo se opone a reducir su posición básica, sino que incluso construye sobre ella.

EL EFECTO DEL GANADOR

La euforia, el exceso de confianza y el apetito exacerbado de riesgo que se adueña de los operadores durante una fuerte alza del mercado puede deberse a un fenómeno que en biología se conoce como «el efecto del ganador». Personalmente, oí hablar por primera vez de este efecto durante la burbuja del puntocom, cuando asistí a una conferencia en el Rockefeller y pensé, como ya he explicado, que era el modelo más convincente de exuberancia irracional que yo conocía. Fue este modelo lo que me llevó nuevamente a la investigación, a estudiar si era posible poner a prueba el efecto del ganador en los mercados. ¿Cómo funciona el efecto del ganador en los animales? ¿Existe en los seres humanos? ¿Puede explicar la exaltación de la toma de riesgos y la conducta maníaca de la que he sido testigo en Wall Street durante la burbuja del puntocom?

Los biólogos que estudian los animales en su medio natural han observado que un animal que gana una lucha o una competición por territorio tiene más probabilidades de ganar su próxima pelea. Este fenómeno ha sido observado en gran número de especies.[11] El hallazgo planteó la posibilidad de que el mero hecho de ganar contribuya a nuevas victorias. Pero para llegar a esta conclusión, los biólogos tuvieron que tener antes en cuenta una serie de explicaciones alternativas. Por ejemplo, puede ser que un animal siga ganando simplemente porque es físicamente más grande que sus rivales. Para descartar este tipo de posibilidades, los biólogos proyectaron experimentos en los que reunieron animales de igual tamaño, o, mejor aún, con igualdad de lo que se llama «potencial de recursos» o, en otras palabras, la totalidad de los recursos –musculares, metabólicos, cardiovasculares– a los que un animal puede recurrir en una lucha total.[12] También controlaron la motivación, porque un animal más pequeño y hambriento que está comiendo un cadáver puede ahuyentar con éxito a un animal más grande pero bien alimentado.[13] Sin embargo, aun cuando se escogieran animales con las mismas condiciones de tamaño (o recursos) y motivación, no dejaba de presentarse un puro efecto del ganador.

La investigación sobre el efecto del ganador comenzó con este hallazgo estadístico, pero carecía de explicación. ¿Cómo puede contribuir a futuras victorias el hecho de ganar? Hay científicos que sostienen que una victoria informa al animal acerca de sus propios recursos y capacidades en relación con los recursos y las capacidades de los rivales, y este conocimiento le permite escoger luchas en las que tiene posibilidades de ganar.[14] Otros piensan que el hecho de ganar deja en un animal huellas físicas, como feromonas y otras sustancias químicas que dan a conocer su reciente victoria y pueden disuadir a los futuros adversarios de llevar demasiado lejos el enfrentamiento.[15] Pero la explicación más convincente sea tal vez la que pone de relieve el papel de la testosterona en estas competiciones.

Cuando dos machos se enfrentan, experimentan un marcado aumento en sus niveles de testosterona.[16] El papel de la testosterona en los cuerpos masculinos es prepararlos precisamente para este tipo de confrontaciones. De aquí los efectos anabólicos sobre la masa muscular y la hemoglobina. También se ha comprobado que la testosterona acelera las reacciones, afina un tipo de habilidad visual conocido como exploración visomotora y realza otra habilidad visual conocida como ruptura del camuflaje.[17] Tan importante como la preparación física es la tendencia de la hormona a incrementar la persistencia[18] y la audacia de un animal.[19] Después de todo, no tendría demasiado sentido equipar a un animal con una capacidad de lucha enormemente enriquecida si no tiene voluntad de usarla.

Por tanto, es cierto que la testosterona prepara a un animal para un enfrentamiento, pero lo que impulsa el efecto del ganador es lo que tiene lugar después. Una vez terminada la lucha, el animal ganador sale de ella con niveles de testosterona aún mayores, mientras que el perdedor lo hace con niveles más bajos.[20] Se ha sostenido que estas señales tienen sentido: si uno ha perdido en una lucha, lo mejor que puede hacer es retirarse entre los arbustos y curarse las heridas; en cambio, si ha ganado, puede esperar un número creciente de desafíos a su estatus recién exaltado en la jerarquía social. En los animales, estos efectos pueden tener gran alcance. En un estudio se informó que en una competición por la jerarquía entre unos monos rhesus que acababan de entrar en contacto, los ganadores salían con la testosterona decuplicada, mientras que en los perdedores esta sustancia caía a la décima parte de los niveles básicos, y que esos nuevos niveles persistieron durante varias semanas tanto en los unos como en los otros. Tan poderoso es este efecto que en algunas especies los machos dominantes intervendrán aparentemente en una pelea para proteger al macho más débil, pero su verdadera intención es hurtar los beneficios del efecto del ganador al probable triunfador y potencial rival suyo en el futuro.[21]

En muchas especies, los machos exhiben una asombrosa ornamentación –colores brillantes, caprichosas barbas y peinetas, exuberante plumaje nupcial– y una conducta ostentosa, altiva y amenazadora. Algunos lagartos, por ejemplo, mueven la cabeza y se yerguen sobre las patas delanteras de modo muy parecido al de un atleta que lanza puñetazos al aire. Pero los efectos de ganar o perder pueden alterar el aspecto físico de estos animales. Cuando son derrotados pueden entrar en una rápida decadencia, atenuarse sus bravuconadas y en algunos casos incluso perder los colores, achicárseles los testículos y el cerebro y hundirse en un estado letárgico o incluso depresivo.[22]

Para el ganador, por el contrario, la vida es espléndida. Comienza la segunda vuelta de su competición con niveles de testosterona ya elevados y esta impronta androgénica le confiere una ventaja que aumenta sus probabilidades de volver a ganar. Este proceso puede arrastrar a un animal a un bucle de retroalimentación positiva en el que la victoria conduce a elevar los niveles de testosterona que llevan a su vez a una nueva victoria.

¿Existe el efecto del ganador en los seres humanos? Es una cuestión controvertida. Muchos científicos sociales han negado la existencia de rachas ganadoras, o lo que en los deportes se ha llamado «manos calientes», y han afirmado que los atletas –y sus seguidores– que creen lo contrario son víctimas de una ilusión.[23] Por mi parte, pienso que el efecto del ganador es una realidad entre los seres humanos. En primer lugar, miremos las estadísticas. Es lo que hemos hecho mi colega Lionel Page y yo. Para ello hemos seguido lo más rigurosamente posible el protocolo que

210

emplean los biólogos cuando estudian los animales en su medio natural. Lionel consiguió reunir una base de datos de 623.000 partidos de tenis profesional; de esta muestra sólo tuvo en cuenta los partidos entre jugadores muy parejos; luego, dentro de este subconjunto, estrechó su investigación a partidos que tuvieran un tie break en el primer set, y después incluso a tie breaks que se decidieron por el margen más pequeño posible, es decir, dos puntos. En resumen, observó a los jugadores de tenis más parecidos en calidad y en forma el día del partido. Al limitar la investigación exclusivamente a estos partidos, comprobó que el ganador del primer set tenía el 60 % de probabilidades de ganar el segundo y, dado que los partidos que se tenían en estudio se decidían al mejor de tres sets, también el partido. En deporte, concluimos Lionel y yo, el hecho de ganar contribuye a futuras victorias.[24]

¿Potencia un bucle de retroalimentación de testosterona este efecto del ganador en los seres humanos?[25] La subida de testosterona previa a la competición ha sido documentada en cierto número de deportes,[26] tales como el tenis,[27] la lucha[28] y el hockey sobre hielo,[29] así como en competiciones de carácter menos físico como el ajedrez[30] e incluso en exámenes médicos.[31] En deporte, los ganadores experimentan un aumento de testosterona posterior a la competición, lo que sugiere que un bucle de retroalimentación positivo es realmente el sustrato de rachas perdedoras y ganadoras.[32] Incidentalmente, estas victorias deportivas impulsadas por la testosterona parecen ser más comunes cuando un atleta está en terreno propio, esto es, cuando cuenta con la ventaja de jugar en casa.[33] Por tanto, la química corporal de los atletas que se hallan en una racha ganadora puede ser muy diferente de la química corporal de quienes están pasando por una racha perdedora. En todos estos experimentos, tanto en los realizados con animales como en los realizados con seres humanos, los ganadores experimentan una espiral ascendente de testosterona que les sirve de autoconfirmación.

En consecuencia, no es sorprendente que científicos del deporte inviertan gran parte de su tiempo en buscar la manera de aumentar –legalmente, por supuesto– los niveles de testosterona de sus atletas. Nos hallamos en la curiosa situación de albergar en nuestro cuerpo sustancias químicas capaces de liberar todo nuestro potencial –encender el espíritu competitivo, concentrar la atención, garantizar el acceso a nuestros recursos metabólicos, exaltarnos a un estado de flujo– y, sin embargo, no tener acceso a ellas. ¡Qué frustración! Poseemos las claves de la victoria dentro de nosotros, pero en general no podemos dar con ellas. Nos gustaría autoadministrarnos estas drogas, pero es imposible hacerlo por un simple acto de voluntad; no podemos decir simplemente «Quiero un montón de testosterona, ¡ya!» o «Quiero dar lo mejor de mí, ¡ya!». No funciona, así de sencillo. En lugar de eso tenemos que implicarnos en toda suerte de rituales ocultos y de ejercicios físicos antes de que nuestro cuerpo se digne siquiera escuchar nuestro requerimiento de mayor poder. Esta situación es comparable con la de tener dinero en el banco, pero no poder tocarlo, a menos que, por ejemplo, realicemos una danza ceremonial, en cuyo caso las puertas que protegen nuestra fortuna se abrirán automáticamente.

¿Qué ritos hay que cumplir para que el cuerpo nos garantice el acceso a nuestra riqueza fisiológica? Probablemente los científicos del deporte sean quienes sepan mejor que nadie lo que hay que hacer. Sus técnicas incluyen la alteración del equilibrio entre ejercicios aeróbicos y anaeróbicos, entre sesiones divertidas y sesiones agotadoras, su ritmo y su longitud, levantamiento de pesas –en general, a mayores pesos, sesiones más cortas y mejores resultados anabólicos–, dieta, horas de sueño, etc., hasta que sus atletas llegan a los niveles adecuados de tesosterona.[34] Una victoria anterior, como hemos visto, es también una poderosa manera de liberar la testosterona. Entre los jugadores de hockey sobre hielo se ha comprobado que la proyección del vídeo de una victoria anterior puede incrementar sus niveles de testosterona y de esa manera sus probabilidades de ganar el próximo partido.[35]

Otro factor que influye en los niveles de testosterona es la rivalidad: Ayrton Senna y Alain Prost en carreras de Fórmula 1; Muhammad Ali y Joe Frazier en boxeo; John McEnroe y Björn

Borg en tenis. Percibido a menudo como una espina en el costado, el rival puede sacar lo mejor de uno mismo. Ya retirado Borg de la competición, McEnroe confesó la realidad de «este vacío» y que «a partir de entonces siempre sentí que hasta cierto punto dependía de él para producir mi propia intensidad».[36] Eso es lo que hacen algunos atletas antes de una competición: producir intensidad, hacer que los jugos fluyan. A menudo, sin tener idea de la fisiología en ello implicada, tratan de provocar artificialmente los efectos del desafío, incluso de la victoria, antes de comenzar una competición. Los jugadores de fútbol americano, por ejemplo, aporrean las taquillas del vestuario, y los boxeadores se pavonean cuando suben al ring y miran despreciativamente a su rival. Incluso la gente del mundo empresarial, antes y durante unas negociaciones, puede prepararse adoptando posturas conocidas como «poses de poder» –los pies separados, el pecho hacia delante y los brazos cruzados, o con los pies sobre la mesa y las manos en la nuca, poses que básicamente ocupan más espacio–, poses que también pueden elevar los niveles de testosterona.[37] A menudo los soldados siguen rituales parecidos antes de la batalla para hacer que las hormonas fluyan e invoquen a Ares, el dios de la guerra. En este proceso puede corresponder a la música un papel importante. Napoleón se quejaba de que la música bárbara de los cosacos les transmitía tal furia, que eran capaces de exterminar a la flor y nata de su ejército; y el general Nikolái Linévich dijo después que para el ejército ruso la música era «dinamita divina».[38]

Aparte de los deportes y el campo de batalla, es posible percibir esa especie de espíritu marcial que va invadiendo una población rural cuando se aproxima la temporada de caza. En otoño, las ferreterías de las ciudades pequeñas de Canadá y el norte de Estados Unidos exhiben escopetas, señuelos, escondites y ropas de camuflaje; las tiendas de comestibles venden cestas de manzanas y zanahorias maduras, cebo para el desprevenido ciervo que pasta abiertamente en los terrenos de los granjeros, y los habitantes del lugar empiezan a ponerse su ropa de caza semanas antes de que comience realmente la temporada. En estas ciudades

213

se puede percibir una sorda excitación que en nada se diferencia de la animación que se da en los niños cuando se aproxima Halloween: la excitación del miedo. Pero en esas pequeñas ciudades que bordean el bosque boreal, cuando la luna de la cosecha se desvanece sobre los campos de rastrojos y asoma la luna del cazador, el espíritu experimenta una especie de deseo de sangre y se pone nervioso. Llegada la temporada de caza, casi toda la gente del pueblo que tiene una cabaña en el bosque se apresura a marcharse de allí antes de que empiecen a volar las balas.

¿Cuánto tiempo pueden durar los elevados niveles de testosterona? En los animales, el efecto del ganador varía notablemente según las especies, pues en algunas sólo se prolonga unos minutos, mientras que en otras lo hace durante meses.[39] Los niveles de testosterona varían también de manera muy notable a lo largo del año, especialmente durante la temporada de reproducción. Pocos son los estudios de este tipo que se han realizado con seres humanos, pero los que existen sugieren que la subida y la caída de los niveles básicos de testosterona pueden ser duraderas. Por ejemplo, los hombres pueden tener baja la testosterona hasta seis meses después del parto de su compañera, mientras que los que, tras un divorcio, reingresan en el mercado de los solteros, pueden tener la testosterona alta durante varios años.[40] Según un estudio realizado entre el pueblo aimara de Bolivia, los hombres que viven en zonas urbanas tienen niveles medios de testosterona más altos que los que viven en zonas rurales.[41] En un estudio internacional se comprobó que los residentes de Boston tienen niveles medios de testosterona significativamente más altos que los lese del Congo, los tamang de Nepal y los ache de Paraguay.[42] Los datos de estos estudios se basaron en pequeñas muestras, de modo que sus interesantes conclusiones requieren más estudio, pero de todos modos sugieren que cuanto más competitivos son los medios, como el de un mercado libre, más elevados son los niveles de testosterona que exigen. En resumen, los niveles de testosterona pueden subir y bajar durante prolongados períodos, incluso durante años.

Hay cierta evidencia de que las fluctuaciones a corto plazo en los niveles de hormona pueden transmitirse a otras personas. Por ejemplo, la subida y la caída de la testosterona de un atleta pueden ser imitadas por la de sus compañeros de equipo; en efecto, un Pelé o un Maradona pueden inspirar grandes actuaciones incluso a un conjunto heterogéneo de jugadores. También los aficionados son sensibles: un grupo de científicos tomó pruebas de testosterona de aficionados antes y después de la final de la Copa del Mundo de 1994 entre Brasil e Italia.[43] Los hinchas de ambos equipos fueron a ver el partido con la testosterona alta, pero cuando Brasil ganó, la testosterona de sus simpatizantes se elevó aún más, mientras que la de los italianos se hundió. Era como si los ciclos desenfrenados de testosterona de los atletas –y lo mismo podría decirse de los líderes políticos y los militares– pudiera tener lugar en forma vicaria también en los observadores.[44] Este mecanismo plantea la perspectiva de que grandes grupos de personas experimenten una espiral ascendente de confianza.

La literatura sobre el efecto del ganador, tanto en animales como en atletas, proporciona sin duda bases suficientes para sospechar que también en los mercados financieros pueda operar un bucle de retroalimentación de testosterona. ¿Se eleva la testosterona con una ganancia en los mercados, y conduce a su vez esta elevación a un incremento en el riesgo que se asume? Ésta es la pregunta que espero contestar. Y para ello he realizado un experimento en la sala de negociaciones de una firma de tamaño medio de la City de Londres.[45] El parqué tenía 250 operadores en su plantilla, todos ellos varones salvo tres, y todos implicados en operaciones de gran intensidad, como hemos visto en el capítulo 3, lo que quiere decir que compraban y vendían títulos cuyo valor alcanzaba a veces los 1.000 o los 2.000 mil millones de dólares, pero no mantenían sus apuestas más de unas horas, unos minutos o a veces sólo unos segundos. Por tanto, ocupaban en el mercado el mismo nicho que las cajas negras.

En consecuencia, estos operadores tenían que enfrentarse con algunos de los competidores más sofisticados y mejor capitalizados del mundo. Carecían de la gran base de capital y de las ventajas de información con que contaban los operadores de flujo de los grandes bancos y no disponían de enormes grupos de inversores ni de las velocidades sobrehumanas de procesamiento de las cajas negras. Sin embargo, eran asombrosamente exitosos: David contra Goliat, John Connor contra los Terminators. En realidad, estaban entre los mejores operadores que he visto en mi vida: extraordinariamente disciplinados, coherentes y rentables.

Tomé muestras de testosterona de estos operadores y registré el P&L a lo largo de un período de dos semanas. Comprobamos entonces que sus niveles de testosterona eran significativamente más altos los días en que obtenían una ganancia superior a la media. Pero lo más inquietante fue lo que descubrimos cuando observamos los niveles de testosterona de la mañana, porque predecían la cantidad de dinero que los operadores ganarían por la tarde. Cuando los niveles de testosterona de los operadores eran altos por la mañana, ganarían por la tarde mucho más dinero que en los días en que sus niveles matutinos de testosterona eran bajos (véase la figura 9).[46] Además, la diferencia de P&L entre los días de testosterona alta y los de testosterona baja era muy amplia, ya que, en términos estadísticos, llegaba a una desviación estándar completa, diferencia que, extrapolada al año entero, podía llegar a superar los 500.000 dólares en las primas de ciertos operadores.

Era un hallazgo inquietante. Los teóricos del mercado eficiente nos dicen que el mercado está sujeto al azar y que, en consecuencia, no hay característica personal alguna capaz de influir en nuestros negocios y en los beneficios de nuestras inversiones. No importa lo inteligente que uno sea, la excelencia de su rendimiento escolar ni el rigor con que se haya preparado, pues nada de eso tiene más consecuencias en los beneficios conseguidos que en el resultado de un tirada de dados. Si así son las cosas, ¿cómo diablos podría una molécula influir en la cantidad de dinero que uno gana?

Mis colegas y yo hemos hallado pruebas de que esta molécula influye en el rendimiento del operador, y lo hemos hecho más o menos por casualidad. Cuando estaba en el parqué realizando

216

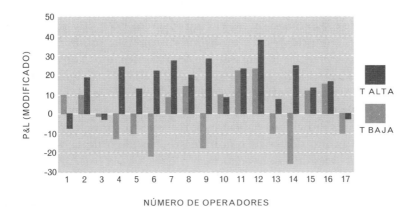

Figura 9. Los niveles matutinos de testosterona predicen los beneficios que tiene un operador por la tarde. Los diecisiete operadores están registrados individualmente en el eje horizontal. Las barras claras indican el P&L del operador por la tarde, cuando su testosterona matutina era baja en relación con su nivel medio durante el estudio; las barras oscuras, cuando era alta. (Las cifras del P&L han sido modificadas. Más exacto es informar de este resultado como datos de panel. Véase la nota 46 del capítulo 6.)

el primer estudio, tenía conmigo un montón de trabajos científicos para leer en los tiempos muertos. Uno de esos trabajos informaba de un experimento en el que el autor, John Manning, había tomado huellas palmares de un grupo de jugadores de fútbol y había descubierto que su capacidad y su éxito podían predecirse en función de la longitud de los dedos índice y anular, pero sobre todo a partir de la ratio entre ambos.[47] Esta ratio, conocida como 2D:4D, fórmula que designa la división de la longitud del segundo dedo por la del cuarto, podía predecir la habilidad deportiva porque, según Manning, era un indicador de la cantidad de testosterona a la que los atletas habían estado expuestos en el útero, pues cuanto más largo era el anular en relación con el índice, mayor había sido la exposición al andrógeno. Al comienzo, la idea me pareció una locura, pero también divertida, de manera que empecé a reunir huellas palmares de los operadores financieros. Más adelante, cuando el departamento técnico de la empresa financiera me envió los P&L de estos operadores, comprobé, para mi asombro, que sus ratios 2D:4D permitían predecir la rentabilidad lograda dos años antes. Pero lo más sorprendente era que sus ratios 2D:4D servían igualmente para pronosticar el tiempo que esos operadores permanecerían en el negocio.[48] Tales resultados sugerían que una hormona a la que dichos individuos habían estado expuestos antes de su nacimiento pronosticaba su rendimiento a lo largo de la vida en negociaciones de alta frecuencia.

¿Qué es lo que sucede? Cuando observamos la ciencia que hay detrás del marcador 2D:4D, nos enteramos de lo siguiente. ¿Recuerda el lector la fuerte irrupción de testosterona prenatal que se produce entre la octava y la novena semanas de gestación? Los efectos que en la masculinización del feto ejerce esta hormona, cuyas huellas quedan impresas en todo el cuerpo, son tan poderosos que en etapas posteriores de la vida pueden leerse como medida de la exposición prenatal al andrógeno, análogamente a las marcas que la marea alta deja en una escollera. Una de esas huellas es precisamente la ratio 2D:4D. Hay otras, igualmente extrañas, como unas emisiones otoacústicas, inaudible clic en el oído interno semejante al de un sónar, cuya frecuencia guarda correlación con los niveles prenatales de testosterona; la asimetría del recuento de las huellas digitales o la distancia anogenital, que es exactamente lo que la palabra parece significar.[49] Hoy se mide en muchos hospitales la distancia anogenital de los recién nacidos como recurso para determinar si han estado expuestos a un medio esteroide prenatal anormal, posible consecuencia de la presencia de disruptores hormonales medioambientales o, en otras palabras, de sustancias químicas que agregamos al medio y que actúan como estrógenos y que en los varones pueden ser causa de problemas de desarrollo prenatal, como la criptorquidia y, más adelante en la vida, el cáncer de próstata. Pero la distancia anogenital de los operadores financieros, por desgracia, no es un marcador fácil de detectar, aunque se ha sugerido que si colocáramos una fotocopiadora en medio de una fiesta de Navidad de una oficina, tal vez terminaríamos teniendo algunas muestras.

218

Dejando de lado esa opción, la ratio 2D:4D de la longitud de los dedos ha demostrado ser la medida más útil de la exposición prenatal al andrógeno para estudios del comportamiento. Algunos estudios han sostenido que es una medida fiable de la producción fetal de testosterona porque una clase de genes, los llamados *hox-a* y *hox-d*,[50] codifican –para usar el encantador título de un artículo científico– dedos de las manos, dedos de los pies y penes.[51]

Pero queda en pie una pregunta fundamental: ¿cómo influye la testosterona en el P&L? Podría ser que la testosterona afectara al comportamiento de los operadores a través del incremento de su apetito de riesgo o de su confianza.[52] Pero también podría ser que estabilizara la atención visual, redujera las distracciones en información sin interés,[53] mantuviera la persistencia de la búsqueda[54] o aumentara habilidades visomotoras tales como la exploración y la velocidad de las reacciones,[55] todo lo cual permitiría a los operadores identificar las anomalías de precios antes que sus competidores. No sabremos cuáles de estos aspectos de su habilidad se ven afectados mientras no realicemos estudios controlados de laboratorio.

Algo hemos adelantado ya cuando respondimos a esta pregunta en el análisis anterior que observaba las ratios de Sharpe de los operadores, esto es, con qué coherencia ganaban dinero, sus P&L corregidos en función de la magnitud del riesgo asumido.[56] En este estudio hemos utilizado las ratios de Sharpe de los operadores como medida de habilidad y hemos formulado la simple pregunta: ¿la testosterona mejora su habilidad como operadores o sólo aumenta el riesgo que asumen? Lo que comprobamos fue que la testosterona no mejora las ratios de Sharpe pero incrementa el riesgo que se asume. Seguimos manteniendo la creencia de que la testosterona también tiene efectos sobre la exploración visomotora de los operadores y sobre la velocidad de sus reacciones, aunque no podamos poner este efecto a prueba en su actuación concreta. Sin embargo, lo que nuestros estudios sobre las salas de negociaciones han puesto de relieve es que la testosterona, señal que procede del cuerpo, ha ejercido una gran influencia en la toma de riesgos de los operadores, que aumenta con los beneficios por encima de los valores medios y con el propio incremento de la toma de riesgos. Estos experimentos, por tanto, han proporcionado una sólida evidencia preliminar de que, efectivamente, el efecto del ganador es una realidad en los mercados financieros.

EXUBERANCIA

En los días siguientes, Scott duplica su posición a 4.000 contratos de S&P. En este punto saltan las alarmas del departamento de gestión de riesgo del banco y se pide a Scott que justifique su decisión. Scott arrastra a los directivos a su lógica, como ya ha hecho con Stefan y Ash. Los directivos del departamento, pese a comprender su razonamiento e incluso a estar de acuerdo con él, no disipan una grave preocupación. ¿Qué pasa en una crisis? ¿Qué pasa cuando el mercado comienza a preocuparse por el riesgo del crédito? Por ahora, todo el mundo da muestras de una feliz ignorancia de ese peligro.

En general, los gestores de riesgos son muy perspicaces a este respecto, pues en muchos casos han sido operadores también ellos —nada mejor que un ladrón para atrapar un ladrón— y poseen una envidiable competencia estadística. Pero, ¡ay!, carecen de influencia. Al final de la discusión, los que tienen la última palabra son Ash y la mesa de operaciones. Y es aquí donde, desgraciadamente, encontramos que las prácticas de gestión y los programas de compensación dan alas a las fuerzas biológicas que empujan a los operadores a tomar más riesgos. Scott ha ganado dinero en los últimos años y este año tiene una buena racha. ¿Por qué frenarlo?, se preguntan los gestores. En términos más decisivos, ¿qué ganamos con eso? Nuestra prima de fin de año se calcula como porcentaje del P&L, tanto para cada uno de los operadores como para los gestores, de modo que lo que queremos es ganar la mayor cantidad de dinero posible en este año natural. ¿A quién le importa que nuestras posiciones o nuestras estrategias salten por los aires el año que viene? Las primas ya cobradas no se devuelven.

De allí que asumir grandes riesgos redunde en el interés de Scott y de sus gestores. En realidad, hay una sutil presión sobre los parqués para que estén permanentemente comprometidos con el mercado, para que asuman riesgos. Hace un tiempo tuve un período de inactividad durante el cual me paseaba por la sala como Hamlet, sumido en la indecisión –negociar o no negociar– y mi jefe, incapaz de valorar las profundidades de mi angustia existencial, me dijo con toda simpleza: «Coates, coma o deje comer.»

Se permite a Scott que acreciente su posición y un día, cuando, debido a malas noticias económicas, el mercado baja el 1,5 %, compra otros mil contratos. Con una posición básica de 5.000 contratos, Scott gana o pierde 3,25 millones de dólares si el mercado se mueve hacia arriba o hacia abajo el 1 %, o 32,5 millones de dólares si la variación es del 10 %. La mera magnitud del riesgo tiñe de miedo sus horas de vigilia, pero por debajo del miedo, y más poderosa que éste, se cuece a fuego lento una confianza, una inquebrantable confianza en su capacidad para dominar el mundo. Este ejercicio de su habilidad, Scott contra el mercado, le infunde una aguda sensación de vitalidad, y su vida parece acelerarse. Lo mismo que un adolescente que descubre su fuerza, Scott prepara sus nuevas capacidades, desde el cerebro hasta las puntas de los dedos. Su mente, rápida y flexible, pasa sin esfuerzo de un pensamiento a otro, aunque los observadores tengan la impresión de que es incapaz de mantener el curso de sus pensamientos; necesita menos horas de sueño y el poderoso cóctel de dopamina y testosterona que se ha volcado en su cerebro lo llena de una exultante euforia.

Ese estado de ánimo se contagia a otras personas de la mesa, que copian operaciones y todos juntos terminan deleitándose de un éxtasis de riesgo. Ash acompaña a una vendedora nueva por el pasillo hasta su mesa y tras ella, fuera de su campo visual, una oleada humana la observa espiando por encima de las pantallas.

Normalmente, estos momentos de ganancias y engreimiento se forman, alcanzan su punto culminante y luego se desvanecen. Pero no en un mercado en alza. En éste no hay respiro. Cuando los operadores tienen una buena racha, allí se quedan y, en tales circunstancias, su fisiología no tiene oportunidad de volver a la normalidad. Es justamente en este momento cuando entran en lo que podría llamarse el último juego de un efecto del ganador.

EXUBERANCIA IRRACIONAL

El efecto del ganador es un mecanismo extraordinario de potenciación. Gracias a él, una persona sola puede conquistar el mundo, o eso es al menos lo que siente. ¿Hasta dónde pueden llegar estos bucles de retroalimentación? El hecho de que no puedan ser imperecederos no es de verdad sorprendente. Los biólogos han comprobado que, en los animales, los efectos de la testosterona sobre la toma de riesgos muestra la misma curva en forma de ∩ que hemos encontrado antes, en el ejemplo de la curva de Berlyne. A bajos niveles de testosterona, un animal carecerá de motivación, entusiasmo, energía, velocidad, etc., pero cuando los niveles de testosterona aumentan, también aumenta el rendimiento del animal en la competición y en las luchas. Cuando la testosterona llega al punto culminante de la curva, el animal disfruta del rendimiento máximo. Está en la zona. Sin embargo, si la testosterona continúa aumentando, el animal comienza a descender por la otra vertiente de la colina y su toma de riesgos se convierte en una locura cada vez más desenfrenada. Los machos que experimentan un sostenido aumento de testosterona tienden a iniciar más peleas, patrullar áreas más extensas, aventurarse más en campo abierto[57] y a descuidar los deberes parentales, todo lo cual conduce a una mayor depredación y una reducción de la supervivencia.[58] En algún momento, la acumulación de testosterona en estos animales transmuta la confiada toma de riesgos en exceso de confianza y conducta temeraria.

Efectos psicológicos igualmente poderosos han sido documentados entre atletas y consumidores recreativos «poseídos» por esteroides anabólicos. Pope y Katz, psiquiatras de Harvard, han descubierto que muchas de estas personas sucumben a la manía, que es un desorden psiquiátrico en el cual el paciente se vuelve eufórico y delirante, experimentando una vertiginosa sucesión de pensamientos y menos necesidad de sueño.[59] En un caso, un atleta universitario con sobredosis de esteroides, después de comprar un coche deportivo que no se podía permitir, llegó a convencerse a tal punto de su invencibilidad, que pidió a un amigo que lo filmara estrellando el coche contra un árbol, para demostrar que era inmune a cualquier daño. En otros casos, los consumidores de esteroides han cometido actos delictivos y para defenderse han acusado de su conducta a la testosterona, estrategia legal que ha llegado a ser conocida como «la defensa de la mancuerna», basada en los efectos psicológicos de los esteroides anabólicos. Hemos de interpretar estos casos con precaución, porque los atletas consumían esteroides en niveles mucho más altos que los que se pueden producir de forma natural en nuestro cuerpo. Sin embargo, su conducta no es diferente de la que yo mismo he observado en muchos operadores financieros durante la burbuja del puntocom.

La testosterona elevada tiene aún otro coste, pues, así como fomenta el desarrollo de un cuerpo más grande y más estéticamente cuidado, así también es onerosa desde el punto de vista energético, lo que puede terminar por agotar el cuerpo de un animal. Si se castra a un macho, es posible que su vida se prolongue en un 30 %.[60] Por eso, los machos con testosterona alta terminan pagando un elevado precio por su exhibición de fuerza y sus triunfos, precio que se manifiesta en una tasa de mortalidad más alta. Se ha hablado de la trágica gloria que espera a estos machos particularmente cargados de testosterona: «La vela que arde con el doble de luz arde la mitad de tiempo.» Se podría decir que Aquiles y Macbeth no sufrieron el castigo de los dioses, sino que pagaron el precio de sus elevados niveles de testosterona. Todavía hoy, algo de este halo trágico se cierne sobre la figura excesivamente masculinizada, que lucha por la autoafirmación contra el fracaso final. Es casi como si supieran que están condenados. Muchos hombres sienten que, más allá del campo deportivo, el campo de batalla y, tal vez, la sala de negociaciones financieras, la testosterona no desempeña un papel demasiado útil en el lugar de trabajo o en la sociedad. Sienten, en efecto, que el verse finalmente aplastados por la edad y los dioses de la economía de servicios es sólo una cuestión de tiempo.

En el mundo financiero, los bucles de retroalimentación de testosterona pueden ser la causa de que los operadores atraviesen las primeras etapas de emoción y excitación y terminen convencidos de su propia infalibilidad. Cuando estos ciclos se aproximan a su culminación eufórica, uno encuentra a los operadores, la mayoría de ellos varones jóvenes, con deficiencias de juicio y haciendo cosas peligrosamente absurdas. De acuerdo con el modelo del efecto del ganador, los operadores experimentan una subida de testosterona cuando sus operaciones les dan dinero, lo que incrementa a su vez en ellos la confianza y el apetito de riesgo, de modo que en la siguiente ronda de negociaciones apuestan por operaciones aún más grandes. Si vuelven a ganar, como es probable que ocurra durante un mercado en alza, sus beneficios incrementarán una vez más su testosterona, hasta que en algún momento la confianza se convierte en exceso de confianza, sus posiciones financieras crecen hasta alcanzar magnitudes peligrosas, y los perfiles riesgo-recompensa de las operaciones empiezan a volverse contra ellos.[61] Pero no importa; en su estado de confianza sin límite, los operadores están convencidos de que ganarán de todas maneras. Y lo mismo pasa con la dirección. Cuando un operador gana cada vez más dinero, los directivos amplían al mismo ritmo sus límites de riesgo. El resultado de todo ello es que los operadores caminan sobre bombas de tiempo e invariablemente los bancos encienden la mecha tentándolos con gigantescos límites de riesgo y pagos de primas que han llegado a superar los 100 millones de dólares. No es sorprendente que con frecuencia los operadores responsables de esas abrumadoras pérdidas que llevaron los bancos a la ruina resulten ser las estrellas de ayer. El mundo de la banca es extraño. No conozco conductas comparables a éstas en cirujanos ni en controladores aéreos.

Habría que señalar que la subida de la testosterona no inicia un mercado en alza; normalmente, este papel corresponde a una novedad tecnológica o a la apertura de nuevos mercados. Pero la testosterona puede ser el catalizador que convierta un mercado al alza en una burbuja. Lo mismo puede decirse de la estimulación química de otras manifestaciones de confianza excesiva que se ven en las proximidades de la cumbre de una burbuja, como las sobredimensionadas y mal calculadas absorciones de empresas o la construcción de rascacielos que compiten en altura, como fue el caso del Empire State Building, encargado a finales de los Locos Años Veinte, o el Burj Dubai (rebautizado como Burj Khalifa cuando resultó insolvente) construido durante la reciente burbuja inmobiliaria. La testosterona puede ser la molécula de la exuberancia irracional.

TEMPORADA ALTA

En las semanas posteriores a la ampliación de la posición de Scott, el mercado de valores se muestra particularmente volátil. Ahora su P&L oscila como nunca en relación con una base diaria. Un día, 4 millones de dólares por encima, al día siguiente 3 millones de dólares por debajo, 7 millones por encima y 5 millones por debajo. Para Scott, esta volatilidad es tonificante, pues le permite exhibir ante todo el mundo que es capaz de absorber estas explosiones y seguir en pie. En un día especialmente malo en que las pérdidas rondaban los 8 millones de dólares, muestra a los menos valientes toda la extensión de su coraje agregando otros 1.000 contratos a su posición, con lo que lo lleva al límite máximo acordado con Ash y los gestores de riesgos, 6.000 contratos, además de la gran operación de *spread* que ha mantenido durante meses entre acciones y bonos. Se ha lanzado sobre esta debilidad del mercado porque al día siguiente se publicarán las estadísticas sobre el estado del mercado inmobiliario. Al mercado le preocupan estas cifras, porque los precios de la vivienda han estado cayendo durante meses, las ejecuciones hipotecarias han aumentado y, de momento, los compradores de nuevas viviendas han desaparecido. Pero todo eso es música celestial para los oídos de Scott, pues le facilita incrementar su volumen de negocio.

Es una apuesta loca, realizada en una magnitud descabellada, con una tremenda relación riesgo-recompensa. Las acciones ya son demasiado caras para los patrones históricos, pero consolidar esa posición cuando el mercado inmobiliario se debilita es una auténtica locura. Las cabezas más frías del parqué, como Martin y Gwen, al enterarse de la posición de Scott, intercambian miradas de complicidad. Un mercado al alza, lo mismo que un río crecido, arrastra casi todo lo que se le pone por delante, y la poca gente del parqué que no entra en el torrente empieza a sentirse marginal. La atmósfera puede compararse con la de una fiesta fascinante, desbordante de posibilidades y de conversación animada, pero en la que, cuando uno oye los temas de las conversaciones, advierte que no puede seguirlas, que no puede introducir una palabra en ellas o incluso que no ve qué interés tienen las cosas que se dicen; entonces, por fin, uno cae en la cuenta de que es una de las pocas personas de la reunión que no están completamente drogadas. Esto es lo que se siente en un banco durante una burbuja. Las pocas personas libres de los efectos de las drogas cuchichean en la cafetería y durante horas acerca de la locura que podría hacer estallar su banco; pero el resto de la gente queda fuera de alcance. Ni las estadísticas, ni la historia de las ratios precio-ganancia, ni discurso razonable alguno son capaces de traer de nuevo a la tierra su mirada perdida. Para ellos, el dinero que se está ganando supone la promesa de demasiadas cosas tan sólo soñadas: un ático en el Upper East Side, un jet privado o incluso influencia política. Todo eso está al alcance de la mano. Esta gente está firmemente atrapada en la fase ilusoria del efecto del ganador.

Sin embargo, la mañana siguiente se inicia con un desagradable despertar. Las estadísticas económicas muestran una tendencia al empeoramiento del mercado inmobiliario, con ventas por debajo del 3 % y precios que en toda la nación bajan el 2,5 %. De inmediato las acciones caen el 1,5 %. Pero el miedo no dura. El mercado sonríe a Scott y le hace una señal de triunfo. La debilidad del mercado inmobiliario significa sin lugar a dudas que la Reserva Federal ha dejado de aumentar los tipos de interés para este ciclo de negocios. En realidad, hasta puede que se vea forzada a bajarlos, y esa mera posibilidad actúa como una llama para un mercado ya impregnado de combustible.

Durante las burbujas, los inversores parecen estar equipados con unas gafas que les permiten ver todas las noticias con optimismo. El crecimiento económico débil conlleva tipos de interés más bajos, de modo que las acciones y los activos de riesgo suben; el crecimiento económico fuerte significa balances saludables tanto para las corporaciones como para las viviendas, de modo que las acciones y los activos de riesgo suben. El fortalecimiento del dólar supone que los extranjeros aprecian los activos de Estados Unidos, los cuales, en consecuencia, suben; si, en cambio, el dólar pierde valor, se benefician los exportadores y, por tanto, la economía, de modo que los activos suben. Con este tipo de interpretaciones sesgadas, ninguna noticia frustra por mucho tiempo el espíritu animal, así que a mediodía el mercado de valores, celebrando la inmediata caída de los tipos de interés, ha comenzado a subir, y a subir con fuerza. Al final del día, el S&P está un 3 % más alto. Scott está fascinado por su sistema de gestión del riesgo electrónicamente incorporado a las pantallas, pues calcula en tiempo real el P&L tanto de sus contratos de S&P como de su operación de *spread* con acciones y bonos, y hacia el final del día no puede mantener la calma, pues las cifras trepan a casi 15 millones de dólares, lo que lleva su ganancia del año a cerca de 32 millones hasta el día de hoy, más que todo lo que ha conseguido en su mejor año completo.

Las noticias transportan a Scott a otra realidad. Cada una de sus predicciones se ha cumplido, cada uno de sus negocios ha dado ganancias. Hay que ser una persona serena para no verse afectada por un continuado triunfo de esta magnitud, y Scott, en principio, nunca estaba demasiado sereno. Él y algunos otros han ascendido hoy al reino de los Amos del Universo. Para él no hay nada imposible. Corren los rumores de su gran victoria y tanto los operadores como los vendedores miran tímidamente al nuevo héroe. Scott respira el ambiente del parqué, oye su tumulto y sus variadas fortunas, es decir, el auténtico sonido del mercado y toda la gloria terrenal. Tras agradecer los elogios de sus pares y las indirectas de los directivos, que considera merecidos, se pavonea por el pasillo principal del parqué, adecuadamente conocido en muchos bancos como el Paseo del Pavo Real, y se marcha hacia la noche de Nueva York, centelleante de oportunidades.

En la antigua Roma, cuando un general había logrado una gran victoria, se le dedicaba un triunfo, que era un desfile ceremonial por el centro de la ciudad. Pero los antiguos eran inteligentes; para impedir que la *hybris* del general arruinara su carrera, colocaban en su carro a un esclavo cuya tarea consistía en susurrar al oído del general el recordatorio de que no era un dios. «Recuerda esto», advertía el esclavo, «eres mortal.» Para dejar más claro aún el mensaje, sostenía una calavera donde el general no podía evitar verla, un *memento mori*, una intensa señal de su destino inevitable. Pero, por desgracia, ningún *memento mori* de este tipo existe en los bancos, de modo que muy poco es lo que puede atar a un operador triunfante a patrones terrenales de prudencia.

En los meses siguientes, el P&L de Scott abre nuevos terrenos, subiendo a casi 45 millones de dólares, cifra que bien podría ascender a los 60 millones a fin de año, lo cual lo pondría en condiciones de cobrar 8 millones de prima. A pesar de su racha ganadora, decide cancelar sus 6.000 contratos sobre índices de acciones. Esa decisión no proviene de un atípico momento de prudencia. Scott sigue creyendo en el negocio, sigue pensando que el mercado en ascenso tiene aún miles de kilómetros por recorrer, pero se desliga de parte de sus riesgos por una razón muy importante. Se acerca agosto, y esto significa que es el momento de trasladar la juerga de Wall Street a los Hamptons, donde Scott puede jugar, divertirse y fanfarronear con los otros héroes de las finanzas. Pese a la ininterrumpida corriente de estadísticas que describen un empeoramiento de la economía, que Scott y otros se las han arreglado para ignorar, deja su posición de *spread* –la conversión de acciones en bonos es una máquina de hacer dinero, así que hay que dejarla que continúe imprimiendo– en manos de sus asistentes.

Mientras conduce por la autopista, a medida que la descontrolada extensión urbana de Queens y de la baja Long Island da paso a los pinos, la arena de color naranja y el zumbido cada vez más intenso de las cigarras, Scott se desprende de las preocupaciones del trabajo. Es pleno verano. El momento tranquilo del año. Scott se regodea con la idea de que éste es uno de los últimos veranos que necesita alquilar, la última vez que comparte. En los años venideros tendrá en la playa su casa propia, una de esas maravillosas mansiones estilo Tudor de la década de 1920, con entramado de madera y un aura de exclusividad casi de otro mundo.

7. RESPUESTA DE ESTRÉS EN WALL STREET

A veces, parece que cuando el mundo, sin saberlo, se acerca al borde del abismo, la naturaleza conspira para prolongar un verano particularmente magnífico, como si quisiera prevenir el inminente desastre o poner de relieve la ironía de que futuros historiadores lo consideren su preludio. Tomemos, por ejemplo, el idílico verano de 1914 a finales de los elegantes e inconscientes años que condujeron a la Primera Guerra Mundial y que se conoce con la nostálgica denominación de Verano Eduardiano, o el otoño neoyorquino de 1929, cuando una ola de calor persistía incluso después del regreso de los veraneantes de la playa.

Así fue también este septiembre en que Martin, Gwen, Scott y Logan se van reincorporando al trabajo, bronceados, tonificados y listos para el asalto final a la época de las primas, pese a que el veranillo de San Martín no renunciaría a sus aguas tranquilas y sus días dorados.

«RISK ON, RISK OFF»

Sin embargo, para Logan las vacaciones de verano no fueron tan tranquilas como había esperado. Muchas veces su mujer lo había sacado del agua haciéndole señales con el móvil en la mano. Logan tenía que dedicar entonces una o dos horas a hablar con la mesa de operaciones, pues el mercado para el que Logan trabaja, el de bonos con garantía hipotecaria, pasó el mes de agosto montado en esa auténtica montaña rusa en que se había convertido Coney Island, a causa de las preocupaciones por el valor crediticio de los propietarios inmobiliarios y los prestamistas hipotecarios, que subían y bajaban con creciente intensidad.

Los bonos con garantía hipotecaria consisten en un gran número de hipotecas inmobiliarias individuales que han sido reunidas y utilizadas como un único bono –titulizadas, como se dice en la jerga bancaria– y vendidas a los inversores. Muchos aspectos las diferencian de los bonos del Tesoro. En efecto, si compramos bonos del Tesoro a diez años y al 5 % con una inversión de, pongamos, 10.000 dólares de nuestros ahorros, recibiremos pagos en concepto de intereses anuales de 500 dólares y, al expirar los diez años, recuperaremos los 10.000 dólares, completos. Contamos con la promesa del gobierno de Estados Unidos (aunque últimamente hay quienes han puesto en cuestión esa promesa). Los bonos hipotecarios, en cambio, son devueltos por los propietarios inmobiliarios, de quienes cobramos anualmente intereses a medida que pagan sus hipotecas y, en teoría, recuperamos nuestro dinero a los diez años, si es que las hipotecas que garantizan los bonos vencen en ese plazo (la mayor parte de las hipotecas norteamericanas vencen a los treinta años). A los diez años podemos recuperar todo el dinero, o muy poco si los propietarios no pueden devolver el dinero que han tomado en préstamo. Por esta razón, los bonos con garantía hipotecaria exponen a un riesgo mayor de perder el dinero que los bonos del Tesoro y, en consecuencia, tienen que ofrecer mayores beneficios para que los inversores se sientan atraídos y los compren. Durante gran parte de este año han tenido que ofrecer alrededor del 6,10 % de interés, 1,10 % más que los bonos del Tesoro al 5 % a diez años. En este nivel consiguieron tentar a los inversores; y toda vez que el rendimiento de los bonos hipotecarios era el 1,10 % superior al de los bonos del Tesoro, los inversores decidieron rápidamente comprarlos.

Sin embargo, durante la primavera y el verano, el modelo cambió: el mercado hipotecario se debilitó y, aunque ofrecía mayores beneficios, los compradores habituales no aparecían. Circulaban rumores acerca de que los propietarios inmobiliarios tenían problemas financieros y no podían realizar sus pagos mensuales; los desahucios crecieron rápidamente y un par de grandes prestamistas hipotecarios quebró. Los inversores comenzaron, con razón, a temer que no recuperarían el dinero que habían prestado a los propietarios de inmuebles. El resultado de ello fue que el rendimiento de los bonos hipotecarios subió y ahora ofrecen un buen 1,60 % por encima de los del Tesoro, lo cual les confiere un atractivo como hacía años que no tenían.

Agosto había deparado algunos momentos de mucho miedo, pero a mediados de septiembre el pánico del mercado hipotecario ha amainado. Los operadores sopesan los elevados rendimientos de los bonos hipotecarios y los encuentran atractivos. En cuanto a Scott, piensa que a ese precio son una ganga. Cuando él y Logan no están jugando a tirarse una pelota de tenis se están lanzando ideas sobre negocios, así que en uno de estos intensos intercambios de ideas deciden recargar el riesgo del crédito. Logan opta por una operación de *spread* mediante la compra de bonos con garantía hipotecaria y la venta en corto de bonos del Tesoro como cobertura. Espera que el precio de las hipotecas suba en relación con el de los bonos del Tesoro, pero –y en esto reside el verdadero atractivo de la operación– mientras espera que esto suceda, recibe un interés del 6,6 % sobre sus hipotecas contra una pérdida de sólo el 5 % en los bonos del Tesoro que no posee. En otras palabras, está cobrando un interés de forma casi gratuita. Es una posición muy atractiva, de modo que cuando los operadores pierden el miedo a la falta de pago de los propietarios inmobiliarios, se lanzan a estas operaciones de *spread*, lo que sube aún más el precio de las hipotecas en relación con el de los bonos del Tesoro.

Lo que ocurre en la mesa de las hipotecas ocurre también en todas las mesas del parqué que operan con títulos sensibles al crédito. También allí los operadores compran bonos corporativos, bonos basura y bonos de gobiernos de mercados emergentes y venden bonos del Tesoro contra ellos. Scott, por su parte, ha restablecido su posición larga en valores. El problema está en que cuando irrumpe la crisis, todas estas operaciones tienen la desagradable costumbre de saltar todas juntas por los aires; su comportamiento crece y decrece con el apetito de crédito y de riesgo en general. Recientemente, los periodistas han bautizado este sube y baja de los mercados financieros como *«risk on, risk off»*, que designa la alternancia de la actitud optimista con disposición a asumir riesgos *(risk on)* y la actitud pesimista de procurar evitarlos *(risk off)*.

A mediados de septiembre se está en *risk on*. Después de varios años de un frenético mercado al alza, el entusiasmo no se esfuma fácilmente por unas pocas estadísticas desfavorables de la plaza inmobiliaria. En realidad, durante los últimos diez años –diez no, veinte años– todo miedo en el mercado, toda liquidación de activos ha demostrado ser una oportunidad de compra y así es como los operadores perciben esta situación. Los antiguos hábitos de compra se autoafirman y durante las semanas siguientes el S&P de índice 500 alcanza una altura sin precedentes. Vuelven a contratarse *spreads* de crédito y los bonos hipotecarios repuntan casi 3 dólares en relación con los del Tesoro.

Envalentonados por el dinero ganado con los ladrillos y las hipotecas, Scott y Logan piensan ahora aumentar su exposición al mercado de crédito y se fijan particularmente en un segmento del mercado hipotecario que no se ha recuperado tanto como los otros: el mercado de bonos de hipotecas subprime. Se considera subprime o de segunda categoría a las hipotecas que toman personas que posiblemente tengan grandes dificultades para devolver el principal o incluso para realizar sus pagos mensuales. Por esa razón, esos bonos ofrecen a los inversores rendimientos considerablemente mayores. En lugar del 6-7 % de interés, ofrecen, en función de los riesgos de suspensión de pagos de las hipotecas suscritas, un tentador 10-15 %.

Scott no puede resistirse a tan altas rentabilidades y decide vender sus posiciones largas en acciones y comprar en su lugar estos bonos con dificultades, pensando que son títulos con más valor. Sin embargo, puesto que con frecuencia adolecen de falta de liquidez comercial, lo que significa que no son fáciles de comprar y vender, decide comprar un índice llamado ABX, que rastrea el precio medio de una cesta de hipotecas subprime exactamente de la misma manera que el índice 500 del S&P rastrea el precio medio de 500 acciones. El índice por el que se decide había sido originariamente de 100, pero ha caído a un precio básico negociable de 41, con una pérdida del 59 %. Scott compra lo que considera una modesta suma de este índice, 300 millones de dólares. Si los bonos caen a 37, que a su juicio es la peor perspectiva posible, perdería alrededor de 12 millones, pero cree que lo más probable es que en las próximas semanas los bonos suban a 55-60.

Logan odia quedarse atrás en oportunidades como ésta, así que compra hipotecas subprime, pero sólo por 100 millones de dólares. Ya tiene muchas hipotecas debido a su operación de *spread* y considera que, en su condición de operador de flujo hipotecario, está continuamente comprando hipotecas a los clientes, muchas veces más de lo que él querría. Logan cree en el negocio, pero no establece una posición más importante, aun cuando en muchas otras ocasiones lo ha hecho, en particular porque ya estamos en octubre y el año fiscal se acerca a su fin. Su año de P&L hasta la fecha lo coloca en unos cómodos 20 millones de dólares, lo cual le supone la posibilidad de cobrar una apetitosa prima de tal vez 4 millones de dólares. ¿Para qué poner en peligro este P&L con el año tan avanzado? El momento de volver a asumir grandes riesgos es enero, pues si uno fracasa entonces, tiene el resto del año para recuperar el dinero. A finales de otoño —es lo que piensan casi rodos los operadores— lo adecuado es navegar sin prisa hasta llegar a puerto.

Además, las dos semanas siguientes pueden llegar a resultar particularmente peligrosas para emprender una operación con hipotecas, y Logan lo sabe. Está programada la publicación de una serie de informes económicos que el mercado espera con ansiedad, informes que darán a conocer las ventas de viviendas en Estados Unidos —el índice de precios inmobiliarios de Case-Shiller—, el PIB de Estados Unidos y luego la última reunión de la Reserva Federal. Toda esta información arrojará luz sobre un mercado inmobiliario que muchos temen que esté horadando la economía norteamericana.

Desgraciadamente, en las semanas siguientes los temores de los operadores resultaron plenamente justificados. Las noticias son realmente malas. Más aún, son espantosas. Las ventas de viviendas ya edificadas ha caído casi el 8 % en un mes, y el índice Case-Shiller muestra su mayor caída de la historia, con una disminución del 8,5 % en los precios de la vivienda. Las noticias sacuden un mercado ya tambaleante debido al récord de suspensiones de pago de las hipotecas subprime. Scott y Logan empiezan a perder dinero en su posición hipotecaria casi a partir del mismo día en que la constituyen, y pronto el índice ABX está a 37, lo que significa que el peor panorama previsto de 12 millones de dólares de pérdida es ya una realidad.

Logan está furioso consigo mismo por perder tanto dinero a final del año y aterrorizado por el sesgo que está tomando el negocio de las hipotecas. En el equipo de ventas sólo ve ventas, de modo que cierra su posición de subprime y se centra en tratar de cubrir todas las hipotecas que los clientes siguen vendiéndole.

Sin embargo, Scott no se desespera, porque otros mercados parecen ser más optimistas acerca de las estadísticas económicas. Las acciones y los bonos de las empresas se toman las noticias con calma, compensan algo, pero básicamente se mantienen firmes. Operadores ansiosos, incluido Scott, interpretan esta solidez como una señal de que lo peor ya ha pasado, de que la economía debería empezar a mejorar. Tal interpretación se ve fortalecida al día siguiente, 31 de octubre, cuando el informe del PIB muestra que la economía norteamericana continúa creciendo a paso firme, pese al bajón del mercado inmobiliario. Para poner el broche final a todo esto, la Reserva Federal baja los tipos de interés un cuarto de punto y declara en un comunicado de prensa que «el crecimiento económico fue sólido en el tercer cuatrimestre y que las tensiones en los mercados financieros han aflojado. A los operadores montados en la ola del optimismo todo esto les transmite el siguiente mensaje: el mercado alcista ha regresado. Las acciones vuelven a repuntar a sus antiguas alturas y los bonos del Tesoro se liquidan, pues los inversores, envalentonados, se aventuran fuera de sus refugios seguros. Las hipotecas no participan en la subida, lo que es desconcertante, pero, teniendo en cuenta el vigoroso crecimiento de la economía y la confianza de la Reserva Federal, los operadores tienen la sensación de que en este mercado el nuevo tirón es sólo una cuestión de tiempo. En el parqué es palpable el alivio.

Hacia el final del día, la excitación que se ha estado incubando en el mercado se traslada a las celebraciones de Halloween y al anochecer que espera. En una o dos mesas se han puesto calabazas, en otra una lápida, y todo el mundo espera ansioso acompañar a sus hijos a pedir caramelos por las casas o asistir a un baile de disfraces, pues en esta época del año Manhattan parece un plató para *La noche de los muertos vivientes*. Pero, apenas cerrado el mercado, antes de que empiece la fiesta sucede algo completamente inesperado. Wall Street tiembla cuando una noticia salta al margen de los programas previstos. Un analista de un banco de inversión canadiense ha rebajado su evaluación de las futuras ganancias del Citibank, y con duras palabras hace mención a su inventario de malos préstamos hipotecarios. Un analista, un banco, y para colmo canadiense... ¿Qué importa? Sin embargo, en las horas siguientes la noticia ronda por el mercado como un fantasma que le amarga la noche entera.

En todo caso, ¿qué pasa con octubre? ¿Por qué es siempre el mes más temible para las acciones? Casi todos los cracs de los que hablan los libros de historia, al menos los que han tenido lugar en Estados Unidos o el Reino Unido, se han producido en otoño, y la mayoría de ellos en octubre. El pánico de 1907, el crac de 1929, el lunes negro de 1987, el crac de 1997 (relacionado con la crisis financiera asiática), las crisis de 2007 y de 2008 (relacionadas con las crisis de crédito), todos se produjeron en octubre. En el siglo XIX y a comienzos del XX se pensaba que las crisis se daban en otoño porque los productores agrícolas, necesitados de dinero en efectivo para la cosecha, retiraban su dinero de los bancos provocando así el pánico bancario y el hundimiento de

236

las bolsas.[1] Tal vez este modelo haya perdurado en nuestro inconsciente colectivo. Pero yo quiero proponer otra posibilidad. En muchos animales, los niveles de testosterona fluctúan con el transcurso del año, y en los seres humanos estos niveles aumentan hasta otoño y luego caen hasta primavera.[2] Este descenso otoñal de la testosterona puede conducir a los animales a un estado conocido como «síndrome del macho irritable», que se caracteriza por el mal humor, el retraimiento y la depresión.[3] Así las cosas, podría ser —sólo presento la idea como una posibilidad— que en otoño los espíritus animales de los operadores cedan ante el fantasma, la toma de riesgos se debilite y, en consecuencia, el mercado de acciones baje. En esta línea de pensamiento señalaría yo otra peculiaridad de los mercados de valores: su observada tendencia a superarse en los días soleados[4] y a presentar un mal comportamiento durante los meses de invierno, efecto que algunos han atribuido al trastorno afectivo estacional.[5] Tal vez también la causa de esto pueda rastrearse hasta los niveles de testosterona, ya que éstos aumentan con el brillo del sol[6] y declinan en los meses de invierno. Pasto para la reflexión.

A la mañana siguiente, cuando los operadores vuelven al trabajo, muchos de ellos con resaca, la sensación que se tiene del mercado es otra. Es como si la acumulación de malas noticias, cada una de ellas descartable por sí misma, hubiera llegado a una masa crítica. Las acciones comienzan el día con mala disposición. Otra vez hay demanda de bonos del Tesoro y las hipotecas parecen tambalearse. Shen habla por encima del tumulto para dar un tono positivo a las noticias y declara que el banco considera que si bien es cierto que el mercado inmobiliario está en mala situación, las exportaciones y la producción industrial se mantienen firmes, de modo que no espera demasiados daños para el PIB. Le sigue Martin, quien espera que los bonos del Tesoro continúen subiendo, pues los problemas de crédito sólo están en sus comienzos. Una tensión nerviosa agita el parqué. Los operadores están con los nervios de punta, alertas, sensibilizados ante las malas noticias.

Y entonces salta la liebre. Muy poco después del comentario

de Martin, dos nuevos anuncios aparecen en las pantallas. Los operadores y el personal de venta quedan paralizados cuando los leen. Analistas del Morgan Stanley y del Credit Suisse también han rebajado la calificación del Citibank y confirman la extensión del daño que éste ha sufrido. En este momento todo Wall Street se da cuenta de lo que está sucediendo. El mercado inmobiliario de Estados Unidos se está despeñando al abismo y arrastra consigo a todo el sistema bancario. Nadie en el parqué, ni siquiera la mente más pesimista, se ha imaginado nada parecido. Primero un vuelco momentáneo..., después una estruendosa y desesperada confusión. Shen trata de comentar algo por el altavoz, pero su voz es ahogada por los gritos de los vendedores de todo el mundo que ofrecen bonos con garantía hipotecaria, bonos corporativos o cualquier cosa con riesgo crediticio; otros hacen llegar a Martin y Gwen, en grandes magnitudes, ofertas sobre bonos del Tesoro. Martin, que aún domina con firmeza el freno vagal, hace una pausa antes de indicar cualquier precio y observa que el mercado hipotecario cae como un cuchillo, mientras que los bonos del Tesoro suben medio punto. Una vez que se hace una idea del movimiento de los precios, Martin, como un hábil policía de tráfico, abre rápidamente paso a una larga cola de clientes que esperan. A medida que la volatilidad aumenta, Martin y Gwen ocupan el centro de la escena como los dos únicos operadores del parqué que ganan dinero.

Scott, por su parte, mira fijamente su pantalla, aturdido. Tiene muchos bonos hipotecarios subprime, que han caído 2 dólares y sin ninguna operación en su descenso. Ha perdido 6 millones de dólares, y eso además de la sangría de 12 millones de la semana pasada. En lo profundo de su mente, antiguos circuitos registran la anomalía y su nocividad. A partir de este momento, el cuerpo y el cerebro de Scott comienzan a experimentar cambios de gran alcance cuando entra en funcionamiento una vasta red de circuitos eléctricos y químicos. Su amígdala, centro emocional del cerebro, ha clasificado este acontecimiento como particularmente peligroso y ha disparado la fase inicial de lo que se denomina «respuesta de estrés».

La respuesta de estrés es un cambio rápido en el cuerpo y en el cerebro para pasar de las funciones cotidianas a un estado de emergencia. Su origen es la necesidad de afrontar amenazas físicas inminentes, como un encuentro accidental con un puma mientras se busca comida en el bosque. Como preparación para un esfuerzo muscular excepcional, ya sea luchar por nuestra vida, ya correr a la velocidad del rayo para salvarnos, el cuerpo se arma de toda la glucosa y todo el oxígeno que puede, mientras desactiva funciones del cuerpo a largo plazo y con gran coste metabólico. La respuesta de estrés es una experiencia irresistible que se ha demostrado esencial para mantenernos con vida a lo largo de la evolución. Sin embargo, como veremos, mientras que la respuesta de estrés es útil cuando nos hallamos ante un puma, puede resultar muy contraproducente cuando estamos sentados en la oficina. Lo cierto es que el estrés del lugar de trabajo proporciona una vivaz ilustración de que el cuerpo puede tener un plan propio para gestionar una crisis, plan sobre el cual es muy escasa nuestra capacidad de control consciente.

La respuesta de estrés se despliega en varias etapas: dos rápidas, que emplean impulsos eléctricos, y dos lentas, que emplean hormonas. En primer lugar, la amígdala debe registrar el peligro y enviar señales eléctricas de advertencia a otras partes del cuerpo y del cerebro, proceso rápido que tiene lugar en cuestión de milisegundos. En segundo lugar, las señales eléctricas que envía la amígdala a órganos viscerales como el corazón y los pulmones a través del tronco cerebral aumentan la frecuencia cardíaca, la presión arterial y el ritmo de la respiración. Estas señales comienzan a ejercer sus efectos en menos de un segundo, aunque el alcance total de los mismos puede prolongarse un poco más. Las respuestas eléctricas iniciales en el cuerpo y en el cerebro son rápidas como el rayo y, si cumplen su cometido, nos ponen fuera de peligro. Pero son tremendamente costosas desde el punto de vista metabólico, así que en caso de no disponer de más combustible, en muy poco tiempo se agotan. Este combustible es proporcionado por respuestas hormonales más lentas, como la adrenalina, que requieren segundos, o incluso minutos, para producir sus efectos. Estas primeras etapas de la respuesta de estrés constituyen la respuesta de «lucha o huida». Esta respuesta, como ya hemos visto, se desencadena ante cualquier situación que requiera una movilización rápida de energía y atención. El lobo hambriento a la caza del alce y el alce aterrorizado que corre para salvar su vida experimentan la misma respuesta de lucha o huida. Lo mismo hacen Martin y Scott, aun cuando uno controla la situación y el otro no. A este respecto, Martin y Scott no se diferencian del lobo y el alce, del depredador y la presa.

Sin embargo, la fisiología de Martin y la de Scott difieren en la etapa final de la respuesta de estrés. Si una crisis se prolonga más allá de una respuesta de lucha o huida, la corteza de las glándulas suprarrenales, llamada córtex o corteza suprarrenal, secreta cantidades de cortisol en constante crecimiento. El efecto de esta hormona, la gran arma que dispara la respuesta de estrés y que entra en acción para darnos soporte en un esfuerzo más sostenido, se prolonga durante minutos u horas, incluso días. El cortisol tiene poderosos efectos sobre el cerebro y la salud, de modo que mientras Martin experimenta incrementos moderados de esta hormona y se beneficia de sus efectos vigorizantes, Scott tiene que sufrir niveles cada vez más elevados de ella, lo que le altera el juicio.

Observemos detenidamente cada una de estas etapas de la respuesta de estrés tal como se despliega cuando Scott reacciona ante la pérdida de dinero a que lo conduce su posición en el mercado. En primer lugar, necesita tomar conciencia del peligro al que se enfrenta, para lo cual tiene que procesar la información que le llega a raudales por los ojos y los oídos. Una de las primeras regiones del cerebro que le ayuda en esto es el llamado tálamo (véase la figura 10), situado aproximadamente en la intersección de las líneas que se proyectan desde los ojos y las orejas hacia el interior del cerebro. La función del tálamo es dar forma a las visiones y los sonidos que entran en el cerebro para que unas y otros puedan ser interpretados, de la misma manera que es preciso formatear los datos para que una computadora pueda leerlos. Lo importante es que este proceso de formateado que realiza el tálamo es rápido e impreciso, pues su resultado es una imagen brumosa y poco desarrollada o un verdadero galimatías. En el caso de una señal visual, por tanto, el tálamo envía una imagen borrosa al córtex sensorial, donde esa imagen sufre un proceso por el cual queda focalizada y, por tanto, es posible analizarla racionalmente. No obstante, al mismo tiempo que realiza esta tarea, el tálamo transmite una imagen poco definida también a la amígdala, donde es rápida y provisionalmente evaluada para descubrir su significado emocional: *¿Es una imagen de algo que me gusta? ¿Es algo de lo que deba tener miedo? ¿Debería sentirme feliz, triste, atemorizado o rabioso?*

¿Por qué razón querríamos evaluar el significado emocional de una imagen talámica que apenas podemos distinguir? Porque es un proceso rápido. Como hemos visto, el cerebro establece un inevitable intercambio de compensaciones entre velocidad y precisión y, en caso de emergencia, escoge la velocidad del procesamiento preconsciente. Si, por ejemplo, durante una excursión por el bosque vemos moverse un objeto oscuro, podría tratarse de una sombra que proyecta el balanceo del follaje o bien de un oso. Con tiempo, el cerebro racional establece cuál de esas dos cosas es, pero eso lleva unos preciosos segundos que, en el caso de tratarse de un oso, marcan la diferencia entre escapar por los pelos o no escapar en absoluto. Por eso el cerebro ha desarrollado lo que Joseph LeDoux ha denominado la vía alta y la vía baja para el procesamiento de información: el circuito tálamo-córtex es la vía alta, lenta, pero precisa; el circuito tálamo-amígdala, que no puede distinguir entre una sombra y un oso, es la vía baja, pero rápida.[7] Con la ayuda de la vía baja, primero reaccionamos y luego nos calmamos, para sentirnos un poco ridículos, en el caso de tratarse de una falsa alarma, por habernos dejado asustar tanto por el simple balanceo de unas hojas.

Así, cuando aparecen en las pantallas los pésimos informes de los analistas, el primer asombro de Scott es procesado por su amígdala, que silenciosa, estúpidamente, registra: esto es malo.

Luego la amígdala pasa la mala información al locus coeruleus y al tronco cerebral. Éste, alarmado por el toque de clarín de la amígdala, acelera una respuesta de lucha o huida que ya había sido activada, aunque a niveles bajos, antes de que se dieran a conocer las cifras del negocio inmobiliario. Recapitulemos lo que sucede y agreguemos más detalles.

Los impulsos eléctricos corren por el nervio vago y los nervios de la espina dorsal de Scott hacia el cuerpo, donde estimulan el sistema respiratorio y el sistema cardiovascular. Al bombear la sangre extra necesaria para alimentar una lucha a muerte o una fuga por el bosque, la frecuencia cardíaca se acelera y con ella sube la presión arterial. El aumento del flujo sanguíneo es selectivamente dirigido a la dilatación de las arterias de los músculos esqueléticos y la mayor dotación sanguínea a los grandes grupos musculares de los muslos y los brazos. Al mismo tiempo, las arteriolas –pequeñas arterias– de la piel se contraen para reducir la hemorragia en caso de herida, lo que se traduce en una sensación de frialdad y humedad en la piel y palidez en el rostro. También se contraen los vasos sanguíneos del estómago, pues en ese momento la digestión no es necesaria, y eso produce una molesta sensación de vacío en el estómago. La respiración se acelera a medida que los pulmones tratan de proporcionar suficiente oxígeno para el incremento del flujo sanguíneo. La piel comienza a sudar, lo que enfría el cuerpo de Scott incluso antes del inicio del esperado esfuerzo físico; lo mismo ocurre en las palmas de las manos y las plantas de los pies, reminiscencia tal vez de un período primitivo de la evolución en el que escapar implicaba cogerse de lianas o ramas. Las pupilas se dilatan para captar más luz. La salivación se detiene para conservar agua, lo que hace que Scott tenga la boca seca. En casos de miedo extremo, pueden contraerse también los músculos pilierectores situados en la raíz de los pelos del cuerpo, lo que da la impresión de que los pelos se apoyan sobre un extremo o, donde no son suficientemente largos, presenten el aspecto conocido como carne de gallina.

Tal es la rapidez con que se producen estos cambios fisiológicos, que la conciencia de Scott queda muy por detrás de ellos y desempeña un papel insignificante en su primera reacción corporal. Pasado un momento, el cerebro racional se pone a la altura y, lamentablemente, confirma la evaluación rápida e imprecisa de la amígdala: efectivamente, es una situación malísima. Más o menos al mismo tiempo, la fase hormonal de la respuesta de lucha o huida ha comenzado con la liberación de adrenalina. Cuando la adrenalina empieza a fluir por los vasos sanguíneos, moviliza las reservas de energía necesarias para sostener la respuesta de lucha o huida, lo que en gran parte consigue descomponiendo el glucógeno (molécula que se utiliza para almacenar azúcares) del hígado y convirtiéndolo en glucosa. La adrenalina también aumenta la coagulación sanguínea, de modo que, en caso de heridas, la sangre coagulará enseguida. Como protección adicional contra la herida, el sistema inmunológico inyecta células asesinas naturales en el torrente sanguíneo para combatir cualquier infección que pudiera producirse.

Scott necesita pensar claramente en su posición y en el mercado, pero, extraña e inadecuadamente, el atavismo de su cuerpo lo ha preparado para luchar con un oso o escapar a él. Desde este punto de vista, la respuesta de estrés es prehistóricamente torpe. No distingue muy claramente entre la amenaza física, la fisiológica y la social y dispara prácticamente la misma respuesta corporal a todas ellas. De esta manera, la respuesta de estrés, tan valiosa en el bosque, puede resultar arcaica y disfuncional cuando se desplaza a la sala de negociaciones financieras o a cualquier otro lugar de trabajo, porque lo que entonces necesitamos no es correr sino pensar.

Hasta aquí, la respuesta de estrés de Scott, aunque ligeramente incómoda, no ha deteriorado seriamente su capacidad para manejar las pérdidas. Bajar 18 millones de dólares a fin de año es sin ninguna duda una mala noticia, pero Scott ya ha perdido y recuperado grandes sumas de dinero en otras ocasiones. Años de transacciones han hecho de él un tomador de riesgos resistente que en momentos como éste demuestra que es capaz de aguantar las antiguas e insistentes presiones que ejerce la respuesta de estrés y de negociar con eficacia.

LAS COSAS EMPEORAN EN LA SECCIÓN DE HIPOTECAS

Ahora los gestores de riesgos se arremolinan en torno a la mesa de arbitraje y miran por encima de los hombros de Scott. En segundo plano, llegan desde todo el parqué los rabiosos sonidos de planes frustrados: chillidos ahogados, palabrotas a voz en cuello, teléfonos destrozados. Logan ha sufrido un golpe particularmente duro y está en plena rabieta. Stefan, el jefe de la mesa de arb, absorbido por sus pérdidas en derivados, que llegan casi a 60 millones de dólares, convoca al grupo a un cónclave de urgencia. ¿Cierran sus posiciones y limitan las pérdidas de fin de año? ¿O las agrandan, con la esperanza de recuperar todo lo que han perdido e incluso ganar algo? Los operadores, con frases sin terminar, de estilo telegráfico, intercambian nerviosamente opiniones y acuerdan que el movimiento es exagerado. Los fondos de cobertura, razonan, han ido reduciendo hipotecas y desearán cubrirse tras un movimiento de esta magnitud; además, con el hundimiento del mercado inmobiliario, la Reserva Federal seguramente continuará bajando los tipos de interés, política que normalmente produce el alza de las hipotecas, los valores y otros mercados sensibles al crédito. A la espera de un rebote en cualquier momento, los operadores deciden agrandar sus posiciones. Los gestores de riesgos parecen preocupados, recordando que durante la crisis financiera asiática y la quiebra de Long Term Capital se utilizaron los mismos argumentos; no obstante, sobre la base de los rendimientos de la mesa en este año, dan su conformidad para que los operadores incrementen la magnitud de sus negocios. Otra vez, los gestores de riesgos se hallan en un callejón sin salida, pues si se niegan y luego el mercado se recupera, se los hará responsables de los beneficios perdidos.

Scott hace rodar su silla hasta la mesa y activa en su ordenador un instrumento de navegación en tiempo real. Se afirma que estos gráficos ayudan a los operadores a encontrar pautas en los salvajes zigzags de los precios de los mercados bursátiles. En particular, se supone que muestran lo que en los mercados –de hipotecas, de acciones, de divisas, de lo que sea– se conoce como «niveles de

244

soporte», o sea niveles de precio a los que se espera que los inversores entren a comprar, impulsando así los precios otra vez al alza.

Estos gráficos, como muchos han señalado y Scott sabe perfectamente, están diseñados y son vendidos por personas aclamadas por dudosos ambientes intelectuales: se supone que los niveles de soporte de los precios se rigen de acuerdo con los números de Fibonacci, una sucesión matemática perfectamente respetable que se encuentra en fenómenos naturales tales como el modelo en espiral de una concha marina. Pero, de un modo desconcertante, estas secuencias se han convertido en materia prima de la cultura popular, lo que ha dado como resultado novelas como *El código DaVinci*, con sus escalofriantes modelos ocultos. Estos gráficos rayan en el misticismo de los números, aunque hay bastante gente que cree que se han convertido en profecías de autocumplimiento. Scott, consciente del número de operadores devotos de estos gráficos, realiza una oferta de compra de otros 200 millones de dólares del índice hipotecario ABX a un precio de 34,00, el siguiente nivel de soporte importante, lo que llevaría su posición total a 500 millones de dólares. Cuando el mercado hipotecario se mueve hacia el derrumbe y lleva su pérdida del día a 9 millones de dólares, Scott está metido de lleno en su orden de compra. Con un vistazo a los otros operadores hipotecarios conjetura que también ellos han agregado valor a sus posiciones.

El mercado de valores baja rápidamente otro medio punto y, contagiadas por él, caen también las hipotecas, sorprendiendo al personal con un momento de desánimo, pero luego se estabilizan y recuperan los niveles que tenían cuando Scott las compró. Ahora Scott, junto con la mesa de arb, y detrás de ellos el poderoso parqué con sus mil personas, y detrás también los centenares de parqués similares de todo el mundo, espera el tranquilizador tirón del rebote del mercado. Y eso es lo que sucede durante un rato, pues las acciones, las hipotecas y los bonos de empresas recuperan provisionalmente la confianza, atraen compradores, y la incipiente subida toma impulso tras la expansión de un rumor según el cual la Reserva Federal hará al final del día un anuncio, sin duda para declarar su decisión de apoyar el mercado. Las hipotecas suben el 2 % y reducen las pérdidas de Scott. Sacudiendo involuntariamente las piernas como para estimular al mercado, Scott tiene la sensación de que la vieja magia ha regresado y percibe alivio en la mesa de arb. Si el mercado sigue subiendo como lo está haciendo en ese momento, Scott podría terminar efectivamente el día con ganancias.

Pero, después de una hora de lenta y trabajosa subida centavo a centavo, el alza se muestra poco convincente, provisional, no consigue afirmarse. Otros rumores empiezan a ensombrecer el panorama, rumores acerca de problemas de liquidez de los originadores de hipotecas, pérdidas en los fondos de cobertura, masiva reducción de activos sobre préstamos tóxicos en la banca, hundimiento del sistema bancario británico. Resultado: el alza se estanca. Pronto resurge la venta –un fondo común de inversión en el Medio Oeste, un fondo de cobertura en Zúrich, la mesa nocturna del Banco de Japón– y el altavoz estalla con los esfuerzos de los vendedores por encontrar ofertas sobre hipotecas y bonos corporativos. Flaquea la confianza y el mercado se hunde lenta e implacablemente, luego a mayor velocidad, atraviesa el nivel de soporte de 34 y el de 33,75 y en los cuarenta y cinco minutos siguientes se desploma a 33,05. Scott ha percibido rápidamente el cambio y ha tratado desesperadamente de vender su posición, pero las ofertas desaparecen antes de que pueda cogerlas, de modo que en media hora sus pérdidas han crecido tal vez a 16 millones de dólares, casi un tercio de lo ganado en el año. Ni siquiera entonces puede saber con certeza cuál es su P&L, pues los precios de las hipotecas suben y bajan de tal manera que nadie es capaz de asegurar dónde están. Tampoco él sabe cuál es su verdadera posición personal: ha operado a tal velocidad y de modo tan frenético que no puede estar seguro de que todas sus operaciones se hayan concretado, o que lo hayan hecho correctamente. Y ahora, aturdido, presa del pánico, con un sudor rancio que le mana de los poros, Scott observa hipnotizado cómo los valores mínimos escapan al mercado y son absorbidos en una espiral de muerte. En la caída, el precio oscila –32,50, 32,15, 32,27, 31,90, 31,35–, mientras se oye como en un sueño el estruendo de espanto del parqué y hacia media tarde, cuando los precios se han estabilizado, las agencias de noticias informan de que el ABX ha caído la cifra récord del 12 %. Cuando la oficina central confirma la posición de Scott, resulta que todavía tiene en su poder la mayor parte de sus bonos, que suman cerca de 415 millones de dólares. Los precios y las posiciones de su sistema de gestión de riesgos se estabilizan y, de mala gana, con temor, mira la cifra de P&L que figura en el ángulo inferior derecho de la pantalla de su ordenador y ahoga apenas un grito al comprobar que la pérdida es de 24 millones de dólares, casi todo el dinero que ha ganado en los últimos seis meses. La noticia estalla como una carga de profundidad en su cerebro, la respiración se le acelera, la presión arterial se dispara y los intestinos se licúan.

Cuando nos vemos atrapados en un acontecimiento terrible, el cuerpo da por supuesto que, para salvarnos, necesitamos correr a toda velocidad y, consecuentemente, deshacernos del exceso de peso expulsando compulsivamente la orina de la vejiga y, sueltas y acuosas, las heces del colon. Normalmente, cuando los desechos no digeridos dejan el intestino delgado, lo hacen en forma líquida; al pasar por el intestino grueso, el agua es reabsorbida para mantener el cuerpo hidratado y se produce una deposición seca. Pero si el colon se vacía rápidamente, no tiene tiempo para completar este proceso, de modo que las heces permanecen líquidas en su mayor parte. A medida que las pérdidas aumentan en el parqué, el observador advierte que el personal de operaciones, ansioso, acude apresuradamente a los servicios y que el de hombres comienza a exhalar el miedo y el hedor de un matadero.

LA RESPUESA DE ESTRÉS AL «BEAR MARKET»*

La amígdala de Scott, al registrar la gravedad de la situación, pone en marcha los grandes motores de la respuesta de estrés

---

* En el mundo de las finanzas, *Bear Market* (Mercado del Oso) es la denominación del mercado bajista, contrariamente al *Bull Market* (Mercado del Toro) o mercado alcista. *(N. del T.)*

inundando su cuerpo de cortisol. Ya había habido liberación de pequeñas cantidades de cortisol antes de la aparición de las noticias, lo que para Scott y los otros operadores había sido un toque de alarma. Pero los volúmenes que ahora se liberan, pulsación tras pulsación, son de tal magnitud que alteran la naturaleza de la respuesta de estrés y preparan el cuerpo y el cerebro de Scott para un largo asedio. Ahora los efectos del cortisol de Scott distan de ser placenteros. A partir de ese momento, sus intentos de mantener la sangre fría y la racionalidad se topan con las mismas dificultades que un estudiante que trata de terminar un examen en medio de un simulacro de incendio.

El proceso biológico es el siguiente: la amígdala transmite una señal al hipotálamo, región cerebral vecina que controla las hormonas corporales. El hipotálamo ordena a la pituitaria, glándula situada justamente debajo de él, que inyecte en la sangre un mensajero químico que recorra el cuerpo en busca de receptores en los que acomodarse. Muy pronto el mensajero los encuentra en la corteza suprarrenal y ordena a las células que produzcan cortisol. El cortisol, manando ahora de las glándulas suprarrenales, transporta un mensaje a zonas remotas de su cuerpo: la respuesta de lucha o huida tarda ya más tiempo del esperado, de modo que para mantener los niveles de energía requeridos por este maratónico combate suspende por completo las funciones corporales de larga duración y reúne todos los recursos disponibles, principalmente la glucosa, para su uso inmediato. La adrenalina ha iniciado este proceso, pero su acción es breve, así que ahora la reemplaza el cortisol, que mantiene elevadas la presión arterial y la frecuencia cardíaca y sustrae energía a la digestión, la reproducción, el crecimiento y el almacenamiento de energía.

El cortisol ralentiza la digestión mediante la inhibición de las enzimas digestivas y la desviación de sangre de las paredes del estómago. Además, inhibe la producción y los efectos de la hormona del crecimiento, lo que detiene el desarrollo en los adultos jóvenes sometidos al estrés. De modo decisivo, el cortisol también invierte los procesos anabólicos del cuerpo. Mientras que un

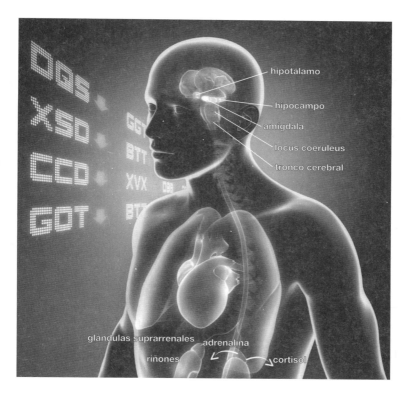

Figura 10. La respuesta de estrés. La fase inicial y rápida de la respuesta de estrés, llamada reacción de lucha o huida, es desencadenada por la amígdala y el locus coeruleus. Las señales eléctricas de la alarma de lucha o huida viajan por la médula espinal a todo el cuerpo, elevando la frecuencia cardíaca, acelerando la respiración, aumentando la presión sanguínea y liberando adrenalina del interior de las glándulas suprarrenales. La fase más prolongada de la respuesta de estrés involucra al hipotálamo, que, a través de una serie de señales químicas transportadas en la sangre, instruye a la capa externa de las glándulas suprarrenales para que secreten cortisol. Luego el cortisol ejerce amplios efectos tanto sobre el cuerpo como sobre el cerebro, pues les ordena prepararse para un largo asedio mediante la supresión de las funciones a largo plazo, como la digestión, la reproducción, el desarrollo y la activación inmune.

proceso anabólico construye reservas de energía, un proceso catabólico las descompone para su uso inmediato. El cortisol, como esteroide catabólico, bloquea los efectos de la testosterona y de la insulina y es la causa de que los depósitos de glucógeno se conviertan en glucosa, las células grasas en ácidos grasos libres –fuente de energía alternativa–, y los músculos en aminoácidos, que luego son desviados al hígado para convertirse en glucosa. El cortisol tiene otros efectos en la preparación para una crisis, pues deja en suspenso el tracto reproductivo mediante la inhibición de la síntesis de testosterona y esperma en los hombres y del estrógeno y la ovulación en las mujeres.

Finalmente, en caso de que la crisis termine con lesiones, el cortisol cumple la función de un poderoso antiinflamatorio, uno de los más eficaces que conoce la medicina. En su tarea de prepararnos para la lesión, el cortisol cuenta con la ayuda de otro poderoso conjunto de sustancias químicas llamadas endorfinas –tipo de opiáceo responsable, según algunos, de la legendaria excitación del corredor–, liberadas en el cuerpo y el cerebro durante el estrés crónico como analgésico que amortigua la sensación de dolor. Los efectos de estos analgésicos naturales se observan ocasionalmente en el campo de batalla, cuando los soldados heridos continúan luchando sin apercibirse del daño que han sufrido.

Martin se entera de las pérdidas de Scott y, echando una mirada al pasillo, le aconseja: «Esto es un tren de mercancías; no te pongas en el camino.» Prudentemente, Scott escucha el consejo, y en el curso de la tarde, mientras trata de vender los restos de su posición mal concebida, sus niveles de cortisol siguen subiendo. Él y Martin están pasando por experiencias muy distintas, pues mientras que a éste la volatilidad lo entusiasma, a Scott lo hunde. En realidad, los operadores del parqué –en función de su fisiología, experiencia profesional y exposición a los mercados de crédito– presentan diferentes respuestas físicas a la volatilidad. Scott, que está hecho polvo, es víctima de una respuesta de estrés de gran intensidad. Gwen prospera sobre las olas y mantiene una respuesta de lucha o huida relativamente suave, con moderados y tonificantes niveles tanto de adrenalina como de cortisol, no más elevados que los habituales durante un partido de tenis normal; mientras que Martin, que cuenta con la ventaja de una fisiología curtida y años de experiencia, no ha necesitado hoy mucho cortisol, ni siquiera grandes dosis de la respuesta de lucha o huida, de modo que su nervio vago se ha limitado a levantar el freno en el corazón y los pulmones para que la indolencia naturalmente poderosa de su cuerpo le permita atravesar la tarde sin el más leve sudor. ¡Qué suerte la suya!

¿Cómo lleva a cabo esta milagrosa proeza el freno vagal? Cuando estamos en una situación relajada, pongamos que leyendo un libro, la respiración y la frecuencia cardíaca funcionan indolentemente a bajas velocidades. Pero, a diferencia de un coche, nuestra frecuencia cardíaca del corazón en reposo corresponde al funcionamiento natural del corazón, que es considerablemente más rápido, situándose entre la indolencia −lenta− y la aceleración a fondo. El corazón no adopta el funcionamiento natural porque el nervio vago, al aplicar su freno, disminuye la frecuencia cardíaca y el ritmo respiratorio.[8] Si una emergencia nos saca de este estado de relajamiento, entra en acción el sistema nervioso de lucha o huida y aumenta la frecuencia cardíaca. Pero no lo hace por factores de estrés de poca importancia. Entre una frecuencia cardíaca en reposo y un grito de lucha o huida hay niveles intermedios de activación cardíaca, niveles controlados por el nervio vago. En la reacción a estresores poco significativos, el vago puede limitarse a aflojar su freno y permitir que el corazón se acelere por sí mismo. Es una forma de control del corazón mucho más suave y precisa y, desde el punto de vista metabólico, más eficiente, que lanzarse a una respuesta total de lucha o huida cada vez que se afronta un desafío. De hecho, confiamos a lo largo del día en estos ajustes vagales instantáneos del corazón y reservamos la aceleración de la lucha o huida para los momentos de verdadero peligro. Es un ardid maravilloso. ¡Qué alivio es dejar que el nervio vago, como un ayudante de confianza, gestione estos inconvenientes poco importantes sin causarnos un solo instante de preocupación! La élite fisiológica disfruta de estos beneficios en grado mayor aún; tan bueno es el tono vagal de estos individuos, que cuando afrontan un desafío importante no necesitan demasiado cortisol ni mucha adrenalina para gestionarlo, pues pueden limitarse a liberar su freno vagal. Martin tiene la suerte de pertenecer a esta élite fisiológica.

Pero no ocurre lo mismo con Scott. La crisis a la que hace frente hoy exige muchos más recursos de los que su organismo puede proporcionar en estado de reposo, de modo que ha iniciado una poderosa respuesta de estrés. La oleada de hormonas del estrés que ahora lo abruma no ha sido provocada únicamente por la gran cantidad de dinero perdido, sino también por la desconcertante volatilidad del mercado. Volatilidad significa incertidumbre y la incertidumbre puede producir en nuestro cuerpo un efecto tan vasto como el daño real, hecho de enorme importancia para la comprensión del estrés en la vida moderna.

En los primeros años de investigación del estrés, algunos científicos, como Hans Selye, un húngaro que trabajó en la McGill University en la década de 1950, creía que el cuerpo organizaba una respuesta de estrés defensivo en gran parte ante un daño real, como el hambre, la sed, la hipotermia, una herida, escasez de azúcar en sangre, etc.[9] Otros, entre ellos algunos psicólogos como John Mason, de Yale, observaron que el hipotálamo y las glándulas suprarrenales reaccionan más poderosamente a la expectación del daño que al daño propiamente dicho.[10] A partir de entonces, los investigadores han comprobado que hay tres tipos de situación que representan una amenaza y que provocan una masiva respuesta fisiológica de estrés: las caracterizadas por la novedad, la incertidumbre y la incontrolabilidad.

Consideremos en primer lugar la novedad. Cuando los científicos expusieron ratas a un escenario novedoso, colocándolas en una jaula nueva, los animales experimentaron una notable respuesta de estrés, con elevada corticosterona (la forma de cortisol de los roedores), aun cuando nada malo hubiera sucedido y ningún elemento del entorno presentara una clara amenaza para ellos.[11] Esta observación llevó a los científicos a sospechar que, en la vida natural, la respuesta de estrés era en gran medida de carácter preparatorio. Efectivamente, en situaciones nuevas no sabemos qué esperar, qué puede sucedernos, de modo que nuestras glándulas suprarrenales bombean adrenalina y cortisol, las hormonas del estrés, que a su vez aumentan la atención e incrementan la glucosa disponible con el fin de que el organismo esté listo para la acción.[12]

La incertidumbre afecta también poderosamente a la secreción de cortisol. En una serie de inquietantes experimentos realizados en la década de 1970, los endocrinólogos John Hennessey y Seymour Levine descubrieron que la respuesta de estrés de un animal a una descarga suave (nada peligroso, sino sólo lo justo para hacerle retirar la pata) dependía más del ritmo temporal del susto que de su magnitud. Si se administraba una descarga a intervalos regulares y previsibles, o si se anunciaba con un sonido audible, después del experimento el animal tenía niveles de cortisol normales o ligeramente elevados. Pero si se alteraba el ritmo de las descargas, de tal modo que fueran imprevisibles, los niveles de cortisol del animal subían. Cuando la cadencia de las descargas se aproximaba a la total aleatoriedad, lo que significa que eran absolutamente impredecibles, los niveles de cortisol alcanzaban los registros máximos. Los animales recibían la misma magnitud objetiva de descarga en cada experimento, pero mostraban acusadas diferencias en las respuestas de estrés. La incertidumbre acerca del momento en que se produciría la descarga provocaba más estrés que la descarga propiamente dicha.[13] Todos podemos reconocer semejante reacción, pues es la materia prima de las películas de terror: nos asustamos más cuando no sabemos dónde acecha el monstruo que cuando finalmente aparece y nos gruñe. Para decirlo más seriamente, es también un modelo de estrés que se cobra un pesado peaje en tiempos de guerra. Durante la *Blitzkrieg* de la Segunda Guerra Mundial, por ejemplo, los habitantes del centro de Londres estaban expuestos a bombardeos diarios previsibles, mientras que los del extrarradio lo estaban a raids intermitentes e imprevisibles, y fue precisamente en los suburbios donde los médicos comprobaron mayor incidencia de úlceras gástricas.[14]

También se ha estudiado la poderosa influencia de la incontrolabilidad en los niveles de estrés.[15] En una serie de lo que se ha dado en llamar experimentos de control «en yugo», se administraron descargas de la misma intensidad a dos animales, pero uno de ellos podía accionar una palanca para detener la descarga para ambos. En otras palabras, uno tenía el control; el otro no. Al final del experimento, ambos animales habían sido sometidos a idénticas magnitudes de descarga (de ahí lo de experimentos «en yugo») pero el animal que no tenía el control exhibía una respuesta de estrés más intensa que el que tenía acceso a la palanca.[16] En experimentos posteriores se comprobó que el poder de la palanca para reducir el estrés permanecía aun cuando estuviera desconectada y no produjera ningún efecto en absoluto. El control, e incluso la ilusión del control, puede mitigar la respuesta de estrés, mientras que la falta de control en una situación peligrosa provoca la más terrible respuesta de estrés.

La novedad, la incertidumbre y la incontrolabilidad se asemejan en que cuando estamos sometidos a ellas no tenemos tregua, pues estamos en constante estado de preparación. Son también las condiciones en las que los operadores pasan buena parte del día. ¿Afectan estas características del medio a los operadores de la misma manera que afectan a los animales? La respuesta es categórica: sí. Es la conclusión a la que mis colegas y yo hemos llegado tras finalizar nuestra serie de experimentos con operadores. Uno de esos estudios se analizó ya en los capítulos anteriores, en los que se describió los efectos de la testosterona sobre el P&L de los operadores. A lo largo del estudio, además de testosterona, recogí cortisol de los operadores y medí la incertidumbre a la que hacían frente calculando la volatilidad del mercado. Cuanto mayor era la volatilidad, razonamos, menos seguridad podían tener los operadores acerca del desarrollo del mercado en los días siguientes. Comprobamos que sus niveles de cortisol se elevaban sustancialmente con la volatilidad del mercado, lo cual demostraba que en realidad sus niveles de cortisol se incrementaban con la incertidumbre. De hecho, tan sensibles a la volatilidad eran los niveles de cortisol de los operadores, que

254

su relación con los precios de los derivados, los títulos que se empleaban para cubrir la volatilidad, resultaba notablemente estrecha. Este hallazgo aumenta la enigmática posibilidad de que las hormonas del estrés constituyan el fundamento fisiológico del mercado de derivados.[17]

También observamos la variabilidad de su P&L, que es un indicador de la medida del control que ejercen sobre sus negocios. También esto mostró que cuando la variabilidad del P&L aumentaba, lo mismo ocurría con los niveles de cortisol. Las fluctuaciones hormonales de los operadores, además, eran extraordinariamente grandes. En el curso normal de los acontecimientos, las hormonas esteroides presentan un pico cuando despertamos por la mañana, pico que actúa como una taza de café, para luego declinar a lo largo del día. En este experimento registramos caídas de alrededor del 50 % en los niveles de cortisol de los operadores entre las muestras correspondientes a la mañana y a la tarde, pero los días de volatilidad dichos niveles aumentaban en el curso del día, a veces en un asombroso 500 %, niveles que normalmente sólo se ven en pacientes clínicos.

Esta tarde, Scott se encuentra atrapado en una situación nueva para él. En toda su carrera profesional, nunca ha visto algo como este mercado, nada ni remotamente parecido. En realidad, nadie lo ha visto. Para encontrar algo comparable, una crisis que involucre a todos los mercados de crédito y que incluso amenace la solvencia de los propios gobiernos, habría que remontarse al crac de 1929. Scott, además, nunca se ha sentido tan inseguro acerca del curso de los acontecimientos por venir, y comparte esa incertidumbre con otros operadores. La evidencia de esta incertidumbre colectiva se encuentra en el índice de volatilidad del mercado de opciones de Chicago (VIX) –también conocido como «índice del miedo»–, que ha subido desde el tranquilo 11 % del verano a más del 25 % de hoy, y que en los próximos meses alcanzará un aterrorizado 80 %. Por último, Scott ha perdido cantidades de dinero sin precedentes, lo que por definición significa que ha perdido el control. El efecto acumulativo de pérdidas y de condiciones nuevas, inseguras e incontrolables del mercado es un masivo incremento del cortisol en Scott y en otros operadores en todo Wall Street.

A las cuatro de la tarde, Ash ha ordenado a Scott que liquide sus posiciones, pero éste no ha tenido mucho éxito y le resulta difícil concentrarse. Parte del problema proviene de un cambio profundo que ha tenido lugar en su locus coeruleus. Temprano, ese mismo día, en respuesta a los tremendos informes de los analistas, el locus coeruleus había fomentado una atención centrada en el mercado y una mayor alerta a la información pertinente para poder prever qué pasaría a continuación con las hipotecas. Pero ahora, bajo una pesada carga de estrés, la pauta de disparo neural en el locus coeruleus de Scott sufre una transformación, pues pasa de explosiones cortas y frecuentes al mantenimiento ininterrumpido del fuego. Cuando este modelo entra en juego, el sujeto ya no puede concentrarse; en cambio, explora el medio. Esto se debe a que cuando nos enfrentamos a una auténtica novedad, no sabemos qué es pertinente ni cómo debemos enfocarla. Nuestra exploración se vuelve urgente e indiscriminada, casi precipitada.[18] Demasiado estresado para pensar con claridad, pues la atención salta de una cosa a otra, Scott aguanta hasta que termine el día, incapaz de negociar con provecho.

Los días siguientes, las noticias del sector bancario son más sombrías aún y los operadores advierten, con el ánimo cada vez más hundido, que el mercado de crédito no se recuperará en bastante tiempo. Scott cierra su última operación hipotecaria y se da cuenta de que su operación de *spread* de acciones por bonos también está perdiendo enormes sumas de dinero, pues las acciones siguen a las hipotecas hacia el abismo y los bonos del Tesoro entran en una de las mayores y más rápidas subidas de la historia. El viernes, Scott descubre que no sólo se ha esfumado su P&L anual, sino que además ha perdido otros 9 millones de dólares.

Scott había esperado pasar un fin de semana en los Hamptons con su novia, disfrutando de los colores del otoño tardío y del frescor del aire marino. Pero ahora no dormirá gran cosa ni comerá. Sus sueños de la casa propia en la playa se han hecho humo, como la racha de suerte de un jugador, y ahora se pregunta incluso si el próximo verano estará en condiciones de hacer frente a un alquiler. Se pasa la mayor parte del fin de semana hablando por teléfono con colegas, reviviendo la semana, recogiendo relatos de otros operadores que, para su tranquilidad, también han perdido dinero. El domingo está un poco más animado. Este año le ha ido mal, de acuerdo; pero lo mismo les ha ocurrido a sus jefes; la mesa de arbitraje, pese a haber perdido 125 millones de dólares la semana pasada, está todavía con 180 millones de ganancia; y el banco también ha tenido un buen año. Puede que ya no esté en condiciones de cobrar los 8 millones de dólares en primas que esperaba, pero tal vez pueda beneficiarse del fondo común de primas de la mesa de arb y hacerse con 1,5 millones de dólares. Al fin y al cabo, lo tranquiliza su novia, el banco no quiere perderlo a favor de un competidor. Sólo para sentirse seguro, empieza a llegar a la oficina más temprano que de costumbre, con su mejor traje y su mejor corbata, y come con los vendedores a los que normalmente menospreciaba. Si no ganas dinero, es mejor que al menos tengas de tu parte al equipo de ventas.

Pero en las semanas siguientes el optimismo de Scott resultó ser engañoso. Los mercados se han hundido en una crisis financiera de proporciones históricas, y cuando se hallan en ese estado de furia infligen el mayor de los daños posibles, pues tratan de ir en busca de cualquier esperanza para hacerla añicos. La Reserva Federal baja un vez más las tasas de interés y así continuará haciéndolo los meses siguientes, pero estos movimientos no consiguen impulsar la esperada subida de los activos de riesgo. La mesa de arbitraje, incapaz de desprenderse de sus posiciones, pierde dinero en cantidades alarmantes, pues no sólo se le evaporan todos los beneficios del año sino que además pierde otros 375 millones de dólares. No son mucho mejores las condiciones en que se encuentra el banco, en el que casi todos los departamentos registran pérdidas. En la mesa de las hipotecas, Logan también ha sido absorbido por el vértigo bautizado ya como «crisis del crédito». A pesar de sus grandes esfuerzos, los flujos de los clientes, todos del lado de las ventas, lo han mantenido en el mercado hipotecario constantemente en posición larga y ya ha llegado a perder este año más dinero que el ganado en los cinco anteriores. Como es inevitable que suceda en estas crisis, del mismo modo que es inevitable que la noche suceda al atardecer, cuando los nervios están a punto de estallar empiezan a extenderse los rumores de inminentes despidos, de modo que la incertidumbre y la incontrolabilidad alcanzan nuevos y agotadores niveles. Los operadores, incluso antiguas estrellas, se sienten vulnerables y no pueden contar con ofertas de empleo de otros bancos, por no hablar ya de una cuantiosa prima. Se dice incluso que el gobierno cerrará todas las mesas de arb de los bancos y que impedirá a los operadores de flujos establecer posiciones de arbitraje. A consecuencia de todo eso, los operadores comienzan a abandonar los bancos a favor de los fondos de cobertura, en los que su apetito de riesgo aún puede hallar satisfacción. Los gestores de mesa se dedican entonces a acosar a los más jóvenes, a insinuar cambios en la mesa y a despedir a una o dos personas antes incluso de que el banco anuncie despidos. Según el primatólogo Robert Sapolsky, cuando los monos dominantes son expuestos a estresores incontrolables, empiezan a morder a los subordinados, actividad que disminuye terriblemente sus niveles de cortisol, y los gestores, que al parecer comprenden este desagradable episodio de fisiología, descargan su cortisol sobre los jóvenes, incluso sobre los que han tenido un buen rendimiento. De toda la confusión que desemboca en la generación de una crisis financiera, la incertidumbre y la incontrolabilidad creadas por los gestores de nivel medio es lo que con más rapidez podrían minimizar los directivos de nivel superior.

Cuando se acerca diciembre y los días se acortan, el mercado de valores continúa su hundimiento y los *spreads* de crédito, todos ellos, permanecen en niveles históricamente amplios. El entusiasmo del mercado en alza se ha extinguido por completo y una atmósfera invernal se apodera de la sala de negociaciones. En todo Wall Street y al otro lado de los océanos, en la City de Londres y los centros financieros de Tokio, Shanghái, Frankfurt y París, las noticias son igualmente sombrías. Llegan informaciones de que se están desconectando muchas cajas negras, pues los algoritmos no son más eficientes que los seres humanos a la hora de explicar la anarquía financiera; y los fondos de cobertura, aun los que van bien, asisten a una fuga de capital porque los inversores rehúyen el riesgo. Scott y la mayoría de los operadores empiezan a sufrir los efectos tóxicos de una respuesta de estrés que se ha prolongado demasiado. A esta altura es cuando el cortisol produce su impacto más nocivo, tanto en el cerebro como en el cuerpo, distorsionando el pensamiento y dañando a tal extremo el organismo que podría provocar la muerte.

ESTRÉS CRÓNICO Y AVERSIÓN AL RIESGO

Para comprender la maligna influencia del estrés en el mundo financiero, tenemos que apreciar la diferencia entre una exposición aguda a las hormonas del estrés, esto es, niveles moderados durante breves períodos, y una exposición crónica, es decir, niveles elevados durante períodos prolongados, pues estos dos tipos de exposición tienen efectos muy diferentes y, en muchos casos, diametralmente opuestos. El cortisol despliega la misma curva en forma de ∩ que presenta la relación dosis-respuesta y a la que ya hemos hecho referencia, lo que significa que niveles moderados tienen efectos beneficiosos sobre el rendimiento cognitivo y físico, mientras que los niveles elevados los deterioran.

La exposición moderada al cortisol antes de los anuncios de los analistas realza la vigilancia de los operadores, la detección de señales, la preparación metabólica y el rendimiento motor y mejora el estado de ánimo casi al punto de la euforia. Una reacción aguda como ésta los dotó de una bienvenida efectividad. Pero la exposición crónica a la que han estado sometidos el último mes y medio los envenena lentamente, causando estragos en sus sistemas cardiovascular e inmune y, con toda probabilidad, deteriorando su capacidad para evaluar el riesgo. La razón de esta diferencia en los efectos reside en que la respuesta de estrés evo-

259

luciona como una represalia rápida, fugaz y muscular; fue diseñada para entrar en funcionamiento rápidamente y apagarse tras un breve lapso. Si no ocurre así, surgirán problemas médicos de gran alcance, en buena parte debido a que la respuesta de estrés es muy costosa desde el punto de vista metabólico. El agudo estado de preparación para la acción que esta respuesta produce sólo puede mantenerse un tiempo prolongado al precio de la ruptura de muchos tejidos del cuerpo, lo que equivale a mantener caliente una casa a costa de quemar el mobiliario.

Desgraciadamente, en los mercados financieros y en general en la sociedad, el estrés puede persistir mucho tiempo, porque las antiguas regiones del cerebro que controlan la respuesta de estrés –la amígdala, el hipotálamo y el tronco cerebral– son incapaces de distinguir con claridad entre una amenaza física, que (de una u otra manera) es normalmente breve, y una amenaza psicológica o relacionada con el trabajo, que puede durar meses o incluso años.

Esta última es la situación en la que ahora se encuentra Scott. La exposición prolongada al cortisol ha comenzado a dañar su capacidad para pensar y asumir riesgos casi al punto de anularlo como operador. Parte del problema proviene de un cambio importante en el funcionamiento de la memoria. El cortisol afecta a la memoria porque actúa sobre densos campos receptores en la amígdala y en una región cercana del cerebro llamada hipocampo.[19] Estas dos regiones funcionan en el recuerdo de acontecimientos estresantes como un *tag team* de lucha libre. Pero codifican distintos aspectos de la memoria: la amígdala codifica el significado emocional de un acontecimiento; el hipocampo, los detalles fácticos.

Esta división neural del trabajo puede ilustrarse con el ejemplo de una niña que aprende a montar en bicicleta. Tras muchas salidas fallidas, finalmente la niña arranca y, quién lo habría dicho, avanza por la calle sin ayuda: una sensación maravillosa. Sin embargo, en su excitación, cruza una bocacalle sin mirar y escapa por los pelos a que la atropelle un coche. La niña disecciona la experiencia y almacena sus distintas partes en zonas ampliamente dispersas de su cerebro, desde la corteza hasta el tronco cerebral. El control motor que subyace a la proeza de montar puede quedar bloqueada, y a salvo de futuros daños del tiempo, en el cerebelo, región del cerebro que sigue funcionando aun cuando un paciente sufra de amnesia total. «Es como montar en bicicleta» es una expresión que se usa comúnmente para hacer referencia a algo prácticamente imposible de olvidar. El aspecto conceptual de la experiencia de aprendizaje, tal vez el punto en el que la niña comprende que cuanto más rápido vaya, más fácil le resultará mantenerse sobre las dos ruedas, puede almacenarse en el cerebro racional, el neocórtex. Los hechos que rodean su primer viaje en bicicleta –la hora del día, el lugar, las condiciones meteorológicas, con quién estaba, etc., en resumen, su memoria autobiográfica– se almacenan en el hipocampo (aunque después de un tiempo se desplazan a archivos de almacenamiento más profundos del neocórtex). Y el miedo provocado por la inminencia del accidente puede estar almacenado en la amígdala. Si esa niña volviera a la misma bocacalle dos años después, pero con el hipocampo dañado, no podría recordar la inminencia del accidente, pero su amígdala la llenaría de miedo, provocando una reacción sin más capacidad de discernimiento que «Tengo miedo, esto no me gusta». Si, en cambio, la niña volviera con el hipocampo intacto, pero la amígdala dañada, recordaría todos los detalles de la inminencia del accidente, pero sin reacción emocional al acontecimiento recordado, pues la actitud del hipocampo es: «Sólo los hechos, señorita.»

De estas regiones cerebrales y de los distintos tipos de memoria que almacenan, la amígdala y el hipocampo son las que más afectadas resultan por las hormonas del estrés. Mediante un hecho extraordinario de la ingeniera química, las mismas hormonas del estrés que nos preparan el cuerpo para afrontar físicamente un reto de estrés, también instruyen a la amígdala y el hipocampo para que lo recuerden, de modo que la próxima vez podamos evitar este riesgo u otro similar. Un atraco, un accidente de coche, un encuentro con una serpiente, noticias sobre el 11-S, etiquetados por el cortisol para un almacenamiento especial, son acontecimientos captados para la vida como «flashes de la memoria». Años después, incluso en la vejez, parecemos recordar todos los detalles que los rodean. La adrenalina, actuando a través del nervio vago, asiste al cortisol en la fijación de estos recuerdos, y se ha sugerido que la administración de betabloqueantes, que inhiben los efectos de la adrenalina inmediatamente después de un acontecimiento traumático, puede contribuir a prevenir la creación de flashes de la memoria[20] y disminuir el riesgo de posteriores ataques de pánico y de perturbaciones de estrés postraumático.[21] En todo caso, esta semana, cuanto el mercado hipotecario se derrumbó sobre Scott arrebatándole el año de ganancias, los acontecimientos quedaron grabados en su memoria.

Así como los elevados niveles de cortisol nos ayudan a conservar recuerdos traumáticos, así también nos ayudan más tarde a recuperar esos recuerdos. A medida que los niveles de cortisol aumentan y nuestra exposición a la hormona se hace crónica, recordamos cada vez más los acontecimientos que fueron almacenados bajo su influencia.[22] Scott comprueba ahora que evoca recuerdos predominantemente perturbadores. Tiende a demorarse en acontecimientos desagradables —el fracaso en cálculo infinitesimal en la escuela secundaria, una pelea en el vestuario, pérdidas durante el crac del puntocom—, con preferencia a otros placenteros, como el encuentro con su novia, las vacaciones en Verbier o los negocios con buenos resultados. Lo importante es que, cuando evalúa un negocio, Scott se inspira ahora cada vez más en precedentes negativos para determinar los riesgos, y un recuerdo tan selectivo de las cosas que han ido mal puede promover una aversión irracional al riesgo.

Los niveles crónicamente elevados de cortisol, además de los efectos que producen en la memoria, tienen también consecuencias muy importantes y perturbadoras para el pensamiento, pues alteran la forma y el tamaño de diversas regiones cerebrales. Una vez más, la amígdala y el hipocampo se ven especialmente afectados, puesto que contienen más receptores de cortisol que otras áreas del cerebro.[23] Si elevados niveles de cortisol persisten el tiempo suficiente, pueden matar neuronas del hipocampo[24] y

262

reducir su volumen hasta un 15 %,[25] como ocurre en los pacientes con síndrome de Cushing, enfermedad en la cual los tumores de las suprarrenales o la pituitaria mantienen una superproducción crónica de hormonas del estrés. Afortunadamente, el hipocampo es una de las pocas zonas cerebrales capaces de recrear neuronas, de modo que, una vez finalizado el estrés, puede regenerarse. Algunos neurocientíficos, en particular Bruce McEwen, creen que esta pérdida temporal del volumen del hipocampo sirve para amortiguar el impacto del estrés en el cerebro.[26] Efectivamente, en tiempos difíciles, el hipocampo hiberna.

Puede que el hipocampo de Scott se contraiga bajo la influencia del cortisol, pero la amígdala experimenta el efecto contrario. Las neuronas de la amígdala son fertilizadas por el cortisol y dan lugar a una rica arborización (crecimiento de ramas),[27] lo que hace más emocional y menos fáctico el pensamiento de Scott, a la vez que deteriora su capacidad para embarcarse en análisis racionales. Ciertos estudios han sugerido incluso que en condiciones extremas de estrés, el córtex prefrontal queda realmente desconectado, lo que daña el pensamiento analítico y deja el cerebro funcionando únicamente sobre la base de reacciones almacenadas, en su mayor parte emocionales e impulsivas.[28]

Los operadores que padecen neurosis de guerra, bajo la influencia de una amígdala francamente activa, se convierten en presa de rumores y de patrones imaginarios. En un estudio reciente, dos psicólogos presentaron modelos aleatorios y desprovistos de significado a participantes sanos, que acertadamente no vieron en ellos nada significativo, y luego a personas que habían estado expuestas a un estresor incontrolable, quienes sí hallaron patrones en el ruido.[29] En condiciones de estrés, imaginamos patrones donde no existen. Un impresionante ejemplo extraído de la vida real de este fenómeno nos lo cuenta Paul Fussell en su asombroso libro *La Gran Guerra y la memoria moderna*. Los soldados que vivían en las trincheras durante la Primera Guerra Mundial en las condiciones más inimaginables de miedo y de incertidumbre, carecían de información fiable de la guerra, porque el periódico oficial del ejército apenas contenía otra cosa que propaganda inexacta. En ausencia de información de confianza y con desesperada necesidad de ella, los soldados caían presa de los rumores de una manera que no se conocía desde la Edad Media, rumores relativos a espías fantasmales que conversaban con los soldados de vanguardia antes de desaparecer en la niebla; de ángeles en el cielo sobre el Somme; de una fábrica detrás de las líneas enemigas llamada Destructor, donde los cuerpos de los soldados aliados eran fundidos para aprovechar su grasa; de tribus de desertores salvajes que en tierra de nadie se alimentaban de soldados heridos. Los operadores que pasan por una crisis financiera sufren una vulnerabilidad igualmente lamentable al rumor y la sospecha de conspiración. Todo banco, individual o colectivamente, en uno u otro momento, se hunde; los fondos de cobertura, los gigantescos, por supuesto, conspiran para hundir los mercados; los chinos deprimen los bonos del Tesoro; Gran Bretaña declara el *default* de su deuda soberana; los brokers se suicidan. Todo rumor de catástrofe es objeto de la misma credibilidad y produce en los mercados el mismo efecto que los puros y duros datos de la economía.

Los efectos letales del cortisol sobre el cerebro se combinan con otras sustancias químicas producidas durante el estrés, una de ellas, llamada CRH (abreviatura en inglés de la hormona liberadora de corticotropina), en la amígdala. La CRH en el cerebro instila ansiedad[30] y lo que se conoce como «angustia de anticipación», temor generalizado ante el mundo que conduce a una conducta huraña.[31] Junto con el cortisol, también elimina la producción de testosterona, la hormona vigorizante que tanto fortaleció la confianza de Scott, su conducta exploratoria y la toma de riesgos durante el mercado alcista. Ahora se asusta con facilidad, desarrolla una atención selectiva a hechos tristes y deprimentes, las novedades le llegan cargadas de malos augurios y parece encontrar peligro por doquier, incluso donde no existe.[32] Esta paranoia tiñe cualquier experiencia; y cuando vuelve por la noche a su casa en taxi, a Scott le parece que hasta su amada Nueva York, otrora chispeante de oportunidades y de excitación, ha adoptado últimamente una silueta amenazadora. Como resultado del estrés crónico, Scott, lo mismo que sus colegas, se ha vuelto irracionalmente reacio al riesgo.

A mediados de diciembre, la industria financiera ha soportado un mes y medio de interminable volatilidad y pérdidas ininterrumpidas. Las vísperas de Navidad son normalmente uno de los momentos más optimistas y divertidos del año, con las vacaciones y la temporada de esquí por delante, seguidas de los pagos de las primas de Año Nuevo. Pero la alegría que había sobrevivido al crac ha quedado aplastada por los despidos, despiadadamente anunciados justo antes de Navidad, que afectan al 15 % de la plantilla de ventas y de operaciones. Poca gente cobrará alguna prima. Por otro lado, los afortunados que, como Martin y Gwen, recibirán una pequeña prima, albergan un profundo resentimiento porque este año han batido récords de beneficios y han contribuido a mantener el banco a flote, mientras que operadores como Stefan, al que se pagaron más de 25 millones de dólares el año pasado, han contribuido a la voladura del banco y, con ella, a la de las primas de Martin y Gwen. Scott no recibirá absolutamente nada y no sabe cuánto tiempo más conservará su empleo. Los despidos han sido anunciados más o menos por igual en Wall Street y en la City de Londres. Muchas empresas, al verse en quiebra, han cerrado sus puertas. Una por una, las luces se han ido apagando en el mundo financiero.

Con sus empleos en peligro, los operadores como Scott tienen una desesperada necesidad de ganar dinero, pero se sienten extrañamente inútiles para iniciar un negocio, incluso uno que parezca atractivo, pues es como si un campo de fuerza les impidiera coger los teléfonos. Se han convertido en unos «miedicas». Una reducción de la toma de riesgos entre los operadores sería un cambio positivo en condiciones normales, pero durante un crac constituye una amenaza a la estabilidad del sistema financiero. Los economistas dan por supuesto que los agentes económicos actúan racionalmente y que de este modo responden a señales de precios tales como los tipos de interés, que son el precio del dinero. Así las cosas, piensan que ante un crac del mercado bastaría que los bancos centrales bajaran los tipos de interés para estimular la compra de activos de riesgo, que así ofrecerían retornos atractivos en comparación con las bajas tasas de interés de los bonos del Tesoro. Pero los bancos centrales han tenido muy poco éxito en detener la tendencia a la baja de un mercado que se hunde. Una posible razón de este fracaso podría estar en que los niveles crónicamente altos de cortisol en la comunidad bancaria producen poderosos efectos cognitivos. Los esteroides a niveles fáciles de encontrar en individuos altamente estresados pueden convertir a los operadores en individuos irracionalmente reacios al riesgo[33] e incluso insensibles al precio. En comparación con los fantasmales temores que ahora atormentan con pesadillas a los operadores, el descenso del 1 % o 2 % en los tipos de interés tiene en ellos un impacto trivial. Cuando los directivos de los bancos centrales y los responsables de marcar una política piensan dar una respuesta a una crisis financiera deben tener en cuenta que durante un mercado bajista severo, la banca y la comunidad inversora pueden convertirse rápidamente en una población clínica.

Una condición particularmente desgraciada que afecta a los operadores es la que se conoce como «indefensión aprendida»,[34] en la cual una persona pierde toda confianza en su capacidad para controlar su propio destino. Se ha comprobado que animales expuestos repetidamente a estresores incontrolables pueden permanecer patéticamente dentro de la jaula en la que se ha realizado el experimento, aun cuando se deje con la puerta abierta.[35] Análogamente, tras semanas y meses de pérdidas y volatilidad, los operadores también pueden abandonarse, desplomados en su asiento, y no responder a las oportunidades de beneficio que muy poco tiempo atrás no habrían dejado escapar. En realidad, hay ciertas evidencias que sugieren que tal vez el tipo de personas al que pertenecen los operadores sea particularmente proclive a esta forma de desplome. Los bancos y los fondos de cobertura normalmente escogen a los operadores por su actitud correosa, su firme voluntad de asumir riesgos y su optimismo. El optimismo es en general un rasgo valioso en una persona, y en especial en un operador financiero, pues impulsa a abrazar el riesgo y a prosperar con él. Pero no siempre. No si han estado expuestos a es-

266

tresores imprevisibles y de larga duración. La investigación ha sugerido que la gente optimista, la que está acostumbrada a que las cosas le salgan bien, puede no saber gestionar el fracaso repetido y terminar con el sistema inmunológico dañado y más enfermedades.[36] Los financieros, tan bien adaptados al mercado en alza, pueden estar constitucionalmente mal preparados para gestionar mercados bajistas.

Una señal elocuente del comienzo de una indefensión aprendida es la remisión de la cólera en el parqué, pues la cólera es en realidad la señal de que alguien espera tener el total control de la situación. Durante una crisis, cuando las maldiciones amainan, cuando se rompen pocos teléfonos y la rabia da paso a la resignación, la retracción y la depresión, es muy probable que los operadores hayan sucumbido a la indefensión aprendida. Cuando el estrés en el mundo financiero ha llegado al estado patológico, los gobiernos deben dar un paso adelante, como lo hicieron en 2008-2009, y realizar la tarea a la que los operadores ya no pueden hacer frente: comprar activos de riesgo, reducir el riesgo del crédito, sacar de su profundo desánimo a los operadores, reducidos a un estado de neurosis de guerra.

LA ENFERMEDAD RELACIONADA CON EL ESTRÉS
EN LA INDUSTRIA FINANCIERA

El estrés prolongado y severo no sólo pone en peligro el sistema financiero, sino que constituye también una seria amenaza para la salud personal de la gente que trabaja en la industria financiera y en realidad para todas las industrias afectadas por problemas en el sector bancario. En el lugar de trabajo, las pruebas de la diferencia entre efectos agudos y crónicos son más preocupantes. Una respuesta de estrés prolongado, al suspender tantas funciones del cuerpo durante un tiempo prolongado, termina por deteriorar la capacidad del cuerpo para mantenerse a sí mismo. La sangre ha sido desviada del tracto digestivo, de modo que aumenta la propensión a contraer úlceras gástricas.[37]

El sistema inmunológico, en su máximo funcionamiento durante las primeras fases de la respuesta de estrés, ha quedado eliminado tras la exposición crónica al cortisol (posiblemente debido al gran consumo de energía que esta sustancia implica), de modo que las personas que están en esa situación se encuentran constantemente en lucha con enfermedades de las vías respiratorias superiores, como resfriados y gripes, y otros virus recurrentes, como el herpes.[38] La hormona del crecimiento y sus efectos han sido eliminados, al igual que el tracto reproductivo y la producción de testosterona.

Este último efecto, agregado a la tensión muscular que impide el flujo de sangre a los llamados cuerpos cavernosos (corpora cavernosa) del pene, hace que financieros como Scott, sexualmente insaciables con el mercado en alza, padezcan dificultades para mantener una erección e incluso para dar muestras de interés sexual, pues la testosterona es el inductor químico de los pensamientos eróticos. El estrés crónico, debido en gran parte a la interacción del cortisol y el sistema dopaminérgico, también puede aumentar la propensión a la drogadicción.[39] Y todos estos efectos se ven aumentados por el hecho de que niveles elevados de cortisol reducen el tiempo de sueño, en particular del sueño REM, y en consecuencia privan a la gente del tiempo de inactividad necesario para la salud mental y física. Los esteroides pueden orquestar una sinfonía de efectos fisiológicos, pero a medida que pasa el tiempo, la música se va convirtiendo en cacofonía.

Tal vez el efecto más perjudicial del estrés prolongado sea la frecuencia cardíaca y la presión arterial crónicamente altas, estado que se conoce como hipertensión. La presión incesante sobre las arterias que acompaña a la hipertensión puede ser causa de pequeñas fisuras en las paredes arteriales, fisuras que después atraen agentes de curación llamados macrófagos o, más comúnmente, glóbulos blancos. Sobre las lesiones arteriales se acumulan montones de esos pegajosos agentes coagulantes, que posteriormente atrapan las moléculas que pasan por allí, como grasas y colesterol. Las placas que se van formando son cada vez más grandes y pueden calcificarse, dando lugar a la enfermedad que se conoce como aterosclerosis, o endurecimiento de las arterias. A medida que las placas crecen y bloquean las arterias, disminuye el flujo de sangre que llega al corazón, lo que es causa de isquemia miocárdica, o angina, dolor de pecho recurrente. Si las placas llegan a ser muy grandes, pueden romperse y producir un trombo, o coágulo, que luego se traslada por el torrente sanguíneo a arterias cada vez más pequeñas y termina bloqueando una arteria del corazón, con un infarto de miocardio como consecuencia, o una arteria del cerebro, lo que provoca una apoplejía.

Cuando la crisis económica se profundiza, los efectos catabólicos del cortisol se agregan a los problemas creados por la hipertensión. La insulina, que normalmente retira glucosa de la sangre para almacenarla en las células, ha sido ahora inhibida durante meses, de modo que los elevados niveles de glucosa y la baja densidad de las lipoproteínas, el llamado colesterol malo, viaja por las arterias de los operadores. También los músculos se descomponen en sus nutrientes, de modo que los aminoácidos y la glucosa resultantes circulan innecesariamente por la sangre en busca de una salida que exija lucha física. Nuestra respuesta de estrés está diseñada para alimentar un esfuerzo muscular, pero el estrés al que se enfrenta la mayoría de nosotros es principalmente psicológico y social y lo soportamos sentados en una silla. La glucosa sin utilizar termina depositada en la cintura como grasa, que es el tipo de depósito de grasa que entraña el mayor riesgo de enfermedades cardíacas. En el extremo, los individuos estresados, con la glucosa alta y la insulina inhibida, pueden ser propensos a la obesidad abdominal y a la diabetes de tipo 2. Los pacientes con síndrome de Cushing son el prototipo del cambio en la forma corporal, pues tienen atrofiados los músculos de los brazos y las piernas y acumulación de grasa en el torso, el cuello y la cara, lo que les da el aspecto de una manzana con mondadientes clavados en ella. Un año en la crisis financiera y aquellos hombres de hierro, macizos gracias a la testosterona de los mercados al alza, empiezan a parecer claramente hinchados.

La enfermedad cardíaca provocada por la incertidumbre y la incontrolabilidad en el lugar de trabajo ha sido ampliamente documentada. En un estudio pionero del estrés laboral titulado *Healthy Work*, Robert Karasek y Töres Theorell comprobaron que los trabajadores que afrontaban niveles altos de carga laboral junto a la incontrolabilidad en sus empleos padecían mayores tasas de hipertensión, colesterol alto y cardiopatía, todo ello signo de niveles crónicamente elevados de hormonas del estrés.[40] Igualmente, en Gran Bretaña, una serie de estudios conocidos como Whitehall Studies observó el estrés en los empleados del Estado, en particular en los departamentos sometidos a privatización. Los autores llegaron a la conclusión de que los empleados más expuestos a inseguridad en el puesto de trabajo experimentaban niveles más altos de colesterol, mayores tasas de aumento de peso y una incidencia cada vez mayor de apoplejías.[41] Finalmente, hay evidencias epidemiológicas de la amplitud de los daños que las recesiones económicas producen en la salud de los trabajadores.[42] Un estudio realizado en Suecia con 40.000 personas durante un período de dieciséis años comprobó que la salud guardaba una estrecha correlación con el ciclo de negocios y que la mortalidad por enfermedades cardiovasculares y cáncer y por suicidio aumentaban durante las recesiones.[43]

Los datos sobre la industria financiera son escasos, pero las compañías privadas de seguros de salud en Estados Unidos y en Gran Bretaña informaron de un aumento de solicitudes por úlceras pépticas, estrés y depresión tras la crisis de crédito que empezó en el otoño de 2007. En julio de 2008, por ejemplo, la British United Provident Association Ltd., que es la mayor aseguradora sanitaria privada de Gran Bretaña, informó de que la cantidad de empleados de la City que solicitaban tratamiento para el estrés y la depresión había aumentado un 47 % desde el año anterior.[44] La Organización Mundial de la Salud también advirtió acerca del aumento de los problemas de salud mental y de suicidios con el desencadenamiento de la crisis y la recesión posterior.[45] Últimamente, algunos años después de lo sucedido, empezamos a tener datos epidemiológicos consistentes sobre los efectos colaterales de la crisis de crédito. Un estudio comprobó que durante el período 2007-2009 hubo un pico en el índice de ataques cardíacos en Londres,[46] y esto se produjo frente a una incidencia decreciente de ataques cardíacos en el resto del Reino Unido. Los autores estiman que este aumento repentino de ataques cardíacos en Londres produjo 2.000 muertes adicionales, que, sugieren, fueron resultado del impacto de la crisis de crédito en el distrito financiero. Una crisis del mercado puede producir no sólo un desastre económico, sino también médico.

En la multitud de vías aquí descritas, la respuesta de estrés, tal como se construye y se ramifica en el curso de semanas y de meses, empeora la crisis de crédito. La respuesta corporal iniciada para gestionar el estrés repercute en el cerebro causando ansiedad, temor y una tendencia a ver peligros por doquier.[47] Así, este bucle esteroide de retroalimentación, en el que las pérdidas y la volatilidad del mercado conducen a una aversión al riesgo y a la posterior liquidación de activos, puede acentuar la tendencia bajista de un mercado y convertirla en un crac. Las interacciones del cuerpo y el cerebro, por tanto, pueden alterar sistemáticamente las preferencias de riesgo en el ciclo de negocios y desestabilizarlo. Los economistas y los responsables de los bancos centrales, como Alan Greenspan, se refieren a un pesimismo irracional que sacude los mercados, de la misma manera que en otro tiempo habló John Maynard Keynes del debilitamiento de los espíritus animales. Con el desarrollo de la neurociencia y la endocrinología modernas podemos comenzar a proporcionar explicación científica a afirmaciones pintorescas como ésta: el cortisol es la molécula del pesimismo irracional.

Cuarta parte
Resiliencia

8. RESISTENCIA

¿PODEMOS CONTROLAR NUESTRA RESPUESTA DE ESTRÉS?

La observación de cómo opera el cortisol, tal como la llevamos a cabo en nuestra visita a Wall Street, nos permite comprobar lo que buen número de endocrinólogos ha reconocido hace ya mucho tiempo, esto es, que la evolución nos ha equipado con una respuesta que en la sociedad moderna puede resultar fatalmente disfuncional.[1] Cuando perdura y se hace crónica, como con tanta facilidad ocurre en relación con problemas del trabajo o sociales, la respuesta de estrés deja su papel originario de salvadora para convertirse en asesina. Ha sido ideada para advertirnos del peligro inmediato, pero, lo mismo que ocurre con una brigada de bomberos, la respuesta de estrés sólo puede salvarnos la casa de una emergencia a cambio de producir graves daños con el agua. De hecho, el estrés crónico puede ser responsable de muchos de los problemas mortales y de más difícil tratamiento de la medicina moderna: hipertensión, cardiopatías, diabetes de tipo 2, perturbaciones inmunes y depresión.

Dado lo que está en juego, tanto para la salud personal como para la estabilidad del sistema financiero, es preciso preguntarnos: ¿podemos desconectar el cortisol? ¿Podemos controlar su bucle tóxico de retroalimentación cuerpo-cerebro? Lamentablemente, tenemos que responder que tal cosa es tremendamente difícil. Nuestro yo consciente y racional ejerce muy poco control sobre las zonas subcorticales del cerebro, como la amígdala, el hipotálamo y el tronco cerebral. El problema, como explica Joseph

275

LeDoux, está en que contamos con todo un bosque de axones (las fibras que envían mensajes desde una neurona) que parten del tronco cerebral y del sistema límbico (el cerebro emocional) hacia el neocórtex, lo que asegura que nuestros esfuerzos racionales estén siempre influidos por señales subcorticales, pero en cambio tenemos muchos menos axones que se extiendan por estas regiones cerebrales primitivas y, en consecuencia, nuestra influencia consciente sobre ellas es menor.[2] Toda persona que haya sufrido ataques de pánico infundados o que haya estado enamorada de la persona inadecuada, sabe que los esfuerzos para cambiar conscientemente los sentimientos están condenados a un ciclo interminable de repetición y fracaso.[3]

Una esclarecedora demostración del divorcio prácticamente absoluto entre la expresión consciente y la inconsciente del estrés nos la ofrece lo que se conoce como test de campo abierto realizado con roedores. Cuando los investigadores pusieron un roedor en un campo abierto, que es un lugar peligroso por la amplitud de la exposición a los depredadores, el animal presentó los síntomas clásicos de una respuesta de estrés animal, a saber: inmovilidad, defecación y aumento de los niveles de corticosterona, que es la versión del cortisol en los roedores. Sin embargo, si los investigadores repetían este procedimiento durante varios días, el roedor se habituaba poco a poco a la experiencia. Como de todos modos no había pasado nada malo, el aspecto conductual de la respuesta de estrés se calmaba y el roedor dejaba de quedarse inmóvil y de defecar. Pero lo interesante es que los niveles de corticosterona permanecían tenazmente altos.[4] El roedor ya no era consciente del estrés pero su cuerpo lo registraba.

Ahora nos preguntamos: ¿cuál de estas dos respuestas es más adecuada a la situación, la conductual o la fisiológica? No es normal que un roedor esté en un campo abierto –lugar objetivamente peligroso para él–, de modo que debería estar estresado. Y lo notable es que esto que su cerebro ignora lo saben sus glándulas suprarrenales.

Situaciones muy parecidas las encontramos en los operadores que tenemos en estudio. En el capítulo sobre sensaciones instintivas he descrito un experimento en el que tomamos una muestra de cortisol de los operadores y preguntamos a éstos, mediante un cuestionario, cuán estresados estaban por su P&L o por los mercados. Las respuestas resultaron tener muy poco o nada que ver con la pérdida de dinero, grandes oscilaciones en su P&L o gran volatilidad del mercado; sin embargo, sus niveles de cortisol delataban fehacientemente la presencia de tales estresores. Nuestro hallazgo ilustraba lo desconectadas que podían estar la respuesta consciente y la inconsciente y en qué medida los sujetos inventan historias para justificar su conducta. Gracias a estas historias podemos llegar incluso a persuadirnos de que no estamos estresados, o a convencernos de que nos sentimos mejor respecto de nuestras dificultades. Pero, siempre que la situación objetiva siga siendo nueva, incierta o incontrolable, nuestra fisiología permanecerá en un agudo estado de alerta y, con el tiempo, la salud se resentirá. El hipotálamo y las glándulas suprarrenales parecen responder más a indicios objetivos que a unas palabras de aliento. Sus patologías pueden ser refractarias a la cura por la palabra.

A pesar de esta conclusión aparentemente sombría, la investigación fisiológica de la respuesta de estrés es motivo de esperanza antes que de desánimo. En primer lugar, al permitirnos comprobar que en gran parte el estrés es una preparación fisiológica para la acción física, esta investigación plantea la posibilidad de entrenar nuestra fisiología a desarrollar más resistencia mental y física, aguante a la fatiga, la ansiedad y los desórdenes psiquiátricos que son consecuencias del estrés crónico. Quizá esta posibilidad parezca una quimera, pero hay un campo de la ciencia, el de la medicina deportiva, que ya ha hecho notables progresos en el diseño de tales regímenes de fortalecimiento. En segundo lugar, al permitirnos ver que el estrés tiene origen en circunstancias objetivas, la investigación plantea la posibilidad de cambiar estas circunstancias, cambios que podían tener su repercusión en nuestro estado mental y en nuestra salud física. Consideremos, sucesivamente, estos dos enfoques para mitigar el estrés crónico: aumentar la fortaleza fisiológica y modificar los objetivos en el lugar de trabajo.

La fortaleza física se entiende hoy relativamente bien. Los científicos del deporte han realizado grandes progresos en su comprensión de la fuerza, la postura, la coordinación y la resistencia. La fortaleza mental, en comparación, ha sido objeto de mucha menos atención y, por tanto, sigue siendo peor comprendida. Esto es lamentable, pues actualmente el trabajo depende cada vez menos del esfuerzo físico y más del mental, cambio que se ha visto acompañado de un mayor número de días de trabajo perdidos por ansiedad, fatiga mental, estrés y depresión.

No obstante, la investigación sobre resistencia mental que se ha realizado en los campos de la fisiología, la neurociencia y la medicina deportiva ofrece ciertas sugerencias tentadoras. Para empezar, la fortaleza mental implica una actitud particular ante los acontecimientos novedosos: un individuo curtido recibe con tranquilidad la novedad como un desafío, ve en ella una oportunidad de obtener beneficios; un individuo sin esa experiencia teme la novedad como una amenaza y no ve en ella otra cosa que daño potencial.[5] Lo intrigante en relación con esta investigación sobre la resistencia es el hallazgo de que a cada una de esas actitudes —considerar la novedad como un reto o como una amenaza— corresponden estados fisiológicos específicos.

Investigadores médicos y científicos del deporte han estudiado la diferencia entre estos estados fisiológicos[6] con el objetivo de responder a un buen número de preguntas importantes desde el punto de vista médico. ¿Qué perfil neuroquímico caracteriza a una persona que puede actuar con eficiencia incluso cuando está asustada? ¿Por qué hay personas que pueden mantener niveles bajos de ansiedad aun en presencia de estresores incontrolables? ¿Y qué equilibrio de hormonas y neuromoduladores dan a determinadas personas la capacidad para mantener la motivación incluso en un medio que carece de recompensas (tal vez una crisis financiera)?[7] Hay investigadores médicos convencidos de que si se encuentran respuestas a estas preguntas, será más fácil mitigar los efectos del estrés crónico y diagnosticar y prevenir la depresión, así como comprender y tratar enfermedades tales como el trastorno de estrés postraumático, síndrome debilitante que afecta a los veteranos de guerra y a gente que ha sufrido un trauma personal, haciéndoles revivir de manera intensa e incontrolable sus terrores.

Hay científicos que, reconociendo que la resistencia mental corresponde a un perfil fisiológico, han dado un paso más y han preguntado si esa resistencia puede enseñarse. ¿Puede un régimen de entrenamiento puramente físico traducirse en estabilidad emocional, resistencia mental y mejor rendimiento cognitivo? Los científicos que piensan que la respuesta es afirmativa han basado su investigación en un curioso hallazgo: el de que la resiliencia al estrés tiene su origen en el hecho mismo de experimentarlo.

Esta idea nació en un laboratorio de Rockefeller que dirigía el psicólogo Neal Miller. Miller fue uno de los padres de lo que se ha llamado medicina conductual, la idea de que la terapia conductual puede renovar nuestro cerebro y reconstruir nuestro cuerpo tan a fondo como algunos medicamentos. Miller y su laboratorio realizaron también experimentos pioneros en la fisiología del estrés. Fue en el laboratorio de Miller donde dos de sus colaboradores, Bruce McEwen y Jay Weiss, descubrieron los receptores del cortisol en el cerebro, y en ese proceso describieron los bucles de retroalimentación hormonal entre el cerebro y el cuerpo que,[8] como he sugerido, pueden influir en los mercados financieros. Miller también realizó algunos de los primeros descubrimientos sobre la resiliencia. En particular, él y Weiss descubrieron que cuando las ratas eran expuestas a estrés crónico (en otras palabras, constante), padecían enfermedades físicas e indefensión aprendida como consecuencia de los bajos niveles de noradrenalina en el cerebro.[9] Sin embargo, si las ratas eran expuestas a estrés agudo (en otras palabras, breve), aun cuando éste se repitiera una y otra vez salían de la experiencia con la fisiología reforzada y mayor inmunidad a los efectos perjudiciales de futuros estresores.[10] Estos hallazgos, sorprendentes en un primer momento, permitieron a los científicos constatar que el proceso de reforzamiento de la resistencia mental presenta similitudes con el del reforzamiento de la resistencia física.

Los científicos del deporte saben que, por ejemplo, para crear masa muscular magra y ampliar la capacidad aeróbica, los atletas deben soportar un proceso de entrenamiento de extrema exigencia para los músculos y que pone a prueba los sistemas cardiovasculares al extremo de llegar a dañar levemente los tejidos, y alternar este proceso con períodos de descanso y recuperación. Cuando la cadencia estrés-recuperación-estrés-recuperación y así sucesivamente está calibrada para agotar los recursos del atleta, pero sin excederse, y luego reponerlos, el proceso puede ampliar la capacidad productiva de un amplio espectro de células del organismo del atleta. Cuando los entrenadores dan pautas temporales correctas a este régimen de entrenamiento, pueden afinar hasta tal punto el estado físico de sus atletas que, llegado el día de la competición, circulen por sus arterias las cargas óptimas de glucosa, hemoglobina, adrenalina, cortisol y testosterona. Lo que han descubierto los científicos que estudiaron el aumento de la resistencia es que un proceso similar de desafío y de carga psicológica seguido de recuperación puede poner de tal modo en consonancia el cerebro y el sistema nervioso, que también los que no somos atletas afrontemos los próximos estresores con capacidad de resistencia y una mezcla óptima de hormonas, neuromoduladores y activación del sistema nervioso.[11]

¿En qué consiste precisamente esta resiliencia? ¿Qué es la fortaleza fisiológica? ¿Y cómo la obtenemos? Para describir el estado de resistencia y la manera en que opera el proceso de su fortalecimiento, tenemos que fijarnos sucesivamente en cada uno de los ingredientes de este cóctel fisiológico: hormonas catabólicas, hormonas anabólicas, aminas (que es el tipo de sustancias químicas que incluye la adrenalina, la noradrenalina y la dopamina) y el nervio vago.[12]

Hormonas catabólicas. Los científicos y los médicos especializados en deporte saben que es necesario controlar estrictamente nuestros mecanismos catabólicos, como las células que segregan cortisol. Para decirlo de nuevo, la hormona catabólica rompe los depósitos de energía, como un músculo, para utilizar esa energía de inmediato. El cortisol, como ya se ha dicho, es decisivo en la aportación de energía cuando nos preparamos para un esfuerzo físico o mental excepcional, pero en muchos aspectos es demasiado poderoso y debe ser administrado con moderación. Al descomponer los músculos y convertirlos en formas de energía utilizables de inmediato, el cortisol explora nuestro organismo en busca de nutrientes. Por eso, si no es expulsado rápidamente tras unos días o a lo sumo un par de semanas, nuestro cuerpo empieza a disgregarse bajo su destructiva influencia. En esas condiciones padecemos, ya lo hemos visto en el capítulo anterior, un amplio abanico de dolencias físicas, como ansiedad y una tendencia a considerar los acontecimientos como amenazas más que como retos.

Necesitamos cortisol que proporcione soporte metabólico cuando somos objeto de un desafío, pero debemos evitar que se convierta en un mecanismo de defensa catastrófico que nos salve de momento pero nos provoque con seguridad la aniquilación a largo plazo. Por tanto, su producción y su liberación deben ser esporádicas, de modo muy parecido a lo que ocurre en un régimen de entrenamiento bien pautado, y seguidas de un período de recuperación. El flujo y reflujo regular de hormonas catabólicas mejora la salud; el flujo continuo de ellas es mortal.

Hormonas anabólicas. En nuestra fase de descanso, cuando el catabolismo está desconectado, entran en escena las hormonas anabólicas y reconstruyen nuestras mermadas fuentes de energía para que la próxima vez que se nos llame a la acción contemos con el combustible necesario. Estas hormonas anabólicas incluyen la testosterona y la hormona del crecimiento, que, conjuntamente, convierten los aminoácidos en músculos y el calcio en huesos; la insulina, que elimina el exceso de glucosa de la sangre y la deposita en el hígado, y una sustancia química llamada factor de crecimiento de tipo insulínico (IGF), que rejuvenece las células de todo el cuerpo y el cerebro. Una persona sana, y en mayor medida un atleta de carácter bien templado, presentará una elevada ratio de hormonas anabólicas y catabólicas, ratio que se conoce como índice de crecimiento. Un índice de crecimiento alto indica una vigorosa capacidad para reconstruir el propio cuerpo tras un período de destrucción, condición que Bruce McEwen, junto con Elissa Epel y Jeanette Ickovics, ha descrito como «impulsora».[13]

Sin descanso, nuestro índice de crecimiento declina, con el resultado de que ni siquiera un régimen extenuante de entrenamiento atlético daría frutos, pues los atletas se encontrarían con la frustración de que su rendimiento se ha ido al garete.[14] La gente mayor puede sufrir una declinación más seria en su índice de crecimiento, porque puede dejar de producir por completo testosterona y hormona del crecimiento, mientras sigue produciendo volúmenes cada vez mayores de cortisol; la consecuencia de ello es que llega a padecer lo que se conoce como «falta de impulso», pues sus altos niveles de cortisol la vacían de musculatura y de vitalidad. La simple ratio entre testosterona y cortisol, fácil de establecer en una muestra de saliva o de sangre, puede servir como medida sensible de nuestra inmunidad al estrés cotidiano y nuestra preparación para la competición.[15] Sin embargo, McEwen y sus colegas recomiendan una medición un poco más compleja, un índice de la tensión de todo el cuerpo que experimentamos cuando estamos estresados.[16] McEwen incluye en este índice la tensión arterial, el índice de masa corporal, la relación entre las caderas y la cintura, los niveles de colesterol, los niveles de glucosa en sangre y los niveles de noradrenalina y cortisol de una muestra de orina. Ha comprobado que este índice general, más que el de cualquiera de sus componentes por sí solo, permite una predicción fiable de salud.

Aminas. Una alteración rítmica en el cuerpo entre estrés y descanso, entre las acciones de las hormonas anabólicas y las de las catabólicas, desarrolla la resistencia. Algunas investigaciones han sugerido de manera provisional pero sugestiva que semejante régimen puede también expandir la capacidad productiva de nuestras células secretoras de aminas. Estas células fabrican dopamina, noradrenalina y adrenalina, así como muchas otras sustancias químicas, como la serotonina, que constituyen el objetivo principal de las drogas antidepresivas como el Prozac. Las aminas, que entran rápidamente en actividad, centran nuestra atención, liberan glucosa y promueven de lleno la respuesta de lucha o huida, lo mismo que el cortisol; pero, dado que la vida media de las aminas en la sangre sólo es de unos pocos minutos, se desactivan en cuanto acaba el estrés. De acuerdo con Richard Dienstbier, uno de los primeros científicos que trabajó en la resistencia, una persona resistente es alguien que goza de una poderosa e inmediata reacción de aminas cuando es objeto de un desafío, de modo que no necesita recurrir a la respuesta más prolongada y más potente del cortisol.[17]

En una persona con resistencia, los niveles de aminas son bajos durante el descanso, suben con más fuerza cuando está estresada y se desactivan rápidamente. Puesto que la fisiología de esta persona es capaz de manejar adecuadamente los estresores que se le presentan, su homeostasis no pierde el equilibrio, de modo que administra el estrés sin coste emocional. El adecuado tratamiento fisiológico del estrés y el coste emocional del mismo parecen ser términos alternativos; en efecto, si el cuerpo responde, ¿por qué intranquilizarse? Tal como hemos visto al analizar la homeostasis, las emociones irrumpen y nos urgen a intentar comportamientos alternativos cuando el cuerpo no puede gestionar una crisis con el piloto automático. La investigación en el campo de la resistencia ha sugerido que nuestro cerebro compara en silencio las demandas que se nos hacen con los recursos de los que podemos disponer (teniendo en cuenta nuestro entrenamiento y nuestras habilidades). Si nuestros recursos son suficientes, contemplamos el acontecimiento como un desafío y disfrutamos de él; en caso contrario, lo vemos como una amenaza y nos retraemos.

Sin embargo, nuestra pequeña y maravillosa fábrica de aminas puede quedar exhausta. Si a las células productoras de aminas se les niega un período de descanso, se agotan y nos vemos privados de su influencia energizante para gestionar los desafíos cotidianos. La reducción de aminas lleva a un abanico de trastornos psiquiátricos y clínicos. Por ejemplo, la disminución de las reservas de dopamina puede dejarnos sin motivación. Uno de los síntomas de la depresión es un estado conocido como anhedonia, que es la imposibilidad de experimentar placer en la vida, ningún tipo de placer, ni siquiera con las comidas o las actividades preferidas; y la anhedonia se produce con la reducción del número de células de dopamina. Igualmente, la merma en las células de dopamina puede dejarnos sin motivación ni entusiasmo de manera crónica. Peor aún, puede desembocar en la indefensión aprendida que padecían Scott y Logan. A este estado puede uno verse arrastrado si permanece expuesto a un estrés constante, como por ejemplo una situación conflictiva, un divorcio o una crisis de crédito de dos años, que nos deja rumiando problemas noche y día, y esos pensamientos perturbadores mantienen en plena alerta al locus coeruleus, privándolo de todo descanso, hasta que finalmente queda privado de su preciosa noradrenalina.[18] En las personas deprimidas es común, por un lado, la escasez de noradrenalina y de dopamina, y por otro lado, niveles crónicamente elevados de cortisol.

Lo particularmente digno de destacar acerca de la investigación sobre la resistencia es el descubrimiento de que estas células productoras de aminas, como los músculos, no sólo necesitan un período de recuperación para reconstruir sus inventarios, sino que también pueden ser entrenadas para incrementar su capacidad productiva. Cuanto mayor es esta capacidad, menos ocasiones hay para el agotamiento durante el estrés, mayor es la probabilidad de que los nuevos acontecimientos sean recibidos como desafíos y menor la de que tengamos que recurrir a la respuesta más perjudicial del cortisol. Una fuerte respuesta inmediata de aminas es la señal de que se permanece activo ante los problemas, mientras que una fuerte respuesta de cortisol es señal de pasividad.

Por tanto, la descripción de una fisiología resistente que surge de la investigación sobre aminas y hormonas se puede resumir más o menos así: un individuo con resistencia tiene una ratio elevada de hormonas anabólicas y catabólicas. Cuando afronta un desafío, el individuo resistente experimenta rápidos e importantes incrementos de aminas, tanto en el cerebro como en el cuerpo, seguidos de moderados aumentos de cortisol. Contra lo que sugiere la intuición, la respuesta inicial al estrés es más fuerte en una persona con resistencia que en una que carece de esta capacidad, pero la primera domina la situación, lo cual le permite reducir el cortisol, mientras que el estado de alerta que construye la persona que carece de resistencia es débil, pero, en cambio, el cortisol se mantiene en niveles altos, con sus perjudiciales consecuencias catabólicas. Lo importante es que las personas resistentes soportan un desafío sostenido sin reducción de aminas en el cerebro ni caída en la indefensión aprendida. Semejante perfil proporciona todos los beneficios cognitivos y metabólicos de las aminas e impide a la vez el daño producido por una exposición crónica al cortisol. Es el perfil que se encuentra, por ejemplo, en los atletas de élite.

Este mismo perfil se encuentra también en los buenos operadores financieros. En uno de los estudios que realicé con mis colegas, comprobamos que los operadores más experimentados y eficientes exhibían niveles notablemente elevados y volátiles de hormonas esteroides, tanto de testosterona como de cortisol. El hallazgo fue desconcertante en un primer momento, puesto que, como la mayoría de la gente, nosotros esperábamos que los operadores veteranos estuvieran curtidos y fueran poco emotivos. En realidad lo eran, ya que mostraban escasa emoción tanto en las ganancias como en las pérdidas. No obstante, detrás de sus caras de póquer rugía un sistema endocrino al rojo vivo. A la luz de la investigación sobre los atletas con gran resistencia, aquel hallazgo adquiere pleno sentido. Lo mismo que los atletas olímpicos, una vez pasado el desafío, estos individuos podían apelar a sus hormonas cuando las necesitaban y devolver rápidamente a los niveles hormonales sus valores básicos antes de que produzcan daño alguno. Los operadores no profesionales, al igual que los atletas aficionados, presentan el perfil inverso: han elevado de manera permanente los niveles de cortisol, lo que los deja en un estado de ansiedad en el que los estresores son vistos como amenazas a temer y no ya como desafíos a superar.

El nervio vago. Ahora debemos desentrañar de la trama de la fisiología de la resistencia el papel que desempeña en ella el sistema nervioso de descanso y digestión, y en particular el nervio vago. El sistema nervioso de lucha o huida nos prepara para la acción vigorosa, incluso violenta, pero, una vez finalizada la acción, el sistema de descanso y digestión toma el relevo. Es, para extender la acertada expresión de Shakespeare, «el segundo servicio en la mesa de la gran naturaleza», y junto con las hormonas anabólicas teje «la enmarañada seda floja de los cuidados»* del cuerpo.

Los efectos calmantes del vago han llevado a Stephen Porges a considerarlo una herramienta muy desarrollada y eficiente de conservación de energía.[19] Porges ha rastreado la historia del nervio vago y ha descubierto que a medida que evolucionó desde su estado más simple, en los reptiles, hasta su forma más compleja, en los mamíferos, desempeñó un papel en tres respuestas sucesivas de estrés: congelación (inmovilidad),[20] lucha o huida e implicación social.[21] Vale la pena contar la historia de Porges, porque sugiere que el sofisticado nervio vago que hoy hemos heredado puede proporcionarnos uno de los recursos más valiosos para minimizar los estragos del estrés.

En los reptiles, el nervio vago organizaba una reacción primitiva a la amenaza, paralizando al animal en un estado de inmovilidad. Los reptiles se inmovilizan con el fin de conservar sus limitadas energías y evitar ser descubiertos. Esta respuesta de inmovilidad pasó posteriormente a los mamíferos, animales en los que demostró su utilidad como una manera de fingirse muertos cuando se presenta una amenaza. Algo parecido a la respuesta de inmovilidad se activa también en los mamíferos que viven o cazan en el agua, como las ballenas, a fin de ralentizar la fre-

---

* Ambas citas pertenecen a *La tragedia de Macbeth,* acto 2, escena 2, traducción de Luis Astrana Marín. *(N. del T.)*

cuencia cardíaca y el metabolismo y conservar oxígeno cuando se sumergen a grandes profundidades. La respuesta de inmovilidad del nervio vago permanece hasta el día de hoy en la mayoría de los mamíferos y puede aparecer en circunstancias de extremo peligro. Cuando se considera imposible escapar al depredador, un mamífero puede recurrir a esta reacción antigua, en cuyo caso sus sistemas fisiológicos quedarán más o menos desactivados. Cesa el movimiento, la respiración se hace más lenta, cae la frecuencia cardíaca y decrece la sensibilidad al dolor; no sin cierto patetismo, el animal se prepara para morir. Algo semejante se ha observado en los roedores salvajes atrapados en el agua de la que temen no poder escapar. Estos pobres animales, al advertir la inutilidad de la lucha, optan a menudo por la inmovilidad y el paro cardíaco y algunos de ellos incluso se sumergen en aguas profundas para morir ahogados.[22] Es de suponer que lo hacen para provocar una inmovilidad inducida por la inmersión, que lleva a una muerte rápida e indolora.

Los seres humanos conservamos esta reacción prehistórica de inmovilidad. Esto se puede verificar hundiendo la cara en agua fría (sólo la cara) pues esa acción estimula el reflejo de inmersión, que ralentiza la frecuencia cardíaca y la respiración a la vez que, muy probablemente, inyecta analgésicos naturales. Cuando el estrés es muy importante, es normal echarse agua fría en la cara para provocar esa reacción, aun cuando no se tenga conocimiento de la fisiología en ella implicada. Hay científicos que han sugerido que también puede presentarse la inmovilidad vagal, lo que ocurre en casos de muerte repentina provocada por la recepción de malas noticias e incluso en casos documentados de muertes vudúes, tipo de muerte inexplicable producida, presumiblemente, por la total convicción de que es imposible escapar a la maldición de la que se ha sido objeto.[23]

En la etapa siguiente de la evolución del nervio vago, este nervio cooperó con la respuesta de lucha o huida. Durante esta respuesta, el vago elimina su influencia enlentecedora procedente de las vísceras, lo que Porges llama freno vagal, para que la lucha o huida pueda tomar el mando. Es lo que sucedió cuando

Martin y Gwen oyeron el anuncio de la Reserva Federal y se lanzaron a la acción.

Es en la tercera etapa de su evolución cuando el nervio vago alcanza su forma más compleja y alentadora en la forma de herramienta de aproximación y de conciliación. Para Porges, el vago humano es un sistema de compromiso social, una alternativa a la respuesta de lucha o huida, avanzada desde el punto de vista evolutivo y eficiente desde el punto de vista metabólico, que promueve la diplomacia en lugar de la confrontación. Hablar con voz calma y tranquilizadora, establecer contacto visual, mostrar expresiones faciales que transmitan cooperación antes que confrontación, todo esto contribuye a evitar una lucha metabólicamente costosa y potencialmente destructiva calmando de manera decisiva nuestra agitación visceral. Podría decirse que el nervio vago constituye el cuerpo diplomático del organismo.

Hoy albergamos en nuestro cuerpo estas tres reacciones vagales. Cada una de ellas puede entrar en acción cuando nos vemos atrapados en una confrontación cada vez más enconada, que empieza con la de evolución más reciente, para luego dar paso a las de desarrollo más antiguo. En concordancia con eso, nuestra primera reacción a un desafío es el compromiso social o, en otras palabras, hablar, establecer contacto visual, rebajar la tensión de la situación. Si esta diplomacia fracasa, caemos de mala gana en la reacción más antigua de lucha o huida. Y si también ésta fracasa y resulta tan imposible imponerse a la amenaza como escapar a ella, podemos retroceder a la antigua condición reptiliana de inmovilidad, entregarnos, fingir que estamos muertos o, en casos extremos y muy raros, infligirnos una muerte vudú. En el curso de esta confrontación hemos retrocedido millones de años en la historia de la evolución.

Nuestro nervio vago altamente evolucionado nos permite adaptar sutilmente nuestras respuestas a las demandas que recibimos y, con ello, conservar energía. Cuando afrontamos estresores cotidianos, el vago se limita a soltar su freno y permitir que el cuerpo despierte de su indolencia justo lo necesario para que podamos gestionar los desafíos rutinarios sin tener que poner en juego los sistemas más costosos de lucha o huida o del cortisol. Ésta puede ser una razón que explique el hecho comprobado de que la gente que se toma como desafío un acontecimiento inesperado, muestra un eficiente comportamiento cardíaco y baja presión arterial en sus arterias periféricas, mientras que quienes lo consideran una amenaza muestran un ineficiente comportamiento cardíaco e hipertensión arterial.[24] En realidad, las personas que no disfrutan de un buen funcionamiento del nervio vago, que sufren de lo que Porges llama pobre tono vagal, tienden a sobreactuar ante estresores leves, y en lugar de calibrar una respuesta sutil a esas situaciones cotidianas, se lanzan de lleno a una confrontación de lucha o fuga. Su única música es la agitación. La ausencia de buen tono vagal consume la energía de una persona y finalmente su salud. Porges ha comprobado que los niños con bajo tono vagal muestran más problemas de conducta en etapas posteriores de la vida.[25]

Por otro lado, es posible que los individuos con verdadera resistencia, la élite fisiológica, como los atletas de categoría mundial, hayan sido dotados de cuerpos y cerebros tan privilegiados para el esfuerzo máximo que parezcan casi extraterrestres en su habilidad para superar una penosa contienda física únicamente con un leve aflojamiento de su freno vagal. ¿Pueden realmente lograr tan buen rendimiento con el cuerpo al ralentí?

El tono vagal puede medirse mediante la variabilidad de la frecuencia cardíaca de una persona. Cuando uno inspira, el corazón se acelera; cuando uno espira, se ralentiza. Esta aceleración y desaceleración es gobernada por el nervio vago. La gente con buen tono vagal tendrá frecuencias cardíacas notablemente variables. Esta variabilidad es buena –la desaceleración confiere al corazón el equivalente a un minidescanso a cada acto de respiración– y se ha correlacionado con una serie de marcadores de salud.[26] (No debe confundirse esto con las palpitaciones o la arritmia cardíaca, que son latidos irregulares, no los que tienen lugar sistemáticamente en cada respiración.) Por otro lado, la gente con tono vagal bajo, o la que está estresada, presentará muy poca o ninguna variabilidad de frecuencia cardíaca, pues su corazón bombea a ritmo constante. Esta carencia de variabilidad es un factor de riesgo de hipertensión y de futuras enfermedades cardíacas. La variabilidad de frecuencia cardíaca puede ser fácilmente monitorizada con un pequeño aparato, que se vende en tiendas comunes y que se lleva fijo al pecho o enganchado en un dedo de las manos.

Por tanto, podemos agregar el buen tono vagal y la elevada variabilidad de frecuencia cardíaca a nuestro perfil de persona resistente. Efectivamente, un estudio realizado con soldados ha comprobado que, en general, una elevada variabilidad en la frecuencia cardíaca coexiste con una elevada ratio de hormonas anabólicas y catabólicas.[27]

En resumen, los sistemas fisiológicos a los que recurre la persona con resistencia, la que considera los acontecimientos nuevos como desafíos a superar, difieren notablemente de los de una persona para quien los acontecimientos nuevos son una amenaza que hay que evitar. Sus distintas respuestas podrían describirse como ofensiva y defensiva, respectivamente. La primera es estimulante, placentera, y conduce al codiciado estado de flujo; la segunda es debilitante, desagradable, y conduce al miedo al mundo.

A propósito, las experiencias fisiológicas radicalmente distintas del desafío y la amenaza pueden ejercer una influencia no debidamente valorada en confrontaciones sociales tales como las disputas legales y las batallas políticas. Tomemos el ejemplo de un grupo de vecinos de un pueblo que lucha contra un promotor inmobiliario en defensa de sus espacios verdes, o los directivos de una compañía que se enfrenta a una opa hostil. Esas personas tienen frente a ellas a verdaderos tiburones que dedican su vida a esas batallas y en ellas se deleitan. Pero no es su caso. Para los defensores, la batalla es una experiencia desesperada y desagradable, embebida de hormonas de estrés, que deja recuerdos desagradables que pueden llegar a disuadirlos de implicarse en confrontaciones futuras. A menudo se dice que, en la guerra, la mejor defensa es un buen ataque, y tal vez ese belicoso consejo tenga suficiente justificación fisiológica en la política, los negocios y el deporte.

LA CIENCIA DE LA GRACIA BAJO PRESIÓN

¿Podemos hacer más resistente nuestra fisiología? Inevitablemente, una buena dosis de nuestra fortaleza es de origen genético. Ciertos genes, por ejemplo, hacen a unas personas más inmunes que otras a los efectos del estrés y a las hormonas del estrés.[28] Pero algunos científicos han comprobado que las influencias recibidas durante el desarrollo afectan a la manera en que, más tarde, una persona gestionará el estrés en su vida. Han comprobado que el estrés agudo —es decir, la presencia de estresores moderados y poco duraderos— en los primeros momentos de la vida pueden aumentar la resistencia de un animal en su vida adulta. Ratas jóvenes manipuladas por seres humanos desarrollarán glándulas suprarrenales más grandes, no obstante lo cual mostrarán en su vida adulta una respuesta de estrés más apagada.[29] También tienden a vivir más; según un estudio, su expectativa de vida es un 18 % más alta que la de las ratas no estresadas.[30] Sin embargo, los estresores deben ser moderados, pues la misma investigación mostraba que los estresores importantes en los comienzos de la vida, como la separación materna, fomentan un adulto ansioso y mal preparado para capear los golpes y los dardos* de los acontecimientos normales de la vida.[31]

También en ratas adultas pueden observarse los efectos reforzantes del estrés agudo e intermitente. Estos estresores pueden incluir la manipulación por seres humanos, la carrera en una rueda de ejercicios, las descargas suaves e incluso el mantenimiento de reducidos niveles de aminas mediante el uso de drogas. No parece importante de qué tipo sea el estresor de que se trate. La respuesta de estrés es una reacción general del cuerpo entero, de

---

* Alusión a *Hamlet,* acto 3, escena 1, traducción española de Luis Astrana Marín.

modo que cualquier estresor puede provocarla. Cualquiera de estos estresores, a condición de ser breve y repetido, podía hacer de las ratas individuos resistentes. Llamémosle escuela de golpes duros.

¿Qué estresores podrían contribuir a aumentar la resistencia de los seres humanos? La investigación en el campo de los regímenes de resistencia está todavía en pañales; no obstante, en la bibliografía sobre el tema se hace referencia a unos cuantos tipos de estresores. El más importante, no hay por qué sorprenderse, es el ejercicio. Los seres humanos están hechos para moverse, de modo que debemos movernos. Cuanto más investigaciones se publican sobre el ejercicio físico, tanto más nos convencemos de que sus beneficios se extienden mucho más allá de los músculos y el sistema cardiovascular. El ejercicio amplía la capacidad productiva de nuestras células secretoras de aminas, lo que contribuye a vacunarnos contra la ansiedad, el estrés, la depresión y la indefensión aprendida. También nos inunda el cerebro de lo que se conoce como factores de crecimiento, que mantienen jóvenes las neuronas existentes y en crecimiento las nuevas (hay científicos que llaman «fertilizantes cerebrales» a estos factores), de modo que el cerebro se fortalece contra el estrés y el envejecimiento. Un régimen de ejercicio físico bien diseñado puede ser una suerte de campo de entrenamiento militar para el cerebro.[32] Sin embargo, en el futuro, el consejo de hacer ejercicio que con tanta soltura dan los médicos en todas partes podría ser más eficaz si fuera más explícito. ¿Qué tipo de ejercicios? ¿Anabólicos o anaeróbicos? ¿Con qué frecuencia? Una vez más, la ciencia del deporte podría ayudarnos enormemente a adaptar ese consejo a la medida de la persona que lo recibe.[33]

Hay un tipo particularmente inquietante de régimen de refuerzo de la resistencia: el de la exposición al frío atmosférico e incluso al agua fría. Los científicos han comprobado que las ratas que nadan regularmente en agua fría desarrollan la capacidad para activar un rápido y poderoso estado de alerta más sobre la base de la adrenalina que del cortisol, así como para desactivarlo con la misma rapidez. Cuando, posteriormente, son expuestas a estresores, dan muestras de menor proclividad a la indefensión aprendida.[34] Algunas investigaciones han sugerido que algo muy parecido ocurre en los seres humanos. La gente que se expone regularmente a un clima frío o que nada en agua fría, puede haber pasado por un régimen de fortalecimiento eficaz que la ha hecho emocionalmente más estable a la hora de afrontar un estrés prolongado. Hay investigadores que dan por supuesto que el ejercicio por sí mismo, junto con exigencias térmicas agudas, proporciona a la gente que lo practica un envidiable patrón de estrés y recuperación.[35] Tal vez los mismos efectos puedan obtenerse con la práctica nórdica de la sauna seguida de una inmersión en agua fría.[36]

Recuérdese que la termorregulación constituyó un avance revolucionario para los mamíferos, pues alteró profundamente su cuerpo, su cerebro y la red de conexiones entre uno y otro, en particular en los primeros seres humanos, cuya habilidad superior para enfriar su cuerpo les confirió una ventaja en la sabana africana. Algunos científicos han afirmado incluso que el sistema nervioso encargado de la termorregulación en los mamíferos ha echado las bases de posteriores sistemas de excitación emocional.[37] Dienstbier ha elaborado esa idea, y sostiene que es posible que la gente que ha desarrollado la tolerancia al frío haya incrementado también su estabilidad emocional.[38]

El estrés térmico es una parte natural de nuestra vida, de modo que si se elimina puede atrofiarse una parte fundamental de la fisiología. Ya en la década de 1920, el gran fisiólogo Walter Cannon llamó la atención sobre algo parecido. Dando pruebas de una gran visión de futuro, se preocupó por la aparición de la calefacción central, el agua caliente permanente y el aire acondicionado, porque estas comodidades amenazaban con privarnos de la oportunidad de ejercitar nuestros sistemas de termorregulación. «No es imposible», advertía Cannon, «que perdamos importantes ventajas protectoras al dejar de utilizar estos mecanismos fisiológicos, que se desarrollaron a lo largo de miríadas de generaciones de nuestros antepasados menos favorecidos. El hombre que se baña todos los días con agua fría y trabaja hasta sudar puede mantenerse "en forma", porque no permite que una parte muy valiosa de su organización corporal se debilite y se atrofie por falta de uso.»[39] Hoy, nuestro confort moderno puede terminar por costarnos muy caro. En efecto, los temores de Cannon de un empeoramiento del estado físico pueden estar justificados: datos recientes sugieren que el uso extendido del control climático en el hogar, en el coche y en la oficina puede ser una de las causas de la actual epidemia de obesidad.[40] La desaparición del estrés térmico de nuestras vidas puede tener otras consecuencias no deseadas: puede quedar ampliamente eliminado un valioso proceso de fortalecimiento de la resistencia y, en consecuencia, disminuir nuestra capacidad para gestionar el estrés.

Esta investigación no ha avanzado aún lo suficiente para recomendar ningún régimen particular de refuerzo de la resistencia como medio por el cual los tomadores de riesgos del mundo financiero pudieran construir una resiliencia al estrés que acompaña inevitablemente a su trabajo. Sin embargo, creo que las instituciones financieras deberían tomar en serio el hecho de que la capacidad de un operador para gestionar el riesgo implica mucho más que el conocimiento del cálculo de probabilidades, la macroeconomía y las finanzas formales. Los operadores necesitan un entrenamiento que les permita reconocer y gestionar los cambios fisiológicos que se producen en ellos como consecuencia de sus ganancias y pérdidas, así como de la volatilidad del mercado. Estos regímenes de entrenamiento deberán ser diseñados de tal manera que tengan acceso al cerebro primitivo y no sólo al córtex racional. Puesto que el cuerpo influye poderosamente en las regiones subcorticales del cerebro, los nuevos programas de entrenamiento incluirán muchos más ejercicios físicos que los que actualmente se practican. Los bancos y los fondos de cobertura podrían aprender de los programas de los atletas de élite, pues son éstas las personas que tienen mayor experiencia en el control de sus hormonas y emociones para optimizar su rendimiento.

¿Podemos hacer algo una vez que el agotamiento, la fatiga, la ansiedad y el estrés se han instalado? Para responder a esta pegunta debemos tener presente que dichos estados son mensajes que provienen del cuerpo para hacernos saber qué acciones deberíamos adoptar, y es preciso que comprendamos su contenido. Pero con harta frecuencia lo comprendemos mal. Un elocuente ejemplo de ello es nuestra manera de concebir la fatiga mental. El sentido común nos dice que se trata de un estado de agotamiento que consiste simplemente en haberse quedado sin energía, como un coche que se queda sin gasolina. La recomendación que se desprende naturalmente de esa idea es la de un descanso o unas vacaciones para recomponer nuestras reservas de energía. No hay duda de que este tipo de agotamiento existe. Si corremos una maratón es muy probable que terminemos agotados; si pasamos la noche en vela, es muy probable que necesitemos dormir. Pero en la mayor parte de los casos no es ésta la causa de la fatiga mental. A menudo, la fatiga mental desaparece con un simple cambio de actividad, y esto no ocurriría si hubiéramos agotado nuestro combustible.

Un modelo que se ha desarrollado recientemente en neurociencia proporciona una explicación alternativa de la fatiga. De acuerdo con este modelo, la fatiga debería entenderse como una señal que el cuerpo y el cerebro utilizan para informarnos de que el esperado rendimiento de la actividad que estamos desarrollando ha caído por debajo de su coste metabólico.[41] El cerebro busca silenciosamente la asignación óptima de recursos atencionales y metabólicos, y la fatiga es una manera de comunicar sus resultados. Si estamos comprometidos en alguna forma de búsqueda y no tenemos ningún resultado, nuestro cerebro, a través del lenguaje de la fatiga y la incapacidad de concentración, nos dice que estamos perdiendo el tiempo y que deberíamos buscar en otra parte. La cura de la fatiga, de acuerdo con esta explicación, no es el descanso, sino una nueva tarea. En apoyo de esta idea se pueden mencionar los datos que muestran que el exceso de trabajo no lleva por sí mismo a enfermedades relacionadas con el trabajo como la hipertensión y la cardiopatía, que aparecen sobre todo allí donde los trabajadores no controlan el destino de su atención.[42] La aplicación de ese modelo podría beneficiar por igual a los trabajadores y al personal de dirección, pues una mayor flexibilidad en la elección de aquello en lo que se trabaja y de cuándo se trabaja podría reducir la fatiga del trabajador, mientras que la dirección estaría encantada de descubrir la posibilidad de renovar la capacidad de trabajo de los empleados mediante la asignación de una nueva tarea, sin necesidad de recurrir a las vacaciones. Este modelo de fatiga proporciona un buen ejemplo de cómo la comprensión de una señal corporal puede alterar la manera de tratarla.

Los efectos de la novedad, tan vigorizantes y rejuvenecedores cuando combatimos el aburrimiento y la fatiga, pueden volverse tóxicos cuando nos vemos atrapados en un estado de estrés crónico. La curva de Berlyne en forma de ∩ muestra cómo la novedad y la complejidad más allá de niveles moderados pueden fomentar la ansiedad. Si volvemos al estrés crónico y observamos la influencia de la novedad en su condición, nos encontramos con otro ejemplo de la gran frecuencia con que malinterpretamos la fuente de nuestros problemas.

En una situación nueva no sabemos qué esperar, de modo que nuestro cuerpo organiza una respuesta de estrés preparatoria. Esto es completamente comprensible. Lo que no resulta tan evidente es que no parezca importar que se trate de una novedad bien acogida o temida, pues cualquiera de las dos puede agravar el estrés crónico. Esta conclusión surge de un estudio realizado por dos psiquiatras que confeccionaron una lista de acontecimientos decisivos en la vida, conocida como la Holmes and Rahe Social Readjustment Rating Scale, para predecir enfermedades y muerte. Comprobaron que todos los estresores obvios, como el divorcio, la muerte de un cónyuge o las dificultades financieras, predecían un alto riesgo de enfermedad y de muerte. Pero en esa lista figuraban también entre los primeros puestos cambios bien recibidos, como el matrimonio, el nacimiento de un hijo, un cambio de empleo o, lo que resulta increíble, extraordinarios logros personales.[43] Aunque no cabe duda de que se trataba de acontecimientos deseados, agregaban novedad a la vida de los sujetos en cuestión y eso podía más adelante cobrarse un peaje en su salud.[44] Nuestra absoluta ignorancia del daño que padecemos en estas ocasiones es una razón por la que la hipertensión y las enfermedades cardiovasculares han recibido el calificativo de asesinas silenciosas.

Este tipo de hallazgos puede cambiar la manera de gestionar el estrés crónico. Cuando estamos sumidos en el estrés, lo que más imperiosamente necesitamos es reducir al mínimo las novedades en nuestra vida. Necesitamos familiaridad. Pero con mucha frecuencia buscamos exactamente lo contrario, como por ejemplo responder al estrés en el trabajo con unas vacaciones en algún lugar exótico, pensando que el cambio de escena nos hará bien. Esto es cierto en circunstancias normales, pero no cuando estamos muy estresados, porque entonces la novedad que encontramos en el exterior puede añadirse a nuestra carga fisiológica. Más que viajar, nos convendría quedarnos en nuestro terruño, rodearnos de familiares y amigos, escuchar música conocida y ver películas antiguas. El ejercicio, por supuesto, puede ayudar, pues pocas cosas más hay en realidad que preparen mejor a la fisiología para el estrés; pero cuando se está muy inmerso en el estrés crónico, sus efectos, sugiere Stephen Porges, son en gran parte analgésicos, posiblemente debido a que el ejercicio nos administra una dosis de opioides naturales. Una vez más, lo que realmente necesitamos es un entorno familiar.

Además de adormecer el estado de alerta fisiológico, la familiaridad del entorno puede tener otro efecto benéfico. Puede convencer al nervio vago, ese ángel de la guarda, que se involucre a fondo en nuestros problemas y se haga cargo de nuestro cuerpo destrozado y calme las cosas. El vago tiene en sus manos el poder de ralentizar nuestro corazón estresado, facilitar la respiración, asentar el estómago. Puede salvarnos la vida. Pero para hacer todo eso necesita un medio familiar y, en particular, caras y voces de amigos y familiares. Como hemos visto, el nervio vago une rostro, voz y regiones del tronco cerebral que controlan el estado de alerta. Las voces familiares y los rostros felices hacen saber al tronco cerebral que la respuesta de lucha o huida ya no es necesaria, de modo que el vago instruye a los centros de alerta del cerebro para que bajen la guardia. Si tenemos la dicha de contar con una familia tranquila y unos amigos cuya fortuna no esté ligada a la nuestra, en época de estrés puede ser de gran ayuda el simple hecho de contemplar sus rostros y escuchar sus voces, mucho más que clavar la mirada en la BlackBerry, comerse las uñas y dar vueltas en la cabeza a pasados ultrajes.

El nervio vago tiene algo de misterioso, de modo que aún no sabemos bien de qué otra manera podemos comprometerlo. La estimulación del nervio vagal, que se consigue mediante la implantación de un aparato electrónico en el pecho para excitarlo artificialmente, ha tenido éxito en el tratamiento de la depresión y el dolor crónicos, imposible de obtener por ningún otro medio, aunque no se conoce con precisión cómo se producen tales resultados. Pero algo sabemos.

Como ya hemos visto, el reflejo de inmersión que se desencadena cuando sumergimos la cara en agua fría, pone en acción el vago y ralentiza el corazón, la respiración y el metabolismo, de modo que la activación vagal puede ser una consecuencia benéfica más del hecho de nadar en agua fría. Los ejercicios de respiración, con inspiraciones diafragmáticas profundas en lugar de las breves y superficiales realizadas desde el pecho, también pueden poner en juego al vago, lo mismo que, sugiere Porges, prácticas similares como son tocar un instrumento de viento, cantar e incluso ampliar la duración de las frases cuando se habla; todo ello tendrá un profundo efecto en las influencias vagales sobre el corazón.[45] El efecto tranquilizador de la respiración controlada es una práctica muy conocida de biorretroalimentación. Es también una parte importante del yoga, la meditación y algunas religiones orientales, en especial el arte budista conocido como *mindfulness* o plenitud de conciencia, en el cual la mente y el cuerpo se unen a través de la atención centrada en la respiración. Este ejercicio puede tener otros beneficios: el neurocientífico Read

298

Montague y sus colaboradores han descubierto que la gente que practica la meditación budista pone en juego sus sensaciones instintivas más que otras personas, lo que se traduce en elecciones más racionales a la hora de adoptar decisiones financieras.[46] En cierto sentido, la investigación sobre el estrés, el nervio vago y las sensaciones instintivas está tendiendo un puente entre Oriente y Occidente.

Sólo estamos empezando a entender y a utilizar el poder del nervio vago. ¿Podemos incrementar el tono vagal? ¿Podemos entrenar este nervio para que contacte más rápidamente y actúe de modo más poderoso, a fin de disminuir nuestra dependencia de la respuesta de lucha o huida, metabólicamente costosa, o, lo que es más importante aún, de la lisa y llana respuesta de estrés, con los consiguientes elevados niveles de cortisol? Dado el poder y el arco de acción del nervio vago, hallar respuestas a esas preguntas representa algo así como un Santo Grial para la investigación sobre el estrés.

EL ESTRÉS EN EL LUGAR DE TRABAJO

Más allá de los regímenes de fortalecimiento individual, ¿hay cambios objetivos que podamos realizar en el lugar de trabajo para reducir el estrés? La novedad, la incertidumbre y la incontrolabilidad parecen endémicas a los propios mercados, ¿cómo pueden entonces los bancos minimizar estas condiciones? ¿Deberían intentarlo? Tal vez no. En niveles moderados, la incertidumbre de los mercados proporciona la chispa que enciende la asunción de riesgos, que es precisamente el papel que se asigna a los bancos. Pero no es eso lo que ahora me interesa. Lo que me interesa son los efectos debilitantes que el estrés crónico tiene sobre la salud, la aversión al riesgo y, más allá aún, sobre la estabilidad del mercado financiero. ¿Puede el estamento de dirección aprender algo de la fisiología para contribuir a aliviar estas condiciones patológicas? Creo que sí.

Los Whitehall Studies que he mencionado en el capítulo

anterior se ocuparon de las consecuencias que tenía para la salud la inseguridad y la falta de control en la administración pública británica, y constataron que la incertidumbre que se creaba entre los empleados llevaba a un notable incremento de la hipertensión arterial, los niveles de colesterol y las enfermedades cardiovasculares. También mis colaboradores y yo hemos encontrado que la incertidumbre del mercado, tal como se mide por la volatilidad y la incontrolabilidad en los P&L de los operadores, tenía un efecto muy fuerte sobre los niveles de cortisol.

Reducir la incertidumbre y permitir al personal siquiera un modesto control puede tener un efecto notable sobre la salud. Los médicos han comprobado esto con pacientes que padecían dolor y que sufrían aún más cuando no sabían en qué momento se les administraría la medicación analgésica. En un experimento extremo, unos cuantos médicos concedieron a los pacientes la facultad de autoadministrarse los analgésicos y el volumen de éstos se redujo. La eliminación de la incertidumbre y la incontrolabilidad tuvo como consecuencia la reducción de la necesidad de analgésicos. El dolor es una señal que nos dice que preservemos el tejido dañado, y es razonable suponer que durante el estrés la señal nos advierte que el peligro que corremos de aumentar el daño es mayor. Si se elimina el estrés, tal vez la señal no necesite ser tan perentoria. La analgesia controlada por el paciente, que es el nombre con que se conoce este tratamiento, es hoy una práctica normal en muchos hospitales.

Si, como puede ocurrir, no es posible eliminar la incertidumbre y la incontrolabilidad en el lugar de trabajo, corresponde a los trabajadores reducir esta incertidumbre y establecer todo el control posible fuera de él, en su vida privada. Puede que no seamos capaces de controlar los mercados financieros, pero sí podemos ejercer al menos cierto control sobre nuestro cuerpo, sobre lo que comemos, con qué frecuencia vamos al gimnasio, con quién pasamos el tiempo, etc. Al hacer eso obtenemos un punto de apoyo en medio del caos y esto puede convencernos —darnos la ilusión, si se prefiere— de que dominamos la situación. Puede ser una ilusión que no nos evitará seguir perdiendo dinero ni ser despedidos, pero que a largo plazo puede ayudarnos a reducir el daño que recibe nuestro cuerpo.

Otro antídoto poderoso contra el daño físico que produce la incertidumbre es el soporte social. Un círculo de amigos íntimos y familiares y un equipo de administración que proporcione apoyo en el trabajo pueden ser una fuerza particularmente importante para mitigar el daño del estrés. El alcance de dicha fuerza resultó evidente gracias a un estudio sobre estrés y mortalidad que se llevó a cabo en Suecia. Los investigadores entrevistaron a 752 hombres, a los que les pidieron que indicaran cuántos acontecimientos importantes habían tenido lugar recientemente en su vida, como un divorcio, un despido o problemas financieros. Siete años después, los investigadores hicieron un seguimiento de estos hombres. La tasa de mortalidad entre los que habían informado estar crónicamente estresados fue tres veces superior a la de los que habían informado no estar estresados. Sin embargo, entre los hombres que se habían declarado estresados, los que contaban con un círculo de apoyo de amigos y familiares no dieron en absoluto muestras de correlación entre vida estresada y aumento de la mortalidad.[47]

Igualmente efectiva para combatir los efectos de la incertidumbre y la incontrolabilidad en el lugar de trabajo es una política de delegación del control. En su libro pionero titulado *Healthy Work*, ya mencionado en el capítulo anterior, Theorell y Karasek investigaron un modelo de gestión muy autoritario, en el que los trabajadores especializados ejecutan mecánicamente un plan que les transmiten los estamentos superiores. La mayoría de los empleos de las compañías que se adherían a ese modelo tenían una pesada carga de trabajo y escaso control sobre éste, y mostraban también una alta incidencia de enfermedades relacionadas con el estrés. Theorell y Karasek se preguntaron si la enfermedad en el lugar de trabajo es el precio inevitable de mayores beneficios empresariales. Esos autores concluyeron que no es así, que un trabajador sano es un trabajador productivo. Además, un trabajador sano supone muchos menos costes médicos y este ahorro puede sumarse a los ahorros sustanciales tanto para la empresa empleadora como para la economía en su conjunto. La investigación de Theorell y Karasek, así como otros estudios similares, sugieren que los niveles de estrés en el lugar de trabajo y la salud de los trabajadores deberían convertirse en objetivos de la gestión empresarial al mismo título que los beneficios a corto plazo. Esos autores citan el caso de una planta de coches Volvo de Suecia que delegó el control de muchos detalles de la producción a pequeños grupos de trabajadores y se encontró con una notable disminución de la incidencia de las enfermedades relacionadas con el estrés.[48]

En la banca, el estrés de la incertidumbre y la incontrolabilidad derivan del mercado y del P&L, pero también, al igual que en otros lugares de trabajo, de la cadena de mando. Algunas de esas fuentes de incertidumbre son fáciles de reducir al mínimo. Determinados fondos de cobertura, por ejemplo, reconocen que el negocio implica dos fases distintas, la concepción de un negocio y su ejecución, y que la responsabilidad de la segunda puede retirarse a los que asumen el riesgo final y pasarse a una mesa de ejecución, con lo que se reduciría el estrés de los tomadores de riesgos. Muchos operadores echan en falta la parte ejecutiva de la operación, pero los gestores que han probado esa innovación creen que mejora la adopción de decisiones. La banca utiliza otra táctica para reducir la sensación de incontrolabilidad de sus operadores. Cuando estallan las crisis financieras, es normal que los operadores estén comprometidos con importantes posiciones en activos de riesgo, como hipotecas o bonos basura, que no pueden vender. Las posiciones perdedoras suponen para ellos cargar con un enorme peso muerto que les hace prácticamente imposible realizar las operaciones diarias. A menudo, la dirección elimina esas posiciones de las cuentas de los operadores individuales para que éstos puedan concentrarse en nuevos negocios.

Sin embargo, la fuente más potente de novedad, incertidumbre e incontrolabilidad que hay en la banca es la inestabilidad del equipo directivo. Cuando estallan las crisis, los operadores pierden dinero y eso, inevitablemente, les produce estrés, pero este estrés no es nada en comparación con el que deriva de los rumores que circulan en un banco en torno a despidos, grandes reorganizaciones de la dirección, alguien que se hará cargo de las responsabilidades de tal o cual operador, etc. A mi entender, esos rumores son la causa principal del estrés en un banco y, por desgracia, este tipo de estrés se presenta precisamente cuando menos podemos manejarlo, esto es, durante una crisis. Si queremos estabilizar las preferencias de riesgo en el sector financiero, o al menos los cambios en las preferencias de riesgo derivados de los cambios fisiológicos relacionados con el estrés, deberíamos reducir todo lo posible el estrés que tiene su origen en el equipo directivo. Puede que sea imposible controlar el mercado, pero el estrés procedente de la inestabilidad de la dirección empresarial sí se puede controlar, al menos mucho más que en el presente.

Durante una crisis, los niveles medios de dirección suelen actuar como los monos dominantes que, cuando se los somete a estrés, comienzan a acosar a los monos jóvenes. Por tanto, los máximos niveles de dirección deberían impedir que los administradores de nivel medio descargaran su frustración sobre los operadores (y el personal de venta), por duro que eso sea, por merecido que pueda resultar su cese. Si alguien piensa que estoy proponiendo un clima agradable y de apoyo para los operadores que pueden muy bien haber contribuido a hacer saltar por los aires nuestro sistema financiero, que sepa que no es ésa mi intención. Lo que me preocupa es más bien el afianzamiento de preferencias de riesgo que, llegada una crisis, pueda convertir una comunidad financiera en una población clínica. Una vez que esto ha ocurrido, toda la economía se resiente.

Sin embargo, quizá la manera más eficaz de reducir el estrés en el mundo financiero sea la estabilización de la naturaleza de las carreras profesionales de banqueros y operadores. Tenemos que hacer del empleo en el sector financiero algo más afín a la construcción de una carrera profesional que al abrirse espacio a codazos en la rueda de la ruleta. En un banco ideal encontraríamos incentivos en forma de primas, programas de gestión de riesgo y políticas de empleo que contrarrestarían la inestabilidad en nuestra biología, suavizando las olas. Pero, por desgracia, lo que encontramos es justamente lo contrario: primas, límites de riesgo y prácticas de contratación de empleo que operan de manera poderosamente procíclica, expansivas durante el boom y contractivas durante el descalabro. Para ver cómo funciona, podemos empezar por mirar más detalladamente los pagos de primas. Para ello, téngase en cuenta el siguiente escenario, que implica a dos operadores, a los que llamaremos Tortuga y Liebre.[49]

Tortuga gana 10 millones de libras anuales durante cinco años para el banco que lo emplea, y recibe primas anuales de 1 millón de libras. Liebre gana 100 millones de libras anuales durante cuatro años y recibe una prima de 20 millones de libras anuales —el mayor pago porcentual se debe a la intención de evitar que esta estrella se marche a un fondo de reserva—, pero el quinto año pierde 500 millones de libras y no recibe prima alguna. Pese a las gigantescas pérdidas resultantes, Liebre no tiene que devolver las primas ya cobradas. Haciendo cuentas, vemos que al final de los cinco años, Tortuga ha hecho ganar 50 millones de libras al banco y ha cobrado 5 millones en primas, mientras que Liebre ha hecho perder 100 millones de libras al banco y, sin embargo, se ha embolsado 80 millones.

Ahora pregúntese el lector cuál de estos dos operadores le gustaría ser. Y no suponga que Liebre se ha quedado sin trabajo. Perder un montón de dinero es muchas veces una señal de que se ocupa un lugar de poder en los negocios, y eso puede ser recompensado con una oferta de empleo de otro banco o fondo de cobertura. Si va usted a perder dinero en la industria financiera, pierda a lo grande.

La fábula de los dos operadores es muy simple, pero el cálculo estratégico subyacente al estilo de realizar operaciones bursátiles que ha elegido Liebre ha actuado en nuestro sistema financiero como un ácido corrosivo. Cualquiera que asume riesgos advierte pronto que lo que más le conviene es maximizar la volatilidad de los resultados de sus operaciones y la frecuencia de los pagos de primas que reciba. Esta estrategia aumenta sus probabilidades de cobrar las máximas primas, como en los años en que Liebre hacía ganar 100 millones de libras al banco. Y lo que va bien a los operadores también va bien a los gestores, e incluso al consejero delegado del banco: todos han llegado a la conclusión de que para maximizar su riqueza a largo plazo han de centrarse en los beneficios a corto plazo. Además, si al año siguiente todos los operadores tipo Liebre saltan por los aires, también lo hacen todos los bancos; sin embargo, ninguna persona ni ningún banco parecen malos individualmente.

Pero tal vez lo más peligroso es que, con el respaldo de la dirección, a los operadores que optan por la estrategia de Liebre se les da la libertad de aumentar su riesgo precisamente cuando es eso lo que menos necesita el sistema, es decir, en los mercados en alza. De esta manera, la gestión del riesgo y la insidiosa lógica de los cálculos de primas hacen lo suyo para ampliar la biología desestabilizadora de la toma de riesgos.

Un modo de dominar estas gigantescas oleadas de toma de riesgos y mantenerse a salvo en el parqué durante la marea alta es instituir un programa de primas que compense a los operadores al final de un determinado ciclo de negocios (aproximadamente cada cuatro o cinco años) y no de forma anual. Si los operadores arrojaran buenos resultados durante unos años, podrían empezar a extraer dinero del fondo común de primas. Pero si tras unos años, como Liebre, perdieran todos sus beneficios, perderían también todas las primas anteriores. Los bancos podrían también incrementar la cifra de las primas diferidas en función del tiempo que un operador mantenga su rentabilidad, pagando, digamos, el 5 % por las ganancias de un año, el 7 % por las de dos años, el 10 % por las de tres años, y así sucesivamente.

Por su parte, los gestores de riesgos podrían dedicar más tiempo a contener a sus operadores estrella, incluso apartándolos del parqué por unos días para dejarles un período de enfriamiento fisiológico, algo muy parecido a la interrupción de un partido de tenis por lluvia. La Sarbanes-Oxley Act de los Estados Unidos, ley de 2002 destinada a mejorar la gobernanza de las empresas y la transparencia financiera, alentaba unas vacaciones obligatorias durante las cuales el empleado no tuviera ningún contacto con su medio laboral. Estas vacaciones podían tener el efecto inesperado de romper los bucles de retroalimentación fisioló-

305

gica y devolver su estado normal al organismo del tomador de riesgos.

También debería modificarse la política de empleo. Cuando los mercados rugen, los bancos suman empleados como si el crecimiento fuera a mantenerse de manera exponencial; y cuando llega el inevitable derrumbe, despiden con la misma falta de criterio. He oído utilizar la analogía de una puerta giratoria en referencia a la política de empleo de los bancos. Y también he oído a directivos comparar los parqués con hornos con sistema de autolimpieza por la rapidez de su rotación de personal. Cuando estalla la crisis, estas prácticas exageran el estrés.

Sin embargo, si los empleados de banca fueran contratados en menor número y, en caso de que hicieran un trabajo satisfactorio, sus empleadores les asignaran una responsabilidad a largo plazo, y si las primas se calcularan sobre un período más largo, probablemente veríamos pérdidas mucho menores en las operaciones financieras, reducida la volatilidad de las ganancias y eliminada en gran parte la necesidad de despidos durante las malas rachas. Si los operadores supieran que sus intereses a largo plazo están mejor atendidos por una toma de riesgos prudente que por una temeraria, y si además supieran que una prudente asunción de riesgos les garantiza un empleo seguro, estoy dispuesto a apostar que encontraríamos mucho menos pesimismo irracional y aversión al riesgo precisamente cuando la economía necesita que se asuman riesgos.

En resumen, la naturaleza y la cultura, la biología y la gestión empresarial, contribuyen a crear crisis financieras, y si queremos mitigar estas crisis, es necesario intervenir en ambos campos. Mis colaboradores y yo hemos comprobado que la gestión tiene peso más que suficiente para domar las fieras que acechan en el interior de los tomadores de riesgos, pues en uno de los estudios ya mencionados hemos encontrado altos niveles de testosterona y elevados índices de la Sharpe Ratio (es decir, el grado de beneficio en relación al riesgo asumido) en los mismos operadores. ¿Cómo puede ser? Si la testosterona aumenta el apetito de riesgo de un operador, ¿no puede también llevarlo fácilmente a operar con deshonestidad? Probablemente. Pero en la sala de negociaciones en la que llevamos a cabo el estudio, los directivos empleaban un sistema draconiano de gestión del riesgo –poner rápidamente fin a los negocios que dan pérdidas y decir a los operadores que no hagan nada cuando no están en la zona– en combinación con un programa de reparto de beneficios, y esto había contenido en efecto el apetito de riesgo de los operadores. En este parqué, la naturaleza y la cultura se combinaban para estimular la toma de riesgos prudente y provechosa. Nosotros llegamos a la conclusión de que en la operación financiera, lo mismo que en el deporte, la biología necesita la guía de la experiencia e incentivos bien estructurados.

Los bancos podrían dar aún otro paso más para ayudar a mejorar la salud de sus trabajadores y, por ese medio, estabilizar la toma de riesgos mediante lo que se ha llamado «programas de bienestar». Un programa de bienestar es una forma de medicina preventiva, con la diferencia de que a menudo la clínica que administra el programa está situada en un gimnasio o en el lugar de trabajo. Una o dos compañías médicas privadas del Reino Unido y de Estados Unidos han combinado los locales de atención, instalando clínicas médicas en gimnasios y oficinas. Con eso han dado a los empleados la oportunidad de consultar al mismo tiempo a un entrenador personal, un fisiólogo y un médico. Estos programas ofrecen una manera integrada de supervisar la vida de un empleado, desde el lugar de trabajo hasta el hogar y sus hábitos de recreación y de comida, de manera tal que se pueda contribuir de forma coordinada a reducir el estrés. Esto permite a la compañía médica detectar tendencias en la salud de los empleados de una empresa. Si se descubre una elevada incidencia de cierta perturbación de la musculatura esquelética, puede buscarse su causa en el lugar de trabajo. Si se comprueba una elevada incidencia de una determinada alteración relacionada con el estrés, también puede buscarse su origen.

En resumen, una vez que hemos aprendido a comprender las señales que nos envía el cuerpo, incluyendo la fatiga y el estrés, tenemos una gran tarea que podemos realizar, como individuos, para fortalecernos contra sus estragos, y como directivos, para minimizar su impacto. Prudencia y visión de futuro son las cualidades de los directivos que ponen la salud y la estabilización de las preferencias de riesgo como máximas prioridades de su compañía.

9. DE LA MOLÉCULA AL MERCADO

GESTIÓN DE LA BIOLOGÍA DEL MERCADO

En nuestros días, las crisis financieras se producen con alarmante frecuencia y con mayor severidad que en cualquier otro momento posterior al crac de 1929. Esta inestabilidad ha sido principalmente el resultado de cambios fundamentales en los mercados: tipos de interés real históricamente bajos, desregulación financiera, bajo margen de exigencias y elevado apalancamiento, apertura de vastos mercados nuevos en Asia y las economías emergentes y, por último, aunque fundamental, el declive de las entidades financieras de Wall Street, la City de Londres y otros lugares, con la concomitante sustitución de la prioridad de los beneficios a largo plazo por la de los rendimientos a corto plazo. Pero tanto el mercado alcista como el bajista que derivan de esos cambios han sido burdamente exagerados por la exuberancia y el pesimismo irracionales de los tomadores de riesgos. Y éstas, como he sostenido, son reacciones biológicas a condiciones de oportunidad y amenaza extraordinarias. Las hormonas –y la cascada de otras señales moleculares que las hormonas emiten– pueden ejercer tal influencia en el organismo de operadores e inversores, ya sea durante los mercados en alza, ya sea en los bajistas, que llegan a alterar las preferencias de riesgo y a ampliar las apuestas.

No hay duda de que, bajo la influencia de hormonas patológicamente elevadas, la comunidad financiera, ya sea en la culminación de la burbuja, ya sea en el abismo de un crac, puede convertirse efectivamente en una población clínica y, en esas condiciones, tornarse insensible a precios y tipos de interés y contribuir enormemente a la violencia y la intratabilidad de mercados desenfrenados, hasta hacer de ellos lo que Nasim Taleb ha denominado «cisnes negros».[1] Esto quizá explique por qué los bancos centrales tuvieron tan poco éxito a la hora de detener el mercado o de colocar una red de seguridad bajo un mercado que se hundía. Por tanto, cuando se construyen modelos de los riesgos a los que se enfrentan un banco o una economía, los gestores de riesgos y los responsables políticos no deberían perder de vista el probable estado clínico de la comunidad financiera en situaciones extremas. Si el mercado de valores cayera un 50 % el año siguiente, por ejemplo, sería razonable suponer que la comunidad financiera estará traumatizada y no podrá responder a una reducción de los tipos de interés.

Un economista que comprendió plenamente los desafíos que la toma de decisiones irracionales presenta para la política fue Keynes. Este autor describió con gran lucidez cómo los «espíritus animales» impulsan la inversión y el sentimiento del mercado, pero carecía por completo de formación biológica, de modo que nunca intentó especificar qué eran exactamente esos espíritus animales. Sin embargo, cuanto mayor era el lugar que los espíritus animales ocupaban en su pensamiento, menor era su confianza en los tipos de interés como herramientas para gestionar los mercados. Ésta es una de las razones por las que creyó en la política fiscal, es decir en la asunción por el Estado de la función de estabilizar una economía que ya no puede hacerlo por sí misma. Keynes albergaba dudas acerca del ideal de que la vida estuviera guiada por una elección racional, así como acerca de que dicha elección orientara la política pública.[2] Una vez, rememorando una conversación que había mantenido con su amigo Bertrand Russell, filósofo superracionalista, aludió a estas dudas. Russell, recordaba Keynes, afirmaba que el problema de la política era su dirección irracional y que la solución consistía en comenzar a dirigirla racionalmente. Keynes comentaba con ironía que las conversaciones que se desarrollaban según esas líneas eran realmente muy aburridas. Y lo siguen siendo hoy.

Por tanto, ¿cómo podemos tratar la exuberancia y el pesimismo irracionales? ¿Pueden los directivos de un banco o de un fondo, y los bancos centrales, gestionar la biología de los tomadores de riesgos?[3] Estamos aquí al margen de cualquier descripción que se desprenda de la teoría de la elección racional. Vivimos en una cultura dominada por los ideales platónicos y cartesianos según los cuales la razón es árbitro final de nuestras decisiones y de nuestra conducta. Si ésta es nuestra condición, para remediar la conducta irracional los gestores del riesgo y los responsables de política económica —en este caso, operadores e inversores— deberían proporcionar más información al público o ayudarle a extraer conclusiones correctas de la información que ya poseen. La cura propuesta aquí para la toma irracional de riesgos es, pues, una cura por la palabra. Alternativamente, los gobiernos y los bancos centrales podrían cambiar algunos precios en el mercado, como los tipos de interés, y dejar que los agentes económicos racionales, de acuerdo con esos cambios, reasignaran los dólares que gastan y que invierten. Desgraciadamente, el ideal de elección racional, así como las políticas que de él derivan, nos han impedido por completo dotarnos de alguna habilidad para tratar una biología humana desenfrenada tanto en el plano individual como en el de la dirección política.

Y este desafío no se circunscribe a los mercados financieros, pues se da por doquier. David Owen, el ya mencionado político y neurólogo británico, ha estudiado este problema en el mundo político. Durante su larga carrera en la Cámara de los Comunes y luego en la de los Lores, que va de los años sesenta hasta nuestros días, Owen ha observado que muchos líderes políticos sucumben a algo muy parecido a la exuberancia irracional; después, la *hybris* consiguiente suele sembrar el país de confusión. Owen reconoce que este síndrome, que se contrae en el ejercicio del poder, representa todo un enigma para la teoría política: ¿cómo proteger el país de líderes que desarrollan en el desempeño de su cargo el equivalente a una enfermedad mental?[4] La preocupación de Owen es un eco de la de los directivos de los bancos centrales que, en una situación muy semejante, afrontan el problema de gestionar y contener el daño que una biología desequilibrada produce en los mercados. Una vez más, no encontramos en nuestro canon de teoría económica y política gran cosa que nos ayude a resolver estos problemas.

Sin embargo, la investigación reciente en el campo de la neurociencia y la fisiología ha sugerido que es mucho lo que podemos hacer. En el capítulo anterior hemos expuesto algunas investigaciones que mostraban de qué manera podían los individuos reconocer el estrés y los desequilibrios hormonales, controlarlos y aumentar la resistencia a ellos. Y vimos también de qué manera la gestión podía contribuir a suavizar la respuesta de estrés en el lugar de trabajo. Los gestores financieros se dan cuenta así de que la formación y la dirección de los tomadores de riesgos requieren mucho más que el hecho de transmitirles una vastísima información, pues es imprescindible entrenar sus habilidades. Los gestores de riesgos deberían asignar también la misma importancia a la observación conductual de los tomadores de riesgos –preferiblemente, sobre la base de un adecuado conocimiento de la fisiología– que a las mediciones cuantitativas. La dependencia exclusiva de las mediciones ha demostrado ser espectacularmente inútil a la hora de predecir y gestionar la crisis de crédito.

Quizá haya otra manera de desactivar la explosiva combinación de hormonas y asunción de riesgos en el mercado: cambiar su biología.

LAS MUJERES Y EL MUNDO FINANCIERO

Pero ¿cómo se consigue esto? Si un mercado alcista es potenciado por un bucle de retroalimentación de testosterona en operadores e inversores –es lo que sugieren mi experiencia personal en las finanzas, los experimentos con operadores que hemos realizado mis colegas y yo mismo y estudios de otros investigadores sobre hormonas–, ¿debe entenderse que las burbujas son un fenómeno predominantemente masculino? Si éste es el caso, ¿podría reducirse la inestabilidad de los mercados empleando en ellos a más mujeres y a hombres mayores? Sabemos que la estabilidad del mercado depende de la existencia de una diversidad de opiniones —queremos que haya gente que compre y gente que venda— y tal vez lo mismo pueda decirse de la biología, lo que significa que la estabilidad de los mercados requiere diversidad biológica.[5] Y la biología de las mujeres y los hombres mayores es muy diferente de la de los hombres jóvenes.

Empecemos por los hombres mayores. Las hormonas alteran el curso de la vida de un hombre (y también la de una mujer). Los niveles de testosterona en los hombres aumentan hasta mediados de la treintena y luego declinan, lentamente hasta los cincuenta y con rapidez a partir de esa edad. Al mismo tiempo, suben los niveles de cortisol. A medida que envejecen, los hombres se van haciendo cada vez menos sensibles a los bucles de retroalimentación de testosterona que, como he sostenido, pueden transformar la asunción de riesgos en una conducta peligrosa. Además de la alteración biológica, los hombres mayores aportan a un banco o un fondo toda una vida de valiosa experiencia. Han pasado por situaciones adversas —el crac de 1987, por ejemplo, o la crisis de Savings & Loan de finales de la década de 1980 y comienzos de la de 1990, cuando centenares de bancos norteamericanos se declararon insolventes—, de modo que es menos probable que asuman riesgos antes de meditar acerca de un amplio abanico de resultados posibles. Sin embargo, las salas de transacciones financieras son tradicionalmente hostiles a los operadores más antiguos, tal vez a causa de que sus reacciones más lentas o su actitud más prudente son erróneamente interpretadas como miedo. Pero hay poca evidencia de que la edad dañe el juicio de los inversores o su capacidad para asumir riesgos. De hecho, los inversores más famosos, como Warren Buffett y Benjamin Graham, adquirieron su estatus a edad avanzada, no en la juventud.

Por otro lado, la biología de las mujeres es muy distinta de la de los hombres. Las mujeres producen una media de alrededor del 5 al 10 % de la testosterona que producen los hombres, y no han estado expuestas a los mismos efectos organizativos de los andrógenos prenatales, de modo que son menos proclives que los varones jóvenes al efecto del ganador. La respuesta de estrés de las mujeres también difiere sustancialmente de la de los hombres. La psicóloga Shelley Taylor y sus colegas han sostenido que la reacción de lucha o huida es una respuesta predominantemente masculina, y que la ausencia de reacción a la amenaza no tiene en absoluto el mismo sentido para las mujeres que para los hombres. Ciertamente, si se topa con un oso pardo, una mujer experimentará la respuesta de lucha o huida de la misma manera que un hombre. Pero Taylor piensa que la reacción natural de una mujer a la amenaza, al menos en las situaciones sociales que conforman el entorno normal de nuestros días, es la que esta autora llama de «cuidado y amistad», una necesidad de asociación.[6] Taylor argumenta que si una mujer tiene hijos a su cargo, el cuidado y el establecimiento de una relación amistosa tiene más sentido que lanzarse a una pelea a puñetazos o salir corriendo.

En cuanto a su respuesta de estrés a largo plazo, las mujeres tienen unos niveles medios de cortisol semejantes a los de los hombres y con el mismo grado de volatilidad. Pero la investigación ha constatado que la respuesta de estrés de las mujeres es desencadenada por acontecimientos ligeramente distintos. Las mujeres no se sienten tan estresadas como los hombres por fracasos en situaciones competitivas; en cambio, las estresan más los problemas sociales, ya sean familiares o de relaciones.[7] El resultado de estas diferencias endocrinas entre hombres y mujeres es que cuando ganan o pierden dinero, las mujeres pueden ser menos reactivas hormonalmente que los hombres.[8] Por tanto, un número mayor de mujeres entre los tomadores de riesgos del mundo de las finanzas podría contribuir a reducir la volatilidad.

Queda una cuestión: si las mujeres podrían ejercer esa saludable influencia en los mercados, ¿por qué hay tan pocas operadoras financieras? ¿Por qué las mujeres no se abren camino en los parqués, y por qué los bancos y los fondos de cobertura no las atraen a su seno? Las mujeres no pasan del 5 % del total de operadores en el mundo financiero y esa baja proporción incluye los resultados de los avances que en materia de diversidad han tenido lugar en los grandes bancos. Las explicaciones más comunes que se han dado de esta escasez de mujeres es su reticencia a trabajar en un medio tan machista o su excesivo rechazo del riesgo, incompatible con este tipo de trabajo.

Es posible que haya algo de verdad en estas explicaciones, pero no me merecen demasiada confianza. Para empezar, puede ser que a las mujeres no les guste el ambiente de un parqué, pero estoy seguro de que les gusta el dinero. Hay pocos empleos que rindan más que el de un operador financiero. Además, las mujeres ya están presentes en la sala de operaciones, donde constituyen aproximadamente el 50 % del equipo de ventas, y el equipo de ventas está precisamente al lado de las mesas de los operadores. Así que las mujeres ya se encuentran inmersas en el ambiente machista y el jaleo, sólo que no operan. Además, no estoy convencido de que un medio masculino deje tan fácilmente fuera a las mujeres como esta explicación da por supuesto. Hay muchos mundos antiguamente dominados por hombres que hoy emplean a más mujeres, como por ejemplo el del derecho y el de la medicina, profesiones que una vez se consideraron exclusivamente masculinas pero que en el presente cuentan con proporciones bastante igualadas de hombres y mujeres (aunque, admito, no en los niveles superiores de gestión). En conclusión, el argumento del ambiente machista no me convence.

¿Y qué hay de la otra explicación, la de que los hombres y las mujeres se diferencian en su apetito de riesgo? Varios estudios realizados en el campo de las finanzas conductuales sugieren que en las tareas de elección monetaria computerizada las mujeres son más reacias al riesgo que los hombres.[9] Pero esto tampoco me convence del todo, porque otros estudios de conducta real de inversión muestran que muchas veces las mujeres superan a los hombres en el trayecto largo y esta superación, de acuerdo con la teoría formal de las finanzas, es señal de mayor asunción de riesgos. En un artículo importante titulado «Boys will be Boys», dos economistas de la Universidad de California, Brad Barber y Terrance Odean, analizaron los registros de agencias de corredurías bursátiles de 35.000 inversores personales durante el período

1991-1997 y descubrieron que las mujeres superaban a los hombres en un 1,44 %.[10] Análogo resultado fue anunciado en 2009 por la Hedge Fund Research, con sede en Chicago, que encontró que en los nueve años anteriores los fondos de cobertura dirigidos por mujeres habían superado significativamente a los dirigidos por hombres.

Barber y Odean atribuyeron el rendimiento superior de las mujeres al hecho de haber realizado menos operaciones en sus cuentas. Los hombres, por el contrario, tendían a operar en demasía sus cuentas, conducta que los autores consideran una señal de exceso de confianza, una manifestación de su convicción típicamente masculina de ser capaces de doblegar el mercado. El problema del exceso de comercialización es que cada vez que uno compra y vende un valor tiene que pagar un diferencial entre oferta y demanda, más alguna comisión, y estos costes se suman con tanta rapidez que disminuyen sustancialmente los beneficios. ¿Se debe la mejor actuación en la toma de riesgos de las mujeres a los menores costes de las transacciones? ¿O se debe en parte a una mayor exposición al riesgo? ¿O a un juicio más acertado? ¿Cómo podemos conciliar los hallazgos experimentales según los cuales las mujeres son reacias al riesgo con los datos de sus beneficios reales, que sugieren que o bien se arriesgan más, o bien piensan mejor? Hay una pista que podría ayudarnos a resolver este misterio.

Como hemos dicho ya, las mujeres constituían cerca del 5 % del personal medio de un parqué. Pero estos números cambian enormemente cuando dejamos los bancos y visitamos a sus clientes, las compañías de gestión de activos. Aquí encontramos un porcentaje mucho mayor de mujeres. Los números absolutos no son grandes, porque los gestores de activos emplean muchos menos tomadores de riesgos que los bancos, pero en algunas de las grandes compañías de gestión de activos del Reino Unido las mujeres llegan al 60 % del personal que asume riesgos. Creo que este dato es decisivo para entender las diferencias entre hombres y mujeres en lo tocante a la asunción de riesgos. La gestión de activos es una actividad que implica la toma de riesgos, de modo

316

que hemos de excluir el hecho de que las mujeres no asuman riesgos; se trata simplemente de un estilo de asunción de riesgos distinto de la variedad de alta frecuencia que predomina en los bancos. En la gestión de activos, uno se puede tomar tiempo para analizar un valor y luego retener la negociación resultante durante días, semanas o años. De modo que la diferencia entre la asunción de riesgos masculina y la femenina puede que no resida tanto en el nivel de aversión al riesgo como en el tiempo del que prefieren disponer para tomar sus decisiones.

Tal vez los hombres hayan dominado las salas de negociaciones financieras de los bancos porque la mayor parte de las transacciones que en ellas se efectúan ha pertenecido tradicionalmente a la variedad de alta frecuencia. A los hombres les encanta esta toma de decisiones rápida y el aspecto físico de la negociación. Pero ¿necesitan hoy realmente los parqués tantos tomadores de riesgos de reacción rápida? Los bancos los necesitan, sin duda; pero con la aparición de las cajas de mera ejecución que hemos analizado en el capítulo 2, hoy estamos en condiciones de separar los distintos rasgos requeridos por un tomador de riesgos –vocación de mercado, saludable apetito de riesgo y rapidez en las reacciones– y dejar la ejecución rápida para los ordenadores. Lo único que se requiere de los tomadores de riesgos es, cada vez más, su vocación de mercado y su comprensión del riesgo una vez que han apostado por un negocio, y no hay razón para creer que los hombres sean en esto mejores que las mujeres. Lo importante es que el mundo financiero necesita urgentemente más pensamiento estratégico a largo plazo, y los datos indican que en esto las mujeres sobresalen. A medida que los bancos, los fondos de cobertura y las compañías de gestión de activos evalúen sus necesidades normales y salgan a la luz más datos sobre el comportamiento de las mujeres como tomadoras de riesgos, las instituciones financieras, creo, contratarán cada vez más mujeres.

Además de dejar que el mercado siga su curso natural, hay una política que podría apresurar la contratación de mujeres. Es la que consiste en alterar el período durante el cual se juzga el rendimiento de los tomadores de riesgos. Para repetir un punto que ya hemos expuesto en el capítulo anterior, el problema del mundo financiero actual estriba en que ese rendimiento se mide en un lapso muy corto. Las primas se asignan anualmente, y a lo largo de ese año los operadores sufren multitud de presiones que los impulsan a comerciar activamente –a los directores de los parqués no les gusta ver a la gente sentada y de brazos cruzados, aunque eso sea lo mejor que se pueda hacer en ese momento– y a exhibir beneficios semanalmente. Es posible que esta agresiva exigencia a favor del rendimiento a corto plazo haya impedido a los bancos descubrir los elevados beneficios a largo plazo que las mujeres son capaces de obtener. La solución de este problema consiste simplemente en juzgar a las tomadoras de riesgos –y también a los tomadores de riesgos, por supuesto– sobre la base de un período largo. Esto se consigue, una vez más, calculando las primas sobre la base de todo un ciclo de negocios. Si hiciéramos tal cosa, nos encontraríamos con que los bancos y los fondos no se preocuparían demasiado por la lentitud de los retornos de un operador, sino únicamente por sus retornos en un ciclo completo. El mercado valoraría la estabilidad y el alto nivel del rendimiento de las mujeres a largo plazo y los bancos, naturalmente, comenzarían a escoger más mujeres como operadoras. No sería necesaria la discriminación positiva.

Sin embargo, hay otra –e inquietante– perspectiva para contemplar esta solución y cualquier otra que se proponga al problema de la inestabilidad del mercado. Se me ha sugerido que no deberíamos tratar de calmar los mercados, porque las burbujas, aunque problemáticas, son el pequeño precio que hay que pagar por la canalización de la testosterona masculina en actividades no violentas. Andrew Sullivan, en un artículo mencionado en el capítulo 1, ha expresado un interés similar. Reflexionando acerca del papel de la testosterona en nuestros días, se plantea que el verdadero desafío al que nos enfrentamos no es tanto el de incorporar más plenamente a las mujeres en la empresa, como el de detener el alejamiento de ella por parte de los hombres. Es un pensamiento escalofriante.[11] Keynes tenía más o menos la misma preocupación y llegaba a la conclusión de que el capitalismo, más que ningún otro sistema económico propuesto en la década de 1930, fue el antídoto preferido contra nuestros impulsos violentos, y bromeaba diciendo que es mejor intimidar el talonario de cheques que al vecino. Así que tal vez el mercado sea el mejor lugar donde airear la testosterona.

No creo que ésta sea la conclusión. El tipo de conductas extremas que dan mala fama a la testosterona es más fácil de encontrar cuando se aíslan machos jóvenes. Este fenómeno puede observarse en el mundo animal, y con notable intensidad en los elefantes. En ausencia de adultos, los machos jóvenes entran prematuramente en *musth*, que es un estado de excitación en el que sus niveles de testosterona aumentan 40 o 50 veces el nivel básico y los llevan a lanzarse a un comportamiento frenético, matando a otros animales y llevándose aldeas por delante. En Sudáfrica, los guardas forestales encontraron una solución a este problema: llevar un elefante adulto, cuya mera presencia calmaba a los peligrosos.

Este ejemplo del mundo animal es, por supuesto, mucho más extremo que cualquiera que pueda tomarse de la sociedad humana, pero ilustra de modo impresionante la cuestión a la que me estoy refiriendo. Quizá haya épocas en que deseemos que los varones jóvenes actúen sin ninguna inhibición, como en tiempos de guerra. Pero cuando se trata de colocar el capital de la compañía, que es justamente el objetivo que se asigna al sector financiero, probablemente no deseamos una conducta volátil. Lo que deseamos entonces es un juicio equilibrado y precios estables de los activos, y es más probable que cumplamos ese objetivo si tenemos presente a todo tipo de ciudadanos: hombres y mujeres, jóvenes y viejos.

Me gusta esta política de alterar la biología del mercado mediante el incremento del número de mujeres y de hombres mayores en él. Para defenderla no hace falta afirmar que las mujeres y los hombres mayores sean mejores tomadores de riesgos que los hombres jóvenes, sino sólo diferentes. En los mercados, la diferencia significa mayor estabilidad. Sin embargo, hay algo sobre lo cual no sólo tengo el presentimiento sino la plena convicción de que una comunidad financiera con mayor equilibrio entre hombres y mujeres y entre jóvenes y viejos no funcionaría en absoluto peor que el sistema que tenemos hoy en vigencia. Para empezar, hemos creado la crisis de crédito de 2007-2009 y sus réplicas aún en curso, y es simplemente imposible imaginar peor resultado para un sistema financiero.

Finalmente, esta política cuenta con un apreciable respaldo científico. En efecto, proporciona un buen ejemplo de la posible contribución de la biología a la regulación de los mercados financieros y lo hace además de un modo absolutamente ajeno a cualquier amenaza.

RETORNO A LO QUE UNA VEZ SUPIMOS

No es raro que la ciencia dé miedo. Las novelas y las películas descubren normalmente un futuro que amenaza nuestra individualidad y nos aplasta la dignidad, y es la ciencia, más a menudo que la política o la guerra, la que ha oficiado como partera de esta pesadilla propia de una distopía. Un elocuente ejemplo de ello es el filme *Gattaca*. Película bellamente rodada y no suficientemente apreciada, *Gattaca* hurga en nuestros más oscuros temores de una genética que se vuelve contra nosotros. Ambientada en un futuro no demasiado lejano, describe una sociedad en la cual las oportunidades de una persona –su trabajo, sus amigos y su cónyuge– están determinadas por su ADN. El personaje principal, encarnado por Ethan Hawke, quiere el empleo –es astronauta– y a la chica, Uma Thurman, pero no tiene el ADN correcto, circunstancia terrible que, indeleblemente registrada en su carnet de identidad, así como en cada pelo, cada uña y cada célula de la piel, está siempre lista para ser recordada, si es necesario, por los agentes de seguridad que tratan de comprobar su condición. Similares visiones de la ciencia en su papel de heraldo de un futuro no deseado pueden encontrarse en relatos de apocalipsis nuclear, virus creados en laboratorios que escapan de allí para invadir un mundo desprevenido, redes de ordenadores que ad-

320

quieren conciencia de sí mismos y deciden que los seres humanos no les gustan.

Sin embargo, a veces los descubrimientos científicos no nos asustan. A veces no son heraldos de un nuevo mundo terrorífico, sino que simplemente sacan a la luz el conocimiento tácito que siempre tuvimos y no fuimos capaces de expresar. Este conocimiento tácito se transmite entre el cuerpo y el cerebro. La mayor parte de él, como en el caso de la regulación homeostática, permanece inaccesible a la conciencia; otra parte, como las corazonadas instintivas, puede llegar al borde de la conciencia, y en ciertos casos, como los de la fatiga y el estrés, se puede tener plena conciencia del mismo, pero a menudo sin comprenderlo. Nos hallamos en la extraña situación de criaturas que, por un lado, producen mensajes corporales cuyo objetivo es mantener la salud y la felicidad o prepararnos para el movimiento, pero por otro, a veces no saben —o, mejor dicho, no saben conscientemente— cuál es su significado. Allí donde el cuerpo y el cerebro preconsciente se unen es como si, en nuestra división, fuéramos dos personas que se encuentran en sus fronteras comunes y tratan de comunicarse mediante un lenguaje del cual el otro sólo tiene una muy pobre comprensión. Afortunadamente, hoy en día estamos aprendiendo a descifrar esas señales. Gracias a la biología vamos comprendiendo por qué recibimos esos mensajes y cómo responder a ellos.

Los descubrimientos científicos también pueden tranquilizarnos en otro sentido, pues pueden devolvernos un conocimiento del que una vez fuimos conscientes —y que analizamos verbalmente—, pero hemos olvidado. Efectivamente, hubo un momento en que ingenuamente reconocimos que somos seres biológicos, y reflexionamos larga e intensamente sobre lo que ese simple hecho significaba desde el punto de vista ético, político y económico. Quien hizo esto del modo más notable fue, como ya se ha dicho, Aristóteles. En su obra encontramos un modelo para pensar nuestra vida de tal modo que valoremos plenamente el papel que el cuerpo desempeña en el pensamiento y la responsabilidad que le corresponde tanto en nuestros grandes sufrimientos como en nuestras grandes alegrías, así como el lugar que debe darse a sus demandas en la mesa de negociaciones políticas. Ésta es la razón por la que digo que en la actualidad la fisiología y la neurociencia nos están devolviendo la comprensión que en otra época tuvimos de la condición humana y que perdimos, pues el enfoque propio del pensamiento aristotélico permaneció enterrado por milenios bajo espesas capas de racionalismo platónico y cartesiano.

Aristóteles creó, prácticamente solo, la matriz de la mentalidad occidental y su influencia perdura en todos los ámbitos. Es probable que todos los estudiantes, con independencia de la facultad en la que estudien, lean algo de Aristóteles en su primer año de universidad, aunque sólo sea uno o dos párrafos: los de politología leerán la *Política*, los de derecho la *Ética*, los de filosofía la *Metafísica*, los de lógica los *Analíticos* y las *Categorías*, los de biología la *Historia de los animales*, los de medicina y química una cita o dos de la *Física*, y los de literatura –así como los aspirantes a guionistas de Hollywood– la *Poética*, en la que Aristóteles codificó la estructura de la narrativa occidental. Hasta se podría sostener que la propia división de la universidad en facultades debe su existencia a la manera en que Aristóteles cinceló nuestro conocimiento en sus diversas ramas, sobre la base de su tema y de método de estudio.

Pese a la amplitud de su influencia, hay una cuestión acerca de la cual los puntos de vista de Aristóteles se perdieron para la posteridad: la cuestión de la mente y el cuerpo. Cuando leemos en Platón que en nuestro cuerpo decadente arde la chispa de la razón pura, nos encontramos con algo que nos resulta tan familiar que apenas tomamos nota de ello. Pero cuando leemos en Aristóteles la afirmación de que «si el ojo fuera un animal, su alma sería la vista»,[12] nos preguntamos, naturalmente, ¿qué diablos significa eso? Nuestra sorpresa es prueba de la gran deriva que se ha producido durante los siglos transcurridos desde la visión que Aristóteles tenía de la mente y el cuerpo. Porque, para Aristóteles, estas dos cosas no podían separarse.

A este respecto, el pensamiento de Aristóteles está al mismo tiempo más cerca de nuestra experiencia cotidiana del modo en que el cuerpo afecta a nuestros pensamientos y de la investigación de vanguardia en el campo de la neurociencia. Este filósofo creía que la mente está necesariamente encarnada, que si no tuviéramos un cuerpo no tendríamos, lisa y llanamente, nada en que pensar. Sin embargo, fue el ideal platónico del pensamiento libre de la interferencia física lo que sobrevivió durante siglos como lo único que merecía la pena seguir, como faro de una racionalidad tan pura como las descoloridas columnas blancas de un templo griego. Y, en cierto sentido, la invocación a Platón no es sorprendente. Sus ideas son limpias, ordenadas, cristalinas. En Aristóteles no encontramos nada de este orden celestial. En realidad, cuando pasamos de Platón a Aristóteles suele chocarnos el realismo del estagirita. Pasamos de las protectoras alturas del Olimpo a una plaza que rezuma actividad, sudor y emoción. Poseedor de la capacidad de observación de un biólogo, Aristóteles comienza por estudiar todos los detalles complejos de nuestra existencia encarnada, las demandas que nos presentan el deseo, la codicia, la ambición, la ira, el odio, así como el impulso a las formas más nobles de pensamiento y de conducta, como la valentía, el altruismo, el amor y el ejercicio de la razón. En Aristóteles encontramos una ingenua y amorosa apreciación de la madera torcida de la humanidad. Podemos emocionarnos con la etérea belleza de la visión de Platón, pero con Aristóteles nos sentimos en casa.

Pero esta oposición idealismo-realismo entre Platón y Aristóteles también tiene otra manifestación, la de su pensamiento político. *La República* de Platón inspiró a incontables filósofos y líderes políticos durante siglos, pero sus ideas de la vida buena tendían a obligar a la gente a adoptar roles para los que no estaba preparada. A un precio muy elevado hemos aprendido que los ideales sobrenaturales conducen con demasiada facilidad a desastres políticos y sociales. De la misma manera, los ideales sobrenaturales de racionalidad económica también pueden conducir fácilmente al diseño de un mercado fatalmente proclive a la crisis financiera.

El realismo de Aristóteles, por otro lado, llevó a este pensador a recomendar instituciones políticas que se adaptaran a los seres humanos reales, no idealizados. Aristóteles prestaba atención a nuestra constitución, a nuestras singularidades biológicas, y luego juzgaba las políticas y las instituciones políticas en función de lo bien que se acomodaban a nuestra naturaleza, la efectividad con que sacaban a la luz lo mejor de nosotros y canalizaban lo peligroso por vías inocuas. En la actualidad, gracias a los avances en neurociencia y en fisiología, estamos redescubriendo la unidad de cerebro y cuerpo que Aristóteles ya había comprendido. Creo que deberíamos dar el próximo paso y seguir con este modelo en la concepción de la ciencia social. Con el desarrollo actual de nuestra comprensión de la biología humana estamos en condiciones de crear una ciencia política unificada, de la molécula al mercado.[13] Si hiciéramos tal cosa nos encontraríamos, como le ocurrió a Aristóteles, con que la biología puede proveernos de las intuiciones conductuales que necesitamos.

Pero nos encontraríamos con algo más. Encontraríamos que la economía comenzaría a mezclarse con otras disciplinas, como la medicina, el estudio de las patologías corporales y psiquiátricas, así como con la epidemiología,[14] el estudio de las tendencias a la enfermedad del conjunto de la población. En el siglo XIX, el fisiólogo alemán Rudolf Virchow observó en cierta ocasión que la política es medicina en toda su amplitud y hoy podríamos extender esa afirmación a la economía. Una vez derribados los muros que separan cerebro y cuerpo, también caen muchas barreras entre diversas disciplinas. Con ayuda de la biología humana podríamos tender incluso un puente sobre el abismo de incomprensión que ha mantenido separadas lo que el científico y novelistas C. P. Snow ha llamado las «dos culturas» de la ciencia y las humanidades.[15]

En el plano personal, la introducción de la biología en la comprensión de nosotros mismos trascendería los meros momentos de reconocimiento de Aristóteles, pues contribuiría al desarrollo de una habilidad muy necesaria para la interpretación y el control del entusiasmo, la fatiga, la ansiedad y el estrés que nos embargan. En el templo de Delfos estaba inscrita la máxima «Conócete a ti mismo», lo que en nuestros días significa cada vez más «conoce tu bioquímica». Este conocimiento no resulta ser una experiencia deshumanizada. En absoluto. Es una experiencia liberadora.

AGRADECIMIENTOS

Son muchos los amigos y colegas que me han prestado su colaboración a lo largo de los años, tanto en la investigación como en la redacción de este libro. Por el desafío regular a mi comprensión de la filosofía y por la aportación de ejemplos tan inspiradores de lo que es capaz la sencillez de estilo, expreso mi admiración y mi agradecimiento a Michael Nedo y a John Mighton. Por su constante apoyo durante mi investigación, doy las gracias a Ed Cass, Gavin Gobby, Casimir Wierzynski y, en particular, a Manny Roman, que trató de resolver todos los problemas que me preocupaban.

También doy las gracias a Gavin Poolman, John Karabelas, Vic Rao, Wayne Felson, Bill Broeksmit, Scott Drawer, Stan Lazic, Josh Holden, Sarah Barton, Kevin Doyle, Geoff Meeks, Geoff Harcourt, Jean-François Methot, Mike O'Brien, Mark Codd, Ollie Jones, Gillian Moore, Bill Harris, Ben Hardy y Brian Pedersen.

Para la investigación aún en curso, he recibido con gratitud el sostén financiero del Economic and Social Research Council del Reino Unido y de la Foundation for Management Education. Mike Jones, de la FME, ha sido para mí un puntal particularmente destacable.

He solicitado a muchos científicos que leyeran secciones del libro relacionadas con sus respectivas investigaciones específicas: Daniel Wolpert sobre circuitos motores; Greg Davis sobre sistemas visuales; Steven Pinker sobre robótica; David Owen sobre el síndrome de la *hybris;* Bud Craig sobre interocepción; Michael Gershon sobre el sistema nervioso entérico; Stephen Porges sobre el nervio vago; Paul Fletcher sobre noradrenalina; Mark Gurnell sobre testosterona; Zoltan Saryai sobre cortisol; Richard Dienstbier sobre resistencia y Bruce McEwen sobre esteroides y el cerebro, así como la historia de la investigación en la Rockefeller University. Ashish Ranpura ha leído todo el manuscrito. Deseo agradecer a todas estas personas el haber compartido conmigo su saber. He aceptado todas sus correcciones. Sin embargo, muchas de las secciones que se refieren a sus investigaciones han sido posteriormente objeto de una nueva redacción, y si en el proceso se han deslizado errores, todos ellos son, naturalmente, de mi exclusiva responsabilidad.

Quisiera expresar mi profunda gratitud a un puñado de mis colegas más cercanos, por la alegría que significó para mí trabajar con ellos y por su demostración del rigor de la ciencia. Me refiero a Linda Wilbrecht, Lionel Page y Mark Gurnell. Y a Sally Coates, por su oído infalible y sus giros mágicos.

Por último, agradezco a Georgia Garrett, Donald Winchester y Natasha Fairweather, de A. P. Watt, así como a mis editores, Anne Collins, Louise Dennys, Nick Pearson, Robert Lacey, Eamon Dolan, Emily Graff y Scott Moyers, por llevar su ayuda mucho más allá de lo que les imponía su deber. Y sobre todo a mi mujer, Sarah Marangoni, en cuya educación clásica y juicio seguro he depositado toda mi confianza.

JOHN COATES
Cambridge, febrero de 2012

NOTAS

INTRODUCCIÓN

1. Winston Churchill, *My Early Life,* Londres, Oldhams Press, 1930, p. 207 [trad. esp.: *Mi juventud,* Granada, Almed, 2010].

2. Vale la pena citar a Zinedine Zidane, el gran futbolista francés: «Cuando estás inmerso en un partido, no oyes en realidad a la multitud. Puedes decidir casi por tu cuenta qué es lo que quieres oír. Nunca estás solo. Yo puedo oír [...] que alguien se mueve en su asiento. Puedo oír [...] que alguien tose. Puedo oír [...] que alguien susurra al oído de una persona que tiene al lado. Puedo imaginar [...] que oigo el tictac de un reloj», *Zidane: A 21st Century Portrait,* filme dirigido por Douglas Gordon y Philippe Parreno, 2006.

3. A. Greenspan, «We Will Never Have a Perfect Model Risk», *Financial Times,* 17 de marzo de 2008.

1. LA BIOLOGÍA DE UNA BURBUJA BURSÁTIL

1. Caroline Bird, *The Invisible Scar,* Nueva York, D. McKay Co., 1966.

2. Tom Wolfe, *The Bonfire of the Vanities,* Nueva York, Farrar, Straus & Giroux, 1987 [trad. esp.: *La hoguera de las vanidades,* Barcelona, Anagrama, 1992]. Otra expresión que captó acertadamente la actitud de los operadores estrella fue *«big swinging dick»,* acuñada por Michael Lewis, *Liar's Poker: Rising Through the Wreckage on Wall Street,* Nueva York, Penguin, 1990. [En la edición española, *El póquer del mentiroso,* Barcelona, Alienta, 2011, p. 67, «el Gran Cojonudo».]

3. D. Owen y J. Davidson, «Hubris syndrome: An acquired personality disorder? A study of US Presidents and UK Primer Ministers over

the last 100 years», *Brain*, n.º 132, 2009, pp. 1407-1410. Owen desarrolla este tema en su fascinante libro *In Sickness and in Power: Illness in Heads of Government During the Last 100 Years*, Londres, Methuen, 2008 [trad. esp.: *En el poder y en la enfermedad: enfermedades de jefes de Estado y de Gobierno en los últimos cien años*, Madrid, Siruela, 2010].

4. Robert Shiller, *Irrational Exuberance*, 2.ª ed., Princeton, Princeton University Press, 2005 [trad. esp.: *Exuberancia irracional*, Madrid, Turner, 2003].

5. Randolph M. Nesse, «Is the market on Prozac?», *The Third Culture*, 2000.

6. Para una reseña de los primeros trabajos realizados sobre receptores esteroides en el cerebro, véase B. S. McEwen, P. G. Davis, B. Parsons y D. W. Pfaff, «The Brain as a Target for Steroid Hormone Action», *Annual Review of Neuroscience*, 2, 1979, pp. 65-112.

7. Andrew Sullivan, «The He Hormone», *New York Times Magazine*, 2 de abril de 2000.

8. La expresión «un fantasma en la máquina» fue acuñada en realidad por el filósofo Gilbert Ryle, de Oxford, a raíz del análisis del dualismo cartesiano en su libro *The Concept of Mind*, Chicago, University of Chicago Press, 1949 [trad. esp.: *El concepto de lo mental*, Barcelona, Paidós Ibérica, 2005].

9. Véase, por ejemplo, Richard Thaler, *Winner's Curse*, Princeton, Princeton University Press, 1994; Daniel Kahneman, Paul Slovic y Amos Tversky, *Judgment Under Uncertainty: Heuristics and Biases*, Cambridge, Cambridge University Press, 1982; Hersh Shefrin, *Beyond Greed and Fear: Understanding Behavioral Finance and the Psychology of Investing*, Boston, Harvard Business School Press, 1999.

10. Daniel Kahneman, *Thinking, Fast and Slow*, Nueva York, Farrar, Straus & Giroux, 2011 [trad. esp.: *Pensar rápido, pensar despacio*, Barcelona, Debate, 2012].

11. Edward Wilson, biólogo de Harvard, ha llamado «*consilience*» a este proceso (en castellano, «consiliencia»). Wilson, *Consilience: The Unity of Knowledge*, Londres, Little, Brown, 1998 [trad. esp.: *Consilience: la unidad del conocimiento*, Barcelona, Galaxia Gutenberg-Círculo de Lectores, 1999]. Se ha objetado a Wilson el haber desarrollado lo que alguien bautizó como fundamentalismo darwiniano, es decir, la creencia en que toda explicación de las conductas terminará un día por reducirse a sus sustratos biológicos. Para una crítica de Wilson véase Jerry Fodor, «Look!», *London Review of Books*, vol. 20, n.º 21, 1998.

Personalmente, no tengo una opinión clara a este respecto, pero repetiría mi comentario anterior acerca de que los sistemas fisiológicos que afectan a la toma de riesgos actúan como grupos de lobistas, presionándonos para que nos comportemos de determinada manera, pero no garantizaría que estemos forzados a obedecer. Contamos con la elección para superar sus presiones.

12. En *Fedón,* 65, Platón afirmaba que es más fácil conducir el pensamiento en ausencia de influencias corporales. Por otro lado, Aristóteles sostiene en *De Anima,* 1.ii: «el alma parece tan incapaz de ser objeto de una acción como de hacer algo si no es con el cuerpo; así es, por ejemplo, en relación con el sentimiento de cólera, de confianza o de deseo, y con la sensación en general. Lo que con más probabilidad parece ser exclusivo del alma es el pensamiento; pero, si incluso éste es un tipo de imaginación o al menos no puede darse sin imaginación, tampoco puede darse independientemente del cuerpo». *The Philosophy of Aristotle,* ed. Renford Bambrough, Dublín, Mentor Books, 1963.

2. PENSAR CON EL CUERPO

1. Esta teoría se describe en, entre otros, Fred H. Previc, «Dopamine and the Origins of Human Intelligence», *Brain and Cognition,* 41, 1999, pp. 299-350.

2. Wolpert matiza su relato señalando que el tunicado adulto conserva los rudimentos de un sistema nervioso autónomo. Véase G. Mackie y P. Burighel, «The nervous system in adult tunicates: current research directions», *Canadian Journal of Zoology,* 83, pp. 151-183; I. Meinertzhagen e Y. Okamura, «The larval ascidian nervous system: the chordate brain from is small beginnings», *Trends in Neurosciences,* 24, pp. 401-410.

3. Véase, por ejemplo, D. Wolpert, Z. Ghahramani y J. Flanagan, «Perspectives and problems in motor learning», *Trends in Cognitive Science,* 5, 2001, pp. 487-494; y D. Wolpert, «Probabilistic models in human sensorimotor control», *Human Movement Science,* 26, 2007, pp. 511-524.

4. Andy Clark, *Being There: Putting Brain, Body and World Together Again,* Cambridge, MA, MIT Press, 1997 [trad. esp.: *Estar ahí, cerebro, cuerpo y mundo en la nueva ciencia cognitiva,* Barcelona, Paidós, 1999]. Véase también Sandra Blakeslee y Matthew Blakeslee, *The Body Has a Mind of its Own: How Body Maps in Your Brain Help You Do (Almost) Anything Better,* Nueva York, Random House, 2007 [trad. esp.: *El*

mandala del cuerpo. El cuerpo tiene su propia mente, Barcelona, La Liebre de Marzo, 2009]. Para un panorama de los problemas en la cognición encarnada, véase M. Wilson, «Six views of embodied cognition», *Psychonomic Bulletin and Review,* 9, 2002, pp. 625-636.

5. Steven Pinker, *How the Mind Works,* Nueva York, Norton, 1999, pp. 4-11 [trad. esp.: *Cómo funciona la mente,* Barcelona, Destino, 2007].

6. Sin embargo, el robot Asimo, construido por Honda, se acerca mucho. Para un panorama de los problemas pertinentes a la neurociencia y la robótica, véase H. Chiel y R. Beer, «The brain has a body: adaptive behaviour emerges from interactions of nervous system, body and environment», *Trends in Neurosciences,* 20, 1997, pp. 553-557.

7. La verdadera medida de nuestro cerebro superior respecto del de los animales recibe el nombre de cociente de encefalización.

8. Véase, por ejemplo, S. Rickye, R. Heffner y B. Masterton, «The Role of the Corticospinal Tract in the Evolution of Human Digital Dexterity», *Brain Behavior Evolution,* 23, 1983, pp. 165-183.

9. Véase, por ejemplo, Anne H. Weaver, «Reciprocal evolution of the cerebellum and neocortex in fossil humans», *Proceedings of the National Academy of Sciences,* 102, 2005, pp. 3576-3580. En una entrevista, Weaver dijo: «Mi trabajo contribuye a fundamentar la hipótesis según la cual el cerebro humano continuaba evolucionando treinta mil años después. Y también sugiere que un elemento de esa evolución fue la reducción del tamaño relativo del neocórtex y el incremento absoluto y relativo del volumen del cerebelo. Sorprendentemente, se tiene la impresión de que el neocórtex de los humanos recientes es en realidad más pequeño en proporción al resto del cerebro de lo que fue en los Neanderthal o en los primeros humanos modernos.»

10. Sobre la contribución del cerebelo a las funciones cognitivas, véase, por ejemplo, H. Leiner, A. Leiner y R. Dow, «Cognitive and language functions of the human cerebellum», *Trends in Neurosciences,* 16, 1993, pp. 444-447.

11. A. Hulbert y P. Else, «Comparison of the "mammal machine" and the "reptile machine": energy use and thyroid activity», *American Journal of Physiology,* 241, 1981, R350-356.

12. J. Allman, T. McLaughlin y A. Hakeem, «Brain Structures and Life-Span in Primate Species», *Proceedings of the National Academy of Sciences,* 90, 1993, pp. 3559-3563.

13. H. D. Critchley, C. J. Mathias y R. J. Dolan, «Fear-conditioning in humans: the influence of awareness and arousal on functional neu-

roanatomy», *Neuron,* 33, 2002, pp. 653-663; R. Dolan, «Emotion, Cognition, and Behavior», *Science,* 298, 2002, pp. 1191-1194.

14. A. D. Craig, «¿How do you feel? Interoception: the sense of the physiological condition of the body», *Nature Reviews Neuroscience,* 3, 2002, pp. 655-666.

15. A. Bechara y N. Naqvi, «Listening to your heart: interoceptive awareness as a gateway to feeling», *Nature Neuroscience,* 7, 2004, pp. 102-103.

16. A. D. Craig, «How do you feel – now? The anterior insula and human awareness», *Nature Reviews Neuroscience,* 10, 2009, pp. 59-70.

17. Para esta argumentación, véase también D. Watt, «Consciousness, Emotional Self-Regulation and the Brain», *Journal of Consciousness Studies,* 11, 2004, pp. 77-82.

3. LA VELOCIDAD DEL PENSAMIENTO

1. Este tema se estudia en A. Mero, P. V. Komi y R. J. Gregor, «Biomechanics of Sprint Running: A Review», *Sports Medicine,* 13, 1992, pp. 376-392. Véase también *Reaction Times and Sprint False Starts,* http://www.condellpark.com/kd/reationtime.htm.

2. Norman Mailer, *The Fight,* Nueva York, Vintage, 1975, p. 174 [trad. esp.: «El combate del siglo», *América,* Barcelona, Anagrama, 2005, p. 361].

3. R. Schmidt y T. Lee, *Motor Control and Learning: A Behavioral Emphasis,* Champaign, IL, Human Kinetics, 2005, p. 149. Se ha medido la velocidad de un puñetazo de karate en 11,5 metros por segundo. Véase T. J. Walilko, D. C. Viano y C. A. Bir, «Biomechanics of the head for Olympic boxer punches to the face», *British Journal of Sports Medicine,* 39, 2005, pp. 710-719.

4. Me topé con esta interesante estadística en el sitio de internet Biological Baseball: http://www.exploratorium.ed/baseball/biobaseball.html.

5. Véase, por ejemplo, D. Mech y R. Peterson, «Wolf-Prey Relations», en M. Mech y L. Boitani (eds.), *Wolves: Behavior, Ecology, and Conservation,* Chicago, Chicago University Press, 2003. Sin embargo, habría que puntualizar que los lobos y los leones no son hábiles en la caza en solitario, y tal vez por eso en general cazan en grupo. Por otra parte, las estadísticas para un guepardo y un puma muestran que estos depredadores consiguen la presa en más del 50 % de los casos.

6. J. Schlag, M. Schlag-Rey, «Through the eye, slowly; Delays and localization errors in the visual system», *Nature Reviews Neuroscience,* 3,

2002, pp. 191-200. M. Berry, I. Brivanlou, T. Jordan y M. Meister, «Anticipation of moving stimuli by the retina», *Nature,* 6725, 1999, pp. 334-338.

7. T. Watson y B. Krekelberg, «The Relationship between Saccadic Suppression and Perceptual Stability», *Current Biology,* 19, 2009, pp. 1040-1043.

8. M. Sigman, S. Dehaene, «Parsing a Cognitive Task: A Characterization of the Mind's Bottleneck», *PLoS Biology,* 3(2):e37, 2005.

9. El efecto de flash-lag puede observarse en acción en la red. Introdúzcanse estas palabras en el motor de búsqueda: «Flash-Lag Effect. From Michael's "Visual Phenomena & Optical Illusions"»; véase también D. McKay, «Perceptual stability of a stroboscopically lit visual field containing self-luminous objects», *Nature,* 181, 1958, pp. 507-508; R Nijhawan, «Motion extrapolation in catching», *Nature,* 370, 1994, pp. 256-257.

10. Tom Stafford y Matt Webb han informado de un fenómeno similar fuera del laboratorio: si se conduce por una carretera rural en una noche de tormenta, es posible ver las luces traseras del coche que se tiene delante, pero no el coche, envuelto en la oscuridad. Si el destello de un relámpago iluminara el coche, se tendría la ilusión óptica de que las luces traseras están colocadas a mitad de camino, porque nuestro cerebro las ha adelantado, pero no ha hecho lo mismo con el coche, previamente oculto en la oscuridad. Éste y otros muchos efectos mencionados en este capítulo se describen en el magnífico y divertido libro de Tom Stafford y Matt Webb, *Mind Hacks: Tips and Tools for Using Your Brain,* Sabastopol, CA, O'Reilly Media, 2005.

11. R. Arrighi, D. Alais y D. Burr, «Perceptual synchrony of audiovisual streams for natural and artificial motion sequences», *Journal of Vision,* 6, 2006, pp. 260-268; A. King, «Multisensory integration: Strategies for synchronization», *Current Biology,* 15, 2005, R339-R341.

12. Véase el artículo de Jonathan Roberts, «The Basic Physics and Mathematics of Table Tennis», 2005. Disponible en: http://www.gregsttpages.com/gttp/.

13. E. Pöppel, *Mindworks: Time and Conscious Experience,* Boston, Harcourt Brace Jovanovich, 1988 [trad. esp.: *Los límites de la conciencia: realidad y percepción humana,* Barcelona, Galaxia Gutenberg-Círculo de Lectores, 1993].

14. Erich Maria Remarque, *All Quiet on the Western Front,* Nueva York, Fawcett Columbine, 1928, p. 56 [trad. esp.: *Sin novedad en el frente,* Barcelona, Círculo de Lectores, versión pdf, pp. 71 y 32].

15. Kristin Koch y otros, «How Much the Eye Tells the Brain», *Current Biology*, 16, 2006, pp. 1428-1434.

16. En R. Schmidt y G. Thews (eds.), *Human Physiology*, 2.ª ed., Berlín, Springer, 1989 [trad. esp.: *Fisiología humana*, Madrid, McGraw-Hill, 1993]. El trabajo de Zimmermann y la limitada amplitud de banda de la conciencia se analizan extensamente en Tor Norretranders, *The User Illusion*, Nueva York, Viking, 1998.

17. Experimentos actuales que confirman la visión ciega incluyen la invitación a pacientes ciegos a que cojan un objeto que tienen delante. Invariablemente, los pacientes responden que no ven nada, pero se los alienta a que, de todos modos, lo intenten. Consiguen coger el objeto un número de veces mayor que el que sería de predecir si sus esfuerzos fueran puro azar. Hay versiones de este experimento en las que pueden tomar parte personas con visión normal; el resultado es una experiencia extraña. Se pide al sujeto que indique en una pantalla la localización de un objeto móvil o parpadeante, diseñado con el propósito de que se registre apenas por debajo de la conciencia. Aunque el sujeto no vea nada, se lo invita a que adivine, lo que hace más o menos al azar, para terminar descubriendo que ha acertado más veces de las que corresponderían al simple azar. Y no tiene idea de cómo ha ocurrido tal cosa. Un fenómeno análogo al de la visión ciega se ha comprobado en el oído; es el fenómeno conocido como «audición sorda», en el que un animal, pese a tener dañado el córtex auditivo, se orienta hacia el sonido. Sobre el colículo superior, véase E. Anderson y G. Rees, «Neural correlates of spacial orienting in the human superior colliculus», *Journal of Neurophysiology*, 106, 2001, pp. 2273-2284.

18. Joseph LeDoux, *The Emotional Brain. The Mysterious Underpinnings of Emotional Life*, Nueva York, Touchstone, 1996 [trad. esp.: *El cerebro emocional*, Barcelona, Ariel, 1999].

19. J. A. Caviness, W. Schiff y J. J. Gibson, «Persistent fear responses in rhesus monkeys to the optical stimulus of "looming"», *Science*, 136, 1962, pp. 982-983; F. Rind y P. Simmons, «Seeing what is coming: building collision-sensitive neurones», *Trends in Neurosciences*, 22, 1999, pp. 215-220.

20. P. Ekman, W. Friesen y R. Simons, «Is the startle reaction an emotion?», *Journal of Personality and Social Psychology*, 49, 1985, pp. 1416-1426.

21. R. Schmidt y T. Lee, *Motor Control and Learning: A Behavioral Emphasis*, Champaign, IL, Human Kinetics, 2005.

22. R. Haier, B. Siegel, A. MacLachlan, E. Soderling, S. Lottenberg y M. Buchsbaum, «Regional Glucose Metabolic Changes After Learning a Complex Visuospatial/Motor Task: a PET Study», *Brain Research,* 570, 1992, pp. 134-143.

23. Ken Dryden, *The Game,* Nueva York, Wiley, 2003, p. 208.

24. G. Lowenstein, «Out of Control: Visceral Influences on Behavior», *Oganizational Behavior and Human Decision Processes,* 65, 1996, pp. 272-292.

25. B. Libet, E, W. Wright, B. Feinstein y D. Pearl, «Subjective referral of the timing for a conscious sensory experience. A functional role for the somatosensory specific projection system in man», *Brain,* 102, 1979, pp. 193-224; B. Libet, C. A. Gleason, E. W. Wright y D. K. Pearl, «Time of conscious intention to act in relation to onset of cerebral activity (readiness-potential). The unconscious initiation of a freely voluntary act», *Brain,* 106, 1983, pp. 623-642; B. Libet, «Unconscious cerebral initiative and the role of conscious will in voluntary action», *Behavioral and Brain Sciences,* 8, 1985, pp. 529-566.

26. Un buen análisis de los problemas filosóficos que plantean los experimentos de Libet se encontrará en Daniel C. Dennett, *Freedom Evolves,* Londres, Penguin, 2004 [trad. esp.: *La evolución de la libertad,* Barcelona, Paidós Ibérica, 2004]. Véase también M. W. Fahle, T. Stemmler y K. M. Spang, «How Much of the "Unconscious" is Just Pre-Threshold?», *Frontiers of Human Neuroscience,* 5, 2011, p. 120.

27. V. Ramachandran, *New Scientist,* 5, septiembre de 1998.

28. Entre los filósofos que analizan la neurociencia y la filosofía están Patricia Churchland, *Neurophilosophy: Toward a Unified Science of the Mind-Brain,* Boston, MIT Press, 1989; y Daniel Dennett, *Brainchildren: Essays on Designing Minds,* Boston, MIT Press, 1998.

29. Para una visión de la economía del futuro −no sólo de los mercados financieros− dominada por agentes económicos informatizados autónomos, véase J. Kephart, «Software agents and the route to the information economy», *Proceedings of the National Academy of Sciences,* 99, Supl. 3, 2002, pp. 7207-7213.

4. SENSACIONES INSTINTIVAS

1. Daniel Kahneman, *Thinking, Fast and Slow,* Nueva York, Farrar, Straus & Giroux, 2011 [trad. esp.: *Pensar rápido, pensar despacio,* Barcelona, Debate, 2012].

2. A. Kruglanski y otros, «To "Do the Right Thing" or to "Just Do It": Locomotion and Assessment as Distinct Self-Regulatory Imperatives», *Journal of Personality and Social Psychology,* 79, 2000, pp. 793-815.

3. C. Camerer, G. Loewenstein y D. Prelec, «Neuroeconomics: How Neuroscience Can Inform Economics», *Journal of Economic Literature,* 43, 2005, pp. 9-64. Los autores dividen más adelante los procesos cerebrales automáticos y controlados en cognitivos y emotivos, y les atribuyen una cuádruple división de los procesos cerebrales.

4. P. Lewicki, T. Hill y E. Bizot, «Acquisition of procedural knowledge about a pattern of stimuli that cannot be articulated», *Cognitive Psychology,* 20, 1988, pp. 24-37.

5. Véase, por ejemplo, David Myers, *Intuition: Its Powers and Perils,* New Haven, CT, Yale University Press, 2002; y Stuart Sutherland, *Irrationality,* Londres, Pinter & Martin, 2007 [trad. esp.: *Irracionalidad: el enemigo interior,* Madrid, Alianza, 1996].

6. Richard Thaler, *Winner's Curse,* Princeton, Princeton University Press, 1994; Daniel Kahneman, Paul Slovic y Amos Tversky, *Judgment Under Uncertainty: Heuristics and Biases,* Cambridge, Cambridge University Press, 1982.

7. G. Gigerenzer, R. Hertwig y T. Pachur (eds.), *Heuristics: The Foundation of Adaptive Behavior,* Nueva York, Oxford University Press, 2011.

8. Por ejemplo, Keith E. Stanovich, *What Intelligence Tests Miss: The Psychology of Rational Thought,* New Haven, CT, Yale University Press, 2009.

9. Se retoma la cuestión en Daniel Kahneman, *Thinking, Fast and Slow, op. cit.,* cap. 22. Kahneman y Klein analizan los problemas que plantea Malcolm Gladwell en *Blink; The Power of Thinking Without Thinking,* Londres, Little, Brown, 2005 [trad. esp.: *Inteligencia intuitiva: ¿por qué sabemos la verdad en dos segundos?,* Madrid, Punto de Lectura, 2006].

10. El primero en señalar esto fue Herbert Simon, «A behavioral model of rational choice», *Quarterly Journal of Economics,* 69, 1955, pp. 99-118.

11. G. Ferhand y H. Simon, «Recall of Random and Distorted Chess Positions: Implications for the Theory of Expertise», *Memory and Cognition,* 24, 1996, pp. 493-503.

12. Daniel Kahneman, *Thinking, Fast and Slow, op. cit.,* p. 241.

335

13. Robert Shiller, *Irrational Exuberance*, 2.ª ed., Princeton, Princeton University Press, 2005, cap. 10 [trad. esp.: *Exuberancia irracional*, Madrid, Turner, 2003].

14. Esto se cuenta en Sebastien Mallaby, *More Money Than God: Hedge Funds and the Making of the New Elite*, Londres, Bloomsbury, 2010.

15. J. M. Coates y L. Page, «A Note on Trader Sharpe Ratios», *PLoS One*, 4(11), 2009, e8036.

16. Para mi fundamentación de esta manera de medir, «Traders need more than machismo», *Financial Times*, 25 de noviembre de 2009.

17. D. Evans, «The Search Hypothesis of Emotion», *British Journal of the Philosophy of Science*, 53, 2002, pp. 497-509. Evans señala que la expresión se encuentra por primera vez en Jerry A. Fodor, «Modules, Frames, Fridgeons, Sleeping Dogs, and the Music of the Spheres», en Zenon W. Pylyshyn (ed.), *The Robot's Dilemma*, Ablex, 1987.

18. La teoría de la búsqueda de emociones tiene su origen en Ronald de Sousa, *The Rationality of Emotion*, Boston, MIT Press, 1987. Véase también Jon Elster, *Alchemies of the Mind: Rationality and the Emotions*, Cambridge, Cambridge University Press, 1999 [trad. esp.: *Alquimias de la mente: la racionalidad y las emociones*, Barcelona, Paidós Ibérica, 2002].

19. Antonio Damasio, *Descartes' Error*, Nueva York, Putnam & Sons, 1994, p. xxii [trad. esp.: *El error de Descartes*, Barcelona, Destino, 2011].

20. A. Damasio y A. Bechara, «The somatic marker hypothesis: A neural theory of economic decision», *Games and Economic Behavior*, 52, 2005, pp. 336-372.

21. Para revisiones críticas del trabajo sobre las emociones y la elección económica, véase J. Elster, «Emotions and economic theory», *Journal of Economic Literature*, 36, 1998, pp. 47-74; G. Loewenstein, «Emotions in economics theory and economic behavior», *American Economic Review*, 90, 2000, pp. 426-432; y S. Grossberg y W. Gutowski, «Neural dynamics of decision making under risk: Affective balance and cognitive emotional interactions», *Psychological Review*, 94, 1987, pp. 300-318.

22. Véase «Detect the Effect of Cognitive Function on Cerebral Blood Flow», en Tom Stafford y Matt Webb, *Mind Hacks, Tips and Tools for Using Your Brain in the World*, Sabastopol, CA, O'Reilly Media, 2004.

23. S. Duschek y otros, «Interactions between systemic hemodynamics and cerebral blood flow during attentional processing», *Psychophysiology*, 47, 2010, pp. 1159-1166.

24. R. W. Parks y otros, «Cerebral metabolic effects of a verbal fluency test: a PET scan study», *Journal of Clinical Experimental Neuropsychology*, 10, 1988, pp. 565-575.

25. Matthew T. Gailliot y otros, «Self-Control Relies on Glucose as a Limited Energy Source: Willpower is More than a Metaphor», *Journal of Personality and Social Psychology*, 92, 2007, pp. 325-336; M. Gailliot y R. Baumeister, «The Physiology of Willpower: Linking Blood Glucose to Self-Control», *Personality Social Psychology Review*, 11, 2007, pp. 303-327.

26. William James, «What is an emotion?», *Mind*, 9, 1884, pp. 188-205 [trad. esp.: «¿Qué es una emoción?», *Estudios de Psicología*, n.º 21, 1985, p. 65]; «Emotion Follows upon the Bodily Expression in the Coarser Emotions», en *The Principles of Psychology*, Nueva York, Dover, 1890 [trad. esp.: *Principios de psicología*, Madrid, Luis Faure, 1909].

27. Y según Oscar Lange, un sueco que acertó a formular simultáneamente la misma teoría de la emoción, por lo cual se la ha llamado teoría de las emociones de James-Lange.

28. Joseph LeDoux, *The Emotional Brain: The Mysterious Underpinnings of Emotional Life*, Nueva York, Touchstone, 1996 [trad. esp.: *El cerebro emocional*, Barcelona, Ariel, 1999].

29. W. James, «What is an emotion?», *Mind*, 9, 1884; pp. 188-205; trad. esp. cit., p. 59.

30. El filósofo George Lakoff analiza las metáforas corporales en el lenguaje emocional, y más en general la mente encarnada. Véase, por ejemplo, *Women, Fire, and Dangerous Things: What Categories Reveal About the Mind*, Chicago, University of Chicago Press, 1987.

31. Walter Cannon, *Bodily Changes in Pain, Hunger, Fear and Rage: An Account of Recent Researches into the Function of Emotional Excitement*, Nueva York, D. Appleton & Co., 1915.

32. *Bodily Changes in Pain, Hunger, Fear and Rage, op. cit.*, p. 278. Cannon citaba aquí a Charles Darwin.

33. W. S. Condon y W. D. Ogston, «Sound film analysis of normal and pathological behavior patterns», *Journal of Nervous and Mental Disease*, 143, 1966, pp. 338-347. Condon y Ogston observaron también lo que llamaron microrritmos: «El cuerpo del hablante baila a ritmo con su discurso. ¡Y el cuerpo del oyente baila a ritmo con el del hablan-

te!» Véase también E. A. Haggard y K. S. Isaacs, «Micro-momentary facial expressions as indicators of ego mechanisms in psychotherapy», en L. A. Gottschalk & A. H. Auerbach (eds.), *Methods of Research in Psychotherapy,* Nueva York, Appleton-Century-Crofts, 1966.

34. W. Li, R. E. Zinbarg, S. G. Boehm y K. A. Paller, «Neural and behavioral evidence for affective priming from unconsciously perceived emotional facial expressions and the influence of trait anxiety», *Journal of Cognitive Neuroscience,* 20, 2008, pp. 95-107.

35. Véase, por ejemplo, U. Hess, A. Kappas, G. McHugo, J. Lanzetta y R. Kleck, «The facilitative effect of facial expression on the self-generation of emotion», *International Journal of Psychophysiology,* 12, 1992, pp. 251-265. Algunos de los trabajos originales sobre las emociones y el rostro fueron S. Tomkins, *Affect, Imagery; Consciousness: The Positive Affects,* Nueva York, Springer, 1962; E. Gellhorn, «Motion and emotion: The role of proprioception in the physiology and pathology of the emotions», *Psychological Review,* 71, 1964, pp. 457-472; y C. Izard, *The Face of Emotion,* Nueva York, Appleton-Century-Crofts, 1971.

36. Véase, por ejemplo, A. Hennenlotter y otros, «The link between facial feedback and neural activity within central circuitries of emotion – new insights from botulinum toxin-induced denervation of frown muscles», *Cerebral Cortex,* 19, 2009, pp. 537-542. Y también D. A. Havas y otros, «Cosmetic use of botulinum toxin-a affects processing of emotional language», *Psychological Science,* 21, 2010, pp. 895-900.

37. R. W. Levenson, P. Ekman y W. V. Friesen, «Voluntary facial action generates emotion-specific autonomic nervous system activity», *Psychophysiology,* 27, 1990, pp. 363-384.

38. A. D. Craig, «How do you feel? Interoception: the sense of the physiological condition of the body», *Nature Reviews Neuroscience,* 3, 2002, pp. 655-666.

39. E. Mayer, «Gut feeling: The emerging biology of gut-brain communication», *Nature Reviews Neuroscience,* 12, 2011, pp. 453-466.

40. Las vísceras contienen 500 millones de neuronas; el intestino delgado, 100 millones. Michael Gershon, correspondencia personal.

41. M. D. Gershon, *The Second Brain,* Nueva York, Collins, 1998.

42. *The Second Brain, op. cit.,* p. 84.

43. El sistema nervioso entérico fue descubierto por William Bayliss y Ernest Starling, fisiólogos británicos que trabajaron hacia finales del siglo XIX. Este dato se encuentra en *The Second Brain,* el libro de Gershon.

44. E. Vianna, J. Weinstock, D. Elliott, R. Summers y D. Tranel, «Increased feelings with increased body signals», *Social Cognitive and Affective Neuroscience,* 1, 2006, pp. 37-48.

45. Véase, por ejemplo, J. Flood, G. Smith y J. Morley, «Modulation of memory processing by cholecystokinin: dependence on the vagus nerve», *Science,* 236, 1987, pp. 832-834.

46. Se pueden encontrar revisiones del curso temporal del despliegue de una respuesta de estrés en H. R. Eriksen, M. Olff, R. Murison y H. Ursin, «The time dimension in stress responses: relevance for survival and health», *Psychiatry Research,* 85, 1999, pp. 39-50. Robert Sapolsky también ha observado los cursos temporales de las hormonas del estrés en el capítulo 5 de su libro *Why Zebras Don't Get Ulcers,* 3.ª ed., Nueva York, Henry Holt, 2004 [trad. esp.: *¿Por qué las cebras no tienen úlcera?,* Madrid, Alianza, 2010]. Véase también R. Sapolsky, M. Romero y A. Munck, «How do Glucocorticoids Influence Stress Responses? Integrating Permissive, Suppressive, Stimulatory, and Preparative Actions», *Endocrine Reviews,* 21, 2000, pp. 55-89.

47. P. Ekman, R. Levenson y W. Friesen, «Autonomic Nervous System Activity Distinguishes Among Emotions», *Science,* 221, 1983, pp. 1208-1210; R. Levenson, «Autonomic Nervous System Differences Among Emotions», *Psychological Science,* 3, 1992, pp. 23-27.

48. P. Rainville, A. Bechara, N. Naqvi, A. Damasio, «Basic emotions are associated with distinct patterns of cardiorespiratory activity», *International Journal of Psychology,* 61, 2006, pp. 5-18.

49. A. Bechara, A. Damasio, H. Damasio y S. W. Anderson, «Insensitivity to future consequences following damage to human prefrontal cortex», *Cognition,* 50, 1994, pp. 7-15; Antoine Bechara, Hanna Damasio, Daniel Tranel y Antonio Damasio, «Deciding Advantageously Before Knowing the Advantageous Strategy», *Science,* 275, 1997, pp. 1293-1295.

50. Andrew Lo y Dmitry Repin han observado esta medida junto con la frecuencia cardíaca y la respiración en los operadores financieros; A. Lo y D. Repin, «The Psychophysiology of Real-Time Financial Risk Processing», *Journal of Cognitive Neuroscience,* 14, 2002, pp. 323-339.

51. De esto se informa en Joseph LeDoux, *The Emotional Brain. The Mysterious Underpinnings of Emotional Life, op. cit.,* pp. 32-33.

52. Timothy Wilson, *Strangers to Ourselves: Discovering the Adaptive Unconscious,* Boston, Harvard University Press, 2002.

53. Joseph LeDoux, *The Emotional Brain: The Mysterious Underpinnings of Emotional Life, op. cit.,* 1996, p. 33.

54. J. Coates y J. Herbert, «Endogenous steroids and financial risk-taking on a London trading floor», *Proceedings of the National Academy of Sciences,* 104, 2008, pp. 6167-6172.

55. Una interesante explicación de un cirujano que comenzó a usar un entrenador –un ex profesor suyo– puede hallarse en Atul Gawande, «Personal Best. Should Everyone Have a Coach?», *New Yorker,* 3 de octubre de 2011.

56. A. Ehlers y P. Breuer, «Increased cardiac awareness in panic disorder», *Journal of Abnormal Psychology,* 101, 1992, pp. 371-382; B. Dunn y otros, «Listening to Your Heart: How Interoception Shapes Emotion Experience and Intuitive Decision Making», *Psychological Science,* 20, 2010, pp. 1-10.

57. W. H. O'Brien, G. J. Reid y K. R. Jones, «Differences in heartbeat awareness among males with higher and lower levels of systolic blood pressure», *International Journal of Psychophysiology,* 29, 1998, pp. 53-63; H. Critchley, S. Wiens, P. Roshtein, A. Öhman y R. Dolan, «Neural systems supporting interoceptive awareness», *Nature Neuroscience,* 7, 2004, pp. 189-195; N. S. Werner, K. Jung, S. Duschek y R. Schandry, «Enhanced cardiac perception is associated with benefits in decision-making», *Psychophysiology,* 46, 2009, pp. 1-7; E. Crone y otros, «Heart rate and skin conductance analysis of antecedents and consequences of decision making», *Psychophysiology,* 41, 2004, pp. 531-540.

58. O. Cameron, «Interoception: the inside story – a model for psychosomatic processes», *Psychosomatic Medicine,* 63, 2001, pp. 697-710.

59. «Financial endocrinology. Bulls at Work. To avoid bad days, financial traders should watch their testosterone levels», *The Economist,* 17 de abril de 2008.

5. LA EMOCIÓN DE LA BÚSQUEDA

1. Estas simulaciones de movimiento inminente reciben el nombre de modelos de anticipación. De momento, su existencia es meramente hipotética. R. Miall, D. Weir, D. Wolpert y J. Stein, «Is the cerebellum a Smith Predictor?», *Journal of Motor Behavior,* 25, 1993, pp. 203-216.

2. Sarah-Jayne Blackemore y Chris Frith, en el University College de Londres, junto con Daniel Wolpert, inventaron una máquina de hacer cosquillas para poner a prueba esta hipótesis. La máquina consiste en una palanca que el sujeto controla con la mano y que mueve una suave almohadilla que le hace cosquillas en la otra mano. Cuando se usa la máquina por primera vez, se tiene el control total de la almo-

hadilla, por lo cual sus movimientos son predecibles y, en consecuencia, no producen la sensación de cosquillas. Pero a medida que pasa el tiempo, la vinculación entre la palanca y la almohadilla es cada vez más débil, hasta que se pierde por completo el control y los movimientos de la almohadilla no tienen ninguna relación con las intenciones del sujeto. En ese momento la máquina hace cosquillas. S. Blakemore, D. Wolpert y C. Frith, «Why can't you tickle yourself?», *NeuroReport,* 11, 2000, pp. 11-16.

3. Véase, por ejemplo, I. Brown, «Highway Hypnosis: Implications for Road Traffic Researchers and Practitioners», en A. G. Gale (ed.), *Vision in Vehicles III,* North Holland, Elsevier, 1991; M. Charles, J. Crank y D. Falcone, *A Search for Evidence of the Fascination Phenomenon in Road Side Accidents,* Washington DC, AAA Foundation for Traffic Safety, 1990.

4. E. J. Hermans y otros, «Stress-related noradrenergic activity large-scale neural network reconfiguration», *Science,* 334, 2011, pp. 1151-1153. A. Yu y P. Dayan, «Uncertainty, neuromodulation, and attention», *Neuron,* 46, 2005, pp. 681-691.

5. Kathleen S. Lynch y Gregory F. Ball, «Noradrenergic Deficits Alter Processing of Communication Signals in Females Songbirds», *Brain Behavior Evolution,* 72, 2008, pp. 207-214.

6. Erich Maria Remarque (1928), *All Quiet on the Western Front,* Nueva York, Fawcett Columbine, p. 54 [trad. esp.: *Sin novedad en el frente,* Círculo de Lectores, versión pdf, p. 31].

7. D. E. Berlyne, *Conflict, Arousal and Curiosity,* Nueva York, McGraw-Hill, 1960. De hecho, de esta curva en forma de U invertida se habla por primera vez en R. M. Yerkes y J. D. Dodson, «The relation of strength of stimulus to rapidity of habit-formation», *Journal of Comparative Neurology and Psychology,* 18, 1908, pp. 459-482. Berlyne fue el primero en relacionar la ley de Yerkes-Dodson, como se la conoce, con la teoría de la información. Para una síntesis reciente de la teoría de la información y la neurociencia del despertar, véase Donald Pfaff, *Brain Arousal and Information Theory: Neural and Genetic Mechanisms,* Boston, Harvard University Press, 2005.

8. J. Olds, «Reward from brain stimulation in the rat», *Science,* 122, 1955, p. 878.

9. A. Abbott, «Addicted», *Nature,* 419, 2002, pp. 872-874; G. Di Chiara y A. Imperato, «Drugs abused by humans preferentially increase synaptic dopamine concentrations in the mesolimbic system of freely

moving rats», *Proccedings of the National Academy of Sciences,* 85, 1988, pp. 5274-5278.

10. K. C. Berridge y T. E. Robinson, «What is the role of dopamine in reward: hedonic impact, reward learning, or incentive salience?», *Brain Research Reviews,* 28, 1998, pp. 309-369.

11. N. Volkow y otros, «Nonhedonic food motivation in humans involves dopamine in the dorsal striatum and methylphenidate amplifies this effect», *Synapse,* 44, 2002, pp. 175-180; B. Everitt y T. Robbins, «Neural systems of reinforcement for drug addiction: from actions to habits to compulsion», *Nature Neuroscience,* 8, 2005, pp. 1481-1489.

12. J. C. Horvitz, «Mesolimbocortical and nigrostriatal dopamine responses to salient non-reward events», *Neuroscience,* 96, 2000, pp. 651-656; P. Redgrave, T. Prescott y K. Gurney, «Is the short-latency dopamine response too short to signal reward error?», *Trends in Neurosciences,* 22, 1999, pp. 146-151; J. Pruessner, F. Champagne, M. Meaney y A. Dagher, «Dopamine Release in Response to a Psychological Stress in Humans and its Relationship to Early Life Material Care: A Positron Emission Tomography Study Using [11C]Raclopride», *Journal of Neuroscience,* 24, 2004, pp. 2815-2831; L. Becerra, H. C. Breiter, R. Wise, R. G. González y D. Borsoook, «Reward Circuitry activation by noxious thermal stimuli», *Neuron,* 6, 2001, pp. 927-946.

13. Gregory Berns, *Satisfaction: Sensation Seeking, Novelty, and the Science of Finding True Fulfillment,* Nueva York, Henry Holt, 2006, p. 42. Berns piensa que la estrecha relación entre la acción y la recompensa «viene del predominio que la teoría clásica del aprendizaje ha ejercido sobre la psicología en los últimos setenta años».

14. O. Arias-Carrión y E. Pöppel, «Dopamine, learning and reward-seeking behavior», *Acta Neurobiologiae Experimentalis,* 67, 2007, pp. 481-488.

15. B. Wittmann, N. Daw, B. Seymour y R. Dolan, «Striatal Activity Underlies Novelty-Based Choice in Humans», *Neuron,* 58, 2008, pp. 967-973.

16. T. W. Robbins y B.J. Everitt, «Functional studies of the central catecholamines», *International Review of Neurobiology,* 23, 1982, pp. 303-365; T. W. Robbins y B. J. Everitt, «Neurobehavioural mechanisms of reward and motivation», *Current Opinion Neurobiology,* 6, 1996, pp. 228-236.

17. M. Denny, «Learning Through Stimulus Satiation», *Journal of Experimental Psychology,* 54, 1957, pp. 62-64; B. Carder y K. Berkowitz,

«Rats' Preference for Earned in Comparison with Free Food», *Science,* 167, 1970, pp. 1273-1274; J. D. Salamone, M. S. Cousins, S. Bucher, «Anhedonia or anergia – effects of haloperidol and nucleus-accumbens dopamine depletion in instrumental response selection in a T-maze cost-benefit procedure», *Behavioral Brain Research,* 65, 1994, pp. 221-229.

18. Fred H. Previc, *The Dopaminergic Mind in Human Evolution and History,* Cambridge, Cambridge University Press, 2009.

19. John Maynard Keynes, *The General Theory of Employment Interest and Money,* cap. 12, Londres, McMillan, 1936 [trad. esp.: *Teoría general de la ocupación, el interés y el dinero,* Madrid, Fondo de Cultura Económica, 1965]. Véase también George A. Akerlof y Robert J. Shiller, *Animal Spirits: How Human Psychology Drives the Economy, and Why it Matters for Global Capitalism,* Princeton, Princeton University Press, 2009 [trad. esp.: *Animal spirits: cómo influye la psicología humana en la economía,* Barcelona, Gestión 2000, 2009].

20. B. K. Alexander, R. B. Coambs y P. F. Hadaway, «The effect of housing and gender on morphine self-administration in rats», *Pychopharmacology,* 58, 1978, pp. 175-179.

21. M. Solinas, C. Chauvet, N. Thiriet, R. El Rawas y M. Jaber, «Reversal of cocaine addiction by environmental enrichment», *Proceedings of National Academy of Sciences,* 105, 2008, pp. 17145-17150.

22. Robert Sapolsky, *Why Zebras Don't Get Ulcers,* 3.ª ed., Nueva York, Henry Holt, 2004, p. 16 [trad. esp.: *¿Por qué las cebras no tienen úlcera?,* Madrid, Alianza, 2010].

23. Gregory Berns, *Satisfaction: Sensation Seeking, Novelty, and the Science of Finding True Fulfillment,* Nueva York, Henry Holt, 2006.

24. Mihály Csíkszentmihályi, *Flow: The Psychology of Optimal Experience,* Nueva York, Harper & Row, 1990 [trad. esp.: *Fluir: una psicología de la felicidad,* Barcelona, Debolsillo, 2009].

25. K. Quigley y G. Berntson, «Autonomic origins of cardiac responses to nonsignal stimuli in the rat», *Behavioral Neuroscience,* 104, 1990, pp. 751-762; G. Berntson, J. Cacioppo y K. Quigley, «Autonomic Determinism: The Modes of Autonomic Control, the Doctrine of Autonomic Space, and the Laws of Autonomic Constraint, *Psychological Review,* 98, 1991, pp. 459-487.

26. Otra interpretación de la ralentización del corazón es que ésta sólo forma parte de una pausa que tiene lugar en la totalidad del cuerpo y el cerebro, antes de descubrir qué se requiere de nosotros y a qué acción debería darse curso. Jennings y otros comparan la pausa con el

embrague de un coche. Véase R. Jennings y M. van der Molen, «Cardiac timing and the central regulation of action», *Psychological Research,* 66, 2002, pp. 337-349.

6. EL COMBUSTIBLE DE LA EXUBERANCIA

1. J. Schroeder y M. Packard, «Role of dopamine receptor subtypes in the acquisition of a testosterone conditioned place preference in rats», *Neuroscience Letters,* 282, 2000, pp. 17-20; C. Frye, M. Rhodes, R. Rosellini y B. Svare, «The nucleus accumbens as a site of action for rewarding properties of testosterone and its 5alpha-reduced metabolites», *Pharmacology Biochemistry Behavior,* 74, 2002, pp. 119-127.

2. Parte de esta investigación es descrita por Donald Pfaff en su libro *Drive: Neurobiological and Molecular Mechanisms of Sexual Motivation,* Boston, MIT Press, 1999; véase también M. J. Fuxjager, R. M. Forbes-Lorman, D. J. Coss, C. J. Auger, A. P. Auger y C. A. Marler, «Winning territorial disputes selectively enhances androgen sensitivity in neural pathways related to motivation and social aggression», *Proceedings of the National Academy of Sciences,* 107, 2010, pp. 12393-12398; X. Caldu y J. Dreher, «Hormonal and genetic influences on processing reward and social information», *Annals of the New York Academy of Sciences,* 1118, 2007, pp. 43-73.

3. K. Kashkin y H. Kleber, «Hooked on hormones? An anabolic steroid addiction hypothesis», *Journal of the American Medical Association,* 262, 1989, pp. 3166- 3170.

4. L. Danziger, H. Schroeder y A. Unger, «Androgen Therapy for Involutional Melancholia», *Archives of Neurology and Psychiatry,* 51, 1944, pp. 457-461; M. Altschule y K. Tillotson, «The Use of Testosterone in the Treatment of Depressions», *New England Journal of Medicine,* 239, 1948, pp. 1036-1038.

5. Bryan Sykes, *Adam's Curse: A Story of Sex, Genetics, and the Extinction of Men,* Nueva York, Oxford University Press, 2003 [trad. esp.: *La maldición de Adán: el futuro de la humanidad masculina,* Barcelona, Debate, 2003]. Véase también Steve Jones, *Y: The Descent of Men,* Londres, Little, Brown, 2002.

6. La investigación de estos dos períodos en la vida de un varón ha conducido a un modelo particularmente fino de acción androgénica, conocido como modelo organizativo-activacional, de acuerdo con el cual la sensibilidad de un varón adulto a la testosterona que circula en su sangre depende de la cantidad de la hormona a la que estuvo expues-

to en la vida intrauterina (C. Phoenix, R. Goy, A. Gerall y W. Young, «Organizing action of prenatally administered testoterone propionate on the tissues mediating mating behavior in the female guinea pig», *Endocrinology*, 65, 1959, pp. 369-382). Si un varón ha estado expuesto a grandes cantidades de testosterona, tendrá densos campos receptores y, en consecuencia, en su vida posterior responderá con más vigor incluso a pequeños incrementos en la hormona que circula por su sangre. En cambio, si en su vida prenatal ha estado expuesto a niveles bajos de testosterona, puede ser que incluso grandes incrementos de esta hormona ejerzan un efecto mínimo en su vida posterior.

7. T. Williams y otros, «Finger-length ratios and sexual orientation», *Nature*, 404, 2000, pp. 455-456.

8. G. Schmaltz, J. S. Quinn y S. J. Schoech, «Do group size and laying order influence maternal deposition of testosterone in smoothbilled ani eggs?», *Hormones and Behavior*, 53, 2008, pp. 82-89; M. O. Cariello, R. H. Macedo, H. G. Schwabl, «Maternal androgens in eggs of communally breeding guira cuckoos (Guira guira)», *Hormones and Behavior*, 49, 2006, pp. 654-662. Hay ciertas evidencias de que el mismo mecanismo opera en los seres humanos. R. Blanchard, «Birth order and sibling sex ratio in homosexual versus heterosexual males and females», *Annual Review Sex Research*, 8, 1997, pp. 27-67.

9. Ulrike Malmendier y Stefan Nagel llaman también la atención sobre este punto en «Depression babies: Do Macroeconomic Experiences Affect Risk-taking?», *Quarterly Journal of Economics*, 126, 2011, pp. 373-416.

10. Robert Shiller, *Irrational Exuberance*, 2.ª ed., Princeton, Princeton University Press, 2005 [trad. esp.: *Exuberancia irracional*, Madrid, Turner, 2003].

11. I. D. Chase, C. Bartolomeo y L. A. Dugatkin, «Aggressive interactions and inter-contest interval: how long do winners keep winning?», *Animal Behavior*, 48, 1994, pp. 393-400; C. Rutte, M. Taborsky y M. Brinkhof, «What sets the odds or winning and losing?», *Trends Ecology and Evolution*, 21, 2006, pp. 16-21.

12. P. Hurd, «Resource holding potential, subjective resource value, and game theoretical models of aggressiveness signaling», *Journal of Theoretical Biology*, 241, 2006, pp. 639-648.

13. F. Neat, F. Huntingford y M. Beveridge, «Fighting and assessment in male cichlid fish: the effects of asymmetries in gonadal state and body size», *Animal Behavior*, 55, 1998, pp. 883-891.

14. Y. Hsu y L. Wolf, «The winner and loser effect: what fighting behaviours are influenced?», *Animal Behaviour,* 61, 2001, pp. 777-786.
15. C. Rutte, M. Taborsky y M. Brinkhof, «What sets the odds of winning and losing», *Trends Ecology and Evolution,* 21, 2006, pp. 16-21.
16. J. C. Wingfield, R. E. Hegner, A. M. Dufty y G. F. Ball, «The "challenge hypothesis": theoretical implications for patterns of testosterone secretion, mating systems, and breeding strategies», *American Naturalist,* 136, 1990, pp. 829-846; T. Oyegbile y C. Marler, «Winning fights elevates testosterone levels in California mice and enhances future ability to win fights», *Hormones and Behavior,* 48, 2005, pp. 259-267.
17. C. Falter, M. Arroyo y G. Davis, «Testosterone: Activation or organization of spatial cognition?», *Biological Psychology,* 73, 2006, pp. 132-140; M. Hines y otros, «Spatial abilities following prenatal androgen abnormality: Targeting and mental rotations performance in individuals with congenital adrenal hyperplasia», *Psychoneuroendocrinology,* 28, 2003, pp. 1010-1026; E. Salminen, R. Portin, A. Koskinen, H. Helenius y M. Nurmi, «Associations between serum testosterone fall and cognitive function in prostate cancer patients», *Clinical Cancer Research,* 10, 2004, pp. 7575-7582.
18. R. Andrew y L. Rogers, «Testosterone, search behavior and persistence», *Nature,* 237, 1972, pp. 343-346; J. Archer, «Testosterone and persistence in mice», *Animal Behavior,* 25, 1977, pp. 479-488.
19. A. Boissy y M. Bouissou, «Effects of androgen treatment on behavioural and physiological responses of heifers to fear-eliciting situations», *Hormones and Behavior,* 28, 1994, pp. 66-83.
20. B. C. Trainor, I. M. Bird y C. A. Marler. «Opposing hormonal mechanisms of aggression revealed through short-lived testosterone manipulations and multiple winning experience», *Hormones and Behavior,* 45, 2004, pp. 115-121; M. J. Fuxjager, T. O. Oyegbile y C. A. Marler, «Independent and additive contributions of post-victory testosterone and social experience to the development of the winner effect», *Endocrinology,* 152, 2011, pp. 3422-3429.
21. D. Jennings, C. Carlin y M. Gammell, «A winner effect supports third-party intervention behavior during fallow deer, Dama dama, fights», *Animal Behaviour,* 77, 2009, pp. 343-348; L. Dugatkin, «Breaking up fights between others: a model of intervention behaviour», *Proceedings of the Royal Society of London,* B 265, 1998, pp. 433-437.

22. Para ejemplos y referencias, véase James M. Dabbs, *Heroes, Rogues and Lovers: Testosterone and Behavior,* Nueva York, McGraw-Hill, 2000, pp. 88-89.

23. T. Gilovich, R. Vallone y A. Tversky, «The hot hand in basketball: On the misperceptions of random sequences», *Cognitive Psychology,* 17, 1985, pp. 295-314.

24. L. Page y J. Coates, «The winner effect in human behaviour: quasi-experimental evidence from tennis players», en preparación.

25. J. Archer, «Testosterone and human aggression: An evaluation of the challenge hypothesis», *Neuroscience and Biobehavioral Reviews,* 30, 2006, pp. 319-345; A. Mazur y A. Booth, «Testosterone and dominance in men», *Behavioral and Brain Sciences,* 21, 1998, pp. 353-397.

26. A. Booth, G. Shelley, A. Mazur, G. Tarp y R. Kittok, «Testosterone, and winning and losing in human competition», *Hormones and Behavior,* 23, 1989, pp. 556-571; B. Gladue, M. Boechler y K. D. MacCaul, «Hormonal response to competition in human males», *Aggressive Behavior,* 15, 1989, pp. 409-422.

27. A. Booth, G. Shelley, A. Mazur, G. Tharp y R. Kittok, «Testosterone, and winning and losing in human competition», *Hormones and Behavior,* 23, 1989, pp. 556-571.

28. M. Elias, «Serum cortisol, testosterone, and testosterone-binding globulin responses to competitive fighting in human males», *Aggressive Behavior,* 7, 1981, pp. 215-224.

29. J. Carré y S. Putnam, «Watching a previous victory produces and increase in testosterone among elite hockey players», *Psychoneuroendocrinology,* 35, 2010, pp. 475-479.

30. A. Mazur, A. Booth y J. Dabbs, «Testosterone and chess competition», *Social Psychology,* 55, 1992, pp. 70-77.

31. A. Mazur y T. A. Lamb, «Testosterone, Status, and Mood in Human Males», *Hormones and Behavior,* 14, 1980, pp. 236-246.

32. A. Mazur, «A Biosocial Model of Status in Face-to-Face Primate Groups», *Social Forces,* 64, 1985, pp. 377-402.

33. N. Neave y S. Wolfson, «Testosterone, territoriality, and the "home advantage"», *Physiology and Behavior,* 78, 2003, pp. 269-275; J. Carré, C. Muir, J. Belanger y S. Putnam, «Pre-competition hormonal and psychological levels of elite hockey players: Relationship to the "home advantage"», *Physiology and Behavior,* 89, 2005, pp. 392-398.

34. Véase, por ejemplo, William J. Kraemer y Alan D. Rogol (eds.), *The Encyclopaedia of Sports Medicine. An IOC Medical Commission*

Publication, *The Endocrine System in Sports and Exercise,* vol. 11, Oxford, Wiley-Blackwell, 2005; Jack H. Wilmore y David L. Costill, *Physiology of Sport and Exercise,* 3.ª ed., Champaign, IL, Human Kinetics, 2004 [trad. esp.: *Fisiología del esfuerzo y del deporte,* Barcelona, Paidotribo, 1999]. Per-Olof Åstrand, Kaare Rodahl, Hans A. Dahl y Sigmund B. Stromme, *Textbook of Work Physiology,* 4.ª ed., Champaign, IL, Human Kinetics, 2003 [trad. esp.: *Fisiología del trabajo físico,* Buenos Aires-Madrid, Médica Panamericana, 1992]. Frank W. Dick, *Sports Training Principles,* 5.ª ed., Londres, A. & C., Black, 2007 [trad. esp.: *Principios del entrenamiento deportivo,* Barcelona, Paidotribo, 1993].

35. J. Carré y S. Putnam, «Watching a previous victory produces an increase in testosterone among elite hockey players», *Psychoneuroendocrinology,* 35, 2010, pp. 475-479.

36. Tim Adams, *On Being John McEnroe,* Nueva York, Crown Publishers, 2003, p. 52.

37. D. Carney, A. Cuddy y A. Yapp, «Power Posing: Brief Nonverbal Displays Affect Neuroendocrine Levels and Risk Tolerance», *Psychological Science,* 21, 2010, pp. 1363-1368.

38. Cita en Walter Cannon, *Bodily Changes in Pain, Hunger, Fear and Rage: An Account of Recent Researches into the Function of Emotional Excitement,* Nueva York, D. Appleton & Co., 1915.

39. I. D. Chase, C. Bartolomeo y L. A. Dugatkin, «Aggressive interactions and inter-contest interval: how long do winners keep winning?», *Animal Behavior,* 48, 1994, pp. 393-400.

40. S. van Anders y N. Watson, «Testosterone levels in women and men who are single, in long-distance relationships, or same-city relationships», *Hormones and Behavior,* 51, 2007, pp. 286-291; A. Mazur y J. Michalek, «Marriage, Divorce, and Male Testosterone», *Social Forces,* 77, 1998, pp. 315-330.

41. C. M. Beall, C. M. Worthman, J. Stallings, G. M. Strohl, G. M. Brittenham y M. Barragan, «Salivary testosterone concentration of Aymara men native to 3.600 m», *Annals of Human Biology,* 19, 1992, pp. 67-68.

42. Richard Bribiescas, «Testosterone Levels among Ache Hunter/Gatherer Men: A Functional Interpretation of Population Variation among Adult Males», *Human Nature,* 7, 1975, pp. 163-188; James M. Dabbs, *Heroes, Rogues and Lovers: Testosterone and Behavior,* Nueva York, McGraw-Hill, 2000, p. 17.

43. P. C. Bernhardt, J. Dabbs, J. Fielden y C. Lutter, «Changes in testosterone levels during vicarious experiences of winning and losing among fans at sporting events», *Physiology and Behaviour*, 65, 1998, pp. 59-62.

44. R. F. Oliveira, M. Lopes, L. A. Carneiro y A. V. Canário, «Watching fights raises fish hormone levels», *Nature*, 409, 2001, p. 475; J. C. Wingfield y P. Marler, «Endocrine basis of communication in reproduction and aggression», en E. Knobil y J. Neill (eds.), *The Physiology of Reproduction*, vol. 2, Nueva York, Raven Press, 1988, pp. 1647-1677. También existe la posibilidad de que las hormonas participen en el contagio del estado de ánimo, R. Neumann y F. Strack, «"Mood Contagion": The Automatic Transfer of Mood Between Persons», *Journal of Personality and Social Psychology*, 79, 2000, pp. 211-223; P. Totterdell, «Catching Moods and Hitting Runs; Mood Linkage and Subjective Performance in Professional Sport Teams», *Journal of Applied Psychology*, 85, 2000, pp. 848-859.

45. J. Coates y J. Herbert, «Endogenous steroids and financial risk-taking on a London trading floor», *Proceedings of the National Academy of Sciences*, 105, 2008, pp. 6167-6172.

46. El análisis que aquí se presenta, como en el trabajo de PNAS, se apoyaba en una diferencia media en los niveles de testosterona. El mismo análisis puede realizarse utilizando datos de panel, y en este caso los resultados son igualmente significativos. Con coeficientes de correlación del orden de 0,36 a 0,39, en función del análisis específico utilizado, y $p < 0,01$. Quisiera dar las gracias a Stan Lazic por su colaboración con estas estadísticas.

47. J. Manning, D. Scutt, D. Wilson, D. Lewis Jones, «2nd to 4th digit length: A predictor of sperm numbers and concentrations of testosterone, luteinizing hormone and oestrogen», *Human Reproduction*, 13, 1998, pp. 3000-3004; J. Manning y R. Taylor, «Second to fourth digit ratio and male ability in sport: Interpretations for sexual selection in humans», *Evolution Human Behavior*, 22, 2001, pp. 61-69; John T. Manning, *Digit Ratio: A Pointer to Fertility, Behavior and Health*, Rutgers University Press, 2002.

48. J. M. Coates, M. Gurnell y A. Rustichini, «Second-to-fourth digit ratio predicts success among high-frecuency financial traders», *Proceedings of the National Academy of Sciences*, 106, 2009, pp. 623-628.

49. C. Cohen-Bendahana, C. van de Beeka y S. Berenbaum, «Prenatal sex hormone effects on child and adult sex-typed behavior:

Methods and findings», *Neuroscience and Biobehavioral Reviews,* 29, 2005, pp. 353-384.

50. J. Manning, D. Scutt, D. Wilson y D. Lewis-Jones, «2nd to 4th digit length: A predictor of sperm numbers and concentrations of testosterone, luteinizing hormone and oestrogen», art. cit.; S. Paul, B. Kato, L. Cherkas, T. Andrew y T. Spector, «Heritability of the second to fourth digit ratio (2d: 4d): A twin study», *Twin Research in Human Genetics,* 9, 2006, pp. 215-219; D. Mortlock y J. Innis, «Mutation of HOXA13 in hand-foot-genital syndrome», *Nature Genetics,* 15, 1997, pp. 179-180.

51. T. Kondo, J. Zakany, W. Innis y D. Duboule, «Of fingers, toes, and penises», *Nature,* 390, 1997, p. 29.

52. A. Booth, D. Johnson y D. Granger, «Testosterone and men's health», *Journal of Behavioral Medicine,* 22, 1999, pp. 1-19; C. Apicella, A. Dreber, B. Campbell, P. Graye, M. Hoffman y A. Little, «Testosterone and financial risk preferences», *Evolution Human Behavior,* 29, 2008, pp. 384-390; R. Reavis, W. Overman, «Adult sex differences on a decision-making task previously shown to depend on the orbital prefrontal cortex», *Behavioral Neuroscience,* 115, 2001, pp. 196-206; J. van Honk y otros, «Testosterone shifts the balance between sensitivity for punishment and reward in healthy young women», *Psychoneuroendocrinology,* 29, 2004, pp. 937-943; B. Schipper, *Sex Hormones and Choice under Risk,* en preparación.

53. R. Andrew, en P. Bateson (ed.), *The Development and Integration of Behavior. Essays in Honour of Robert Hinde,* Cambridge, Cambridge University Press, 1991, pp. 171-190.

54. R. Andrew y L. Rogers, «Testosterone, search behaviour and persistence», *Nature,* 237, 1972, pp. 343-346.

55. E. Salminen, R. Portin, A. Koskinen, H. Helenius y M. Nurmi, «Associations between serum, testosterone fall and cognitive function in prostate cancer patients», *Clinical Cancer Research,* 10, 2004, pp. 7575-7582.

56. J. M. Coates y L. Page, «A note on trader Sharpe ratios», *PloS One* 4, 2009, e8036.

57. L. Beletsky, D. Gori, S. Freeman y J. Wingfield, «Testosterone and polygyny in birds», *Current Ornithology,* 12, 1995, p. 141; C. A. Marler y M. C. Moore, «Evolutionary costs of aggression revealed by testosterone manipulations in free-living male lizards», *Behavior Ecology Sociobiology,* 23, 1988, pp. 21-26.

350

58. J. C. Wingfield, S. Lynn y K. Soma, «Avoiding the "costs" of testosterone: ecological bases of hormone behavior interactions», *Brain Behavior Evolution*, 57, 2001, pp. 239-251; A. M. Dufty, «Testosterone and survival: a cost of aggressiveness?», *Hormones and Behavior*, 23, 1989, pp. 185-193.

59. H. Pope y D. Katz, «Affective and psychotic symptoms associated with anabolic steroid use», *American Journal of Psychiatry*, 145, 1988, pp. 487-490: H. Pope, E. Kouri y J. Hudson, «Effects of supraphysiologic doses of testosterone on mood and aggression in normal men: a randomized controlled trial», *Archives of General Psychiatry*, 57, 2000, pp. 133-140.

60. J. B. Hamilton, «The role of testicular secretions as indicated by effects of castration in man and by studies of pathological conditions and the short lifespan associated with maleness», *Recent Progress in Hormone Research*, 3, 1948, p. 257; J. B. Hamilton, «Relationship of castration, spaying and sex to survival and duration of life in domestic cats», *Journal of Gerontology*, 20, 1965, p. 96; D. Drori e Y. Folman, «Environmental effects on longevity in the male rat: Exercise, mating, castration and restricted feeding», *Experimental gerontology*, 11, 1976, pp. 25-32.

61. Para un resumen de nuestra investigación, véase J. Coates, M. Gurnell y Z. Sarnyai, «From molecule to market: steroid hormones and financial risk-taking», *Philosophical Transactions of Royal Society*, B 365, 2010, pp. 331-343.

7. RESPUESTA DE ESTRÉS EN WALL STREET

1. Charles P. Kindleberger, *Manias, Panics, and Crashes: A History of Financial Crises*, 4.ª ed., Londres, Wiley, 2000 [trad. esp.: *Manías, pánicos y cracs: historia de las crisis financieras*, Barcelona, Ariel, 2012].

2. J. Svartberg, R. Jorde, J. Sundsfjord, K. H. Bønaa y E. Barrett-Connor, «Seasonal variation of testosterone and waist to hip ratio in men: the Tromsø study», *Journal Clinical Endocrinology Metabolism*, 88, 2003, pp. 3099-3104; S. J. Stanton, O. A. Mullette-Gillman y S. A. Huettel, «Seasonal variation of salivary testosterone in men, normally cycling women, and women using hormonal contraceptives», *Physiology Behavior*, 104, 2011, pp. 804-808: R. Smolensky, M. Hallek, M. Smith y K. Steinberger, «Annual variation in semen characteristics and plasma hormone levels in men undergoing vasectomy», *Fertility and Sterility*, 49, 1988, pp. 309-315.

3. G. Lincoln, «The irritable male syndrome», *Reproduction, Fertility and Development,* 13, 2001, pp. 567-576.

4. E. Saunders, «Stock Prices and Wall Street Weather», *American Economic Review,* 83, 1993, pp. 1337-1345; D. Hisrshleifer y T. Shumway, «Good Day Sunshine: Stock Returns and the Weather», *Journal of Finance,* 58, 2003, pp. 1009-1032.

5. M. J. Kamstra, L. A. Kramer y M. D. Levi, «Winter Blues: A SAD Stock Market Cycle», *American Economic Review,* 93, 2003, pp. 324-343.

6. I. S. Bernstein, R. M. Rose y T. P. Gordon, «Behavioral and Environmental Events Influencing Primate Testosterone Levels», *Journal of Human Evolution,* 3, 1974, pp. 517-525; E. Wehr, S. Pilz, B. Boehm, W. März y B. Obermayer-Pietsch, «Association of Vitamin D Status with Serum Androgen Levels in Men», *Clinical Endocrinology,* 73, 2010, pp. 243-248.

7. Joseph LeDoux, *The Emotional Brain: The Mysterious Underpinnings of Emotional Life,* Nueva York, Touchstone, 1996, cap. 6 [trad. esp.: *El cerebro emocional,* Barcelona, Ariel, 1999].

8. S. W. Porges, J. A. Doussard-Roosevelt, A. L. Portales y S. I. Greenspan, «Infant regulation of the vagal "brake" predicts child behavior problems: A Psychological model of social behavior», *Developmental Psychobiology,* 29, 1996, pp. 697-712.

9. H. Selye, «A syndrome produced by diverse nocuous agents», *Nature,* 138, 1936, p. 32. Selye fue prácticamente el descubridor de la respuesta de estrés cuyo relato se encuentra en H. Selye, *The Stress of Life,* Nueva York, McGraw-Hill, 1976.

10. J. Mason, «A historical view of the stress field, Part I», *Journal of Human Stress,* 1, 1975, pp. 6-12; J. Mason, «A historical view of the stress field. Part II», *Journal of Human Stress,* 1, 1975, pp. 22-36. Véase también A. Arthur, «Stress as a state of anticipatory vigilance», *Perceptual and Motor Skills,* 64, 1987, pp. 75-85.

11. J. Hennessey y S. Levine, «Stress, arousal, and the pituitary-adrenal system: a psychoendocrine hypothesis», *Progress in Psychobiology, Physiological Psychology,* 8, 1979, pp. 133-178; V. Lemaire, C. Aurousseau, M. Le Moal, D. N. Abrous, «Behavioral trait of reactivity to novelty is related to hippocampal neurogenesis», *European Journal of Neuroscience,* 11, 1999, pp. 4006-4014.

12. K. Erikson, W. Drevets y J. Schulkin, «Glucocorticoid regulation of diverse cognitive functions in normal and pathological emotio-

nal states», *Neuroscience Biobehavioral Reviews,* 27, 2003, pp. 233-246. Es un panorama brillante.

13. J. Hennessey y S. Levine, «Stress, arousal, and the pituitary-adrenal system: a psychoendocrine hypothesis», art. cit.; S. Levine, C. Coe y S. Wiener, «Psychoneuroendocrinology of stress – a psychobiological perspective», en F. R. Brush y S. Levine (eds.), *Psychoendocrinology,* Nueva York, Academic Press, 1989, pp. 341-377.

14. D. N. Stewart y D. Winser, «Incidence of Perforated Peptic Ulcer: Effect of Heavy Air Raids», *Lancet,* 1, 1942, p. 259.

15. A. Breier, M. Albus, D. Pickar, T. P. Zahn, O. M. Wolkowitz y S. M. Paul, «Controllable and uncontrollable stress in humans: alterations in mood and neuroendocrine and psychological function», *American Journal of Psychiatry,* 144, 1987, pp. 1419-1425; R. Swenson y W. Vogel, «Plasma catecholamine and corticosterone as well as brain catecholamine changes during coping in rats exposed to stressful footshock», *Pharmacology Biochemistry Behavior,* 18, 1983, pp. 689-693.

16. J. Weiss, «Effects of coping behavior with and without a feedback signal on stress pathology in rats», *Journal of Comparative Physiology and Psychology,* 77, 1971, pp. 1-30. Es un artículo en tres partes.

17. En nuestro estudio, todos los operadores tenían el futuro sobre el bono alemán como uno de los principales instrumentos de negocio. La implícita volatilidad de las opciones de futuro sobre bonos alemanes mostraba una correlación muy estrecha del $r^2 = 0,86$ ($p = 0,001$) con los niveles de cortisol de los operadores. J. Coates y J. Herbert, «Endogenous steroids and financial risk-taking on a London trading floor», *Proceedings of the National Academy of Sciences,* 105, 2008, pp. 6167-6172.

18. G. Aston-Jones, J. Rajkowski y J. Cohen, «Role of Locus Coeruleus in Attention and Behavioral Flexibility», *Biological Psychiatry,* 46, 1999, pp. 1309-1320; C. W. Berridge y B. D. Waterhouse, «The locus coeruleus-noradrenergic system: modulation of behavioral state and state dependent cognitive processes, *Brain Research Reviews* 42, 2003, pp. 33-84.

19. S. J. Lupien, F. Maheu, M. Tu, A. Fiocco y T. E. Schramek, «The effects of stress and stress hormones on human cognition; implications for the field of brain and cognition», *Brain Cognition,* 65, 2007, pp. 209-237; B. Roozendaal, «Stress and memory: opposing effects of glucocorticoids on memory consolidation and memory retrieval», *Neurobiology Learning Memory,* 78, 2002, pp. 578-595.

20. R. Brown, J. Kulik, «Flashbulb memories», *Cognition,* 5, 1977, pp. 73-99. J. L. McGaugh, «The amygdala modulates the consolidation of memories of emotionally arousing experiences», *Annual Review Neuroscience,* 27, 2004, pp. 1-28. Hay cierta evidencia de que los flashes de memoria podrían no ser los recuerdos fotográficos que imaginamos, sino que evocarían más bien cómo nos sentimos durante una experiencia conmovedora y no tanto los detalles de la misma. Para un estudio de los flashes de memoria del 11-S, véase Tali Sharot, Elizabeth A. Martorella, Mauricio R. Delgado y Elizabeth A. Phelps, «How personal experience modulates the neural circuitry of memories of 11 September», *Proceedings of the National Academy of Sciences,* 104, 2007, pp. 389-394.

21. L. Cahill, B. Prins, M. Weber y J. L. MacGaugh, «Beta-adrenergic activation and memory for emotional events», *Nature,* 371, 1994, pp. 702-704.

22. K. Erikson, W. Drevets y J. Schulkin, «Glucocorticoid regulation of diverse cognitive functions in normal and pathological emotional states», *Neuroscience Biobehavioral Reviews,* 27, 2003, pp. 233-246.

23. E. R. de Kloet, E. Vreugdenhil, M. S. Oitzl y M. Joels, «Brain corticosteroid receptor balance in health and disease», *Endocrine Reviews,* 19, 1998, pp. 269-301.

24. C. S. Woolley, E. Gould y B. S. McEwen, «Exposure to excess glucocorticoids alters dendritic morphology of adult hippocampal pyramidal neurons», *Brain Research,* 531, 1990, pp. 225-231; M. N. Starkman, S. S. Gebarski, S. Berent y D. E. Schteingart, «Hippocampal formation volume, memory dysfunction, and cortisol levels in patients with Cushing's syndrome», *Biological Psychiatry,* 32, 1992, pp. 756-765.

25. R. M. Sapolsky, «Glucocorticoids and hippocampal atrophy in neuropsychiatric disorders», *Archives of General Psychiatry,* 57, 2000, pp. 925-935.

26. Bruce McEwen, *The End of Stress as We Know It,* Washington, Joseph Henry Press, 2002, pp. 119-124.

27. R. M. Sapolsky, «Stress and Plasticity in the Limbic System», *Neurochemical Research,* 28, 2003, pp. 1735-1742.

28. Análisis en Joseph LeDoux, *The Emotional Brain, op. cit.;* también K. P. Corodimas, J. E. LeDoux, P. W. Gold y J. Schulkin, «Corticosterone potentiation of conditioned fear in rats», *Annals New York Academy Sciences,* 746, 1994, pp. 392-339; C. Liston, B. McEwen y B. Casey, «Psychosocial stress reversibly disrupts prefrontal processing and attentional control», *Proceedings National Academy of Sciences,* 106,

2009, pp. 912-917; A. F. Arnsten, «Stress signalling pathways that impair prefrontal cortex structure and function», *Nature Reviews Neuroscience,* 10, 2009, pp. 410-422; H. Ohira y otros, «Chronic stress modulates neural and cardiovascular responses during reversal learning», *Neuroscience,* 193, 2011, pp. 193-200.

29. J. Whitson y A. Galinsky, «Lacking Control Increases Illusory Pattern Perception», *Science,* 322, 2008, pp. 115-117.

30. S. Korte, «Corticosteroids in relation to fear, anxiety and psychopathology», *Neuroscience Biobehavioral Reviews,* 25, 2001, pp. 117-142.

31. J. Schulkin, B. S. McEwen y P. W. Gold, «Allostasis, amygdale, and anticipatory angst», *Neuroscience Biobehavioral Reviews,* 18, 1994, pp. 385-396.

32. B. McEwen, «A Stress, adaptation, and disease: allostasis and allostatic load», *Annals of the New York Academy of Sciences,* 840, 1998, pp. 33-34; J. Schulkin, B. McEwen y P. W. Gold, «Allostasis, amygdala, and anticipatory angst», *Neuroscience Biobehavioral Reviews,* 18, 1994, pp. 385-396; S. J. Lupien, F. Maheu, M. Tu, A. Fiocco y T. E. Schramek, «The effects of stress hormones on human cognition: Implications for the field of brain and cognition», *Brain and Cognition,* 65, 2007, pp. 209-237.

33. Para un repaso de la literatura sobre ansiedad, estrés y aversión al riesgo, véase M. J. Kamstra, L. A. Kramer y M. D. Levi, «Winter Blues: A SAD Stock Market Cycle», art. cit.

34. S. Kademian, A. Bignante, P. Lardone, B. McEwen y M. Volosin, «Biphasic effects of adrenal steroids on learned helplessness behavior induced by inescapable shock», *Neurosychopharmacology,* 30, 2005, pp. 58-66.

35. M. Seligman y S. Maier, «Failure to escape traumatic shock», *Journal of Experimental Psychology,* 74, 1967, pp. 1-9; S. Maier y M. Seligman, «Learned helplessness: theory and evidence», *Journal of Experimental Psychology,* 105, 1976, pp. 3-46.

36. S. Segerstrom, «Optimism and immunity: do positive thoughts always lead to positive effects?», *Brain Behavior Immunity,* 19, 2005, pp. 195-200.

37. El estrés crónico y sus consecuencias médicas están brillante y exhaustivamente tratados en Robert Sapolsky, *Why Zebras Don't Get Ulcers,* 3.ª ed., Nueva York, Henry Holt, 2004 [trad. esp.: *¿Por qué las cebras no tienen úlcera?,* Madrid, Alianza, 2010].

355

38. S. Segerstrom y G. Miller, «Psychological stress and the human immune system: a meta-analytic study of 30 years of inquiry», *Psychological Bulletin*, 130, 2004, pp. 601-630.

39. P. V. Piazza y M. Le Moal, «The role of stress in drug self-administration», *Trends in Pharmacological Science*, 19, 1998, pp. 67-74; Z. Sarnyai, Y. Shaham y S. C. Heinrichs, «The role of corticotropin-releasing factor in drug addiction», *Pharmacology Review*, 53, 2001, pp. 209-243.

40. Robert A. Karasek y Töres Theorell, *Healthy Work: Stress, Productivity and the Reconstruction of Working Life*, Nueva York, Basic Books, 1992; véase también M. Kivimäki y otros, «Work stress and risk of cardiovascular mortality: prospective cohort study of industrial employees», *British Medical Journal*, 2, 2002, pp. 857-860; A. Vaananen y otros, «Lack of predictability at work and risk of acute myocardial infarction: an 18-year prospective study of industrial employees», *American Journal of Public Health*, 98, 2008, pp. 2264-2271; N. Kawakami y T. Haratani, «Epidemiology of job stress and Health in Japan: review of current evidence and future direction», *Industrial Health*, 37, 1999, pp. 174-186.

41. M. G. Marmot, G. Rose, M. Shipley y P. J. Hamilton, «Employment grade and coronary heart disease in British civil servants», *Journal of Epidemiology and Community Health*, 32, 1978, pp. 244-249: J. E. Ferrie, M. J. Shipley, M. G. Marmot, S. Stansfeld y G. D. Smith, «Health effects of anticipation of job change and non-employment: Longitudinal data from the Whitehall II study», *British Medical Journal*, 311, 1995, pp. 1264-1269; H. Kuper y M. Marmot, «Job strain, job demands, decision latitude, and risk of coronary heart disease within the Whitehall II study», *Journal of Epidemiology and Community Health*, 57, 2003, pp. 147-153; T. Chandola y otros, «Work stress and coronary heart disease: what are the mechanisms?», *European Heart Journal*, 29, 2008, pp. 640-648.

42. Véase, por ejemplo, S. Cohen, J. E. Schwartz, E. Epel, C. Kirschbaum, S. Sidney y T. Seeman, «Socioeconomic status, race, and diurnal cortisol decline in the Coronary Artery Risk Development in Young Adults (CARDIA) study», *Psychosomatic Medicine*, 68, 2006, pp. 41-50; K. Ariel, K. Ziol-Guest, L. Hawkley y J. Cacioppo, «Job Insecurity and Change Over Time in Health Among Older Men and Women», *Journal of Gerontology*, B 65B, 2010, pp. 81-90; A. Steptoe y otros, «Influence of Socioeconomic status and Job Control on Plasma

Fibrinogen Responses to Acute Mental Stress», *Psychosomatic Medicine,* 65, 2003, pp. 137-144.

43. U. Gerdthama y M. Johannesson, «Business cycles and mortality: results from Swedish microdata», *Social Science and Medicine,* 60, 2005, pp. 205-218.

44. Tomas Penny, «Bankers Use Secret Clinics, Nurses to Beat Breakdowns», *Bloomberg,* 11 de julio de 2008.

45. Los bajones económicos plantean una amenaza para la salud mental: WHO. *CBC,* 10 de octubre de 2008; véase también Elizabeth Bernstein, «Angst is Rising, but Many Must Forgo Therapy», *Wall Street Journal,* 7 de octubre de 2008.

46. K. Smolina, F. L. Wright, M. Rayner y M. J. Goldacre, «Determinants of the decline in mortality from acute myocardial infarction in England between 2002 and 2010: linked national database study», *British Medical Journal,* 344: d8059.

47. B. McEwen, «Stress, adaptation, and disease: allostasis and allostatic load», *Annals of the New York Academy of Sciences,* 840, 1998, pp. 33-44.

8. RESISTENCIA

1. Robert Sapolsky, *Why Zebras Don't Get Ulcers,* 3.ª ed., Nueva York, Henry Holt, 2004 [trad. esp.: *¿Por qué la cebras no tienen úlcera?,* Madrid, Alianza, 2010]. Véase también G. Chrousos, «Stress and disorders it the stress system», *Nature Reviews Endocrinology,* 5, 2009, pp. 374-381.

2. Joseph LeDoux *The Emotional Brain. The Mysterious Underpinnings of Emotional Life,* Nueva York, Touchstone, 1996 [trad. esp.: *El cerebro emocional,* Barcelona, Ariel, 1999].

3. Este punto está muy bien ilustrado en Thomas Amini, Fari Lannon y Richard Lewis, *A General Theory of Love,* Nueva York, Vintage, 2001.

4. J. Hennessey y S. Levine, «Stress, arousal, and pituitary-adrenal system: a psychoendocrine hypothesis», *Progress in Psychology. Physiogical Psychology,* 8, 1979, pp. 133-178.

5. J. Blascovich y J. Tomaka, «The biopsychosocial model of arousal regulation», en M. P. Zanna (ed.), *Advances in experimental social psychology,* 29, Nueva York, Academic Press, 1996, pp. 1-51; J. Blascovich y W. B. Mendes, «Challenge and threat appraisals: The role for affective cues», en J. Forgas (ed.), *Feeling and Thinking: The Role of Affect in Social Cognition,* Cambridge, Cambridge University Press.

6. J. Blascovich, M. Seery, C. Mugridge, M. Weisbuch y K. Norris, «Predicting athletic performance from cardiovascular indicators or challenge and threat», *Journal of Experimental Social Psychology*, 40, 2004, pp. 683-688; pero véase también L. D. Kirby y R. A. Wright, «Cardiovascular correlates of challenge and threat appraisals: a critical examination of the Biopsychosocial Analysis», *Personality and Social Psychology Bulletin*, 7, 2003, pp. 216-233.

7. D. Charney, «Psychobiological mechanisms of resilience and vulnerability: implications for successful adaptation to extreme stress», *American Journal of Psychiatry*, 161, 2004, pp. 195-216.

8. B. S. McEwen, J. M. Weiss y L. S. Schwartz, «Selective retention of corticosterone by limbic structures in rat brain», *Nature*, 220, 1968, pp. 911-912.

9. J. Weiss, H. Glazer, L. Pohorecky, J. Brick y N. Miller, «Effects of Chronic Exposure to Stressors on Avoidance-Escape Behavior and on Brain Norepinephrine», *Psychosomatic Medicine*, 37, 1975, pp. 522-534; J. Weiss y H. Glazer, «Effects of acute exposure to stressors on subsequent avoidance-escape behavior», *Psychosomatic Medicine*, 37, 195, pp. 499-521.

10. N. E. Miller, «A perspective on the effects of stress and coping on disease and health», en S. Levine y H. Ursin, *Coping and Health*, Nueva York, Plenum Press, 1980, pp. 323-353; véase también S. Levine, C. Coe y S. Wiener, «Psychoneuroendocrinology of stress; a psychobiological perspective», en F. Bush y S. Levine (eds.), *Psychoendocrinology*, Nueva York, Academic Press, 1989, pp. 342-377.

11. R. A. Dienstbier, «Arousal and physiological toughness: implications for mental and physical health», *Psychological Review*, 96, 1989, pp. 84-100.

12. Debería decirse que el número de hormonas y de sustancias químicas que participan en nuestra conducta es mucho mayor que las pocas que hemos analizado en este libro. Para hacerse una idea de cuántas son, véase G. D. Lewis y otros, «Metabolic Signatures of Exercise in Human Plasma», *Science Translational Medicine*, 2, 2010, 33ra37.

13. E. S. Epel, B. S. McEwen y J. R. Ickovics, «Embodying Psychological Thriving: Physical Thriving in Response to Stress», *Journal Social Issues*, 54, 1998, pp. 301-322.

14. Véase, por ejemplo, J. Raglin y A. Barzdukas, «Overtraining in athletes: the challenge of prevention», *Health Fitness Journal*, 3, 1999,

pp. 27-31; K. A. Hakkinen, A. Pskarinen, M. Alen, H. Kauhanen y P. V. Komi, «Relationships between training volume, physical performance capacity, and serum hormone concentrations during prolonged training in elite weightlifters», *International Journal of Sports Medicine,* 8, 1987, pp. 61-65.

15. A. Urhausen, H. Gabriel y W. Kindermann, «Blood hormones as markers of training stress and overtraining», *Sports Medicine,* 4, 1995, pp. 251-276; J. Bosquet, J. Montpetit, D. Arvisais e I. Mujika, «Effects of tapering on performance: a meta-analysis», *Medicine and Science in Sports and Exercise,* 39, 2007, pp. 1358-1365.

16. T. Seeman, B. Singer, J. Rowe, R. Horwitz y B. McEwen, «Price of adaptation – allostatic load and its health consequences. MacArthur studies of successful aging», *Archives Internal Medicine,* 157, 1997, pp. 2259-2268.

17. R. A. Dienstbier, «Arousal and physiological toughness: implications for mental and physical health», art. cit.

18. C. W. Berridge y B. D. Waterhouse, «The locus coeruleus-noradrenergic system: modulation of behavioral state and state dependent cognitive processes», *Brain Research Reviews,* 42, 2003, pp. 33-84.

19. S. W. Porges, «Emotion: an evolutionary by-product of the neural regulation of the autonomic nervous system», en C. S. Carter, B. Kirkpatrick e I. I. Lederhendler (eds.), *The Integrative Neurobiology of Affiliation, Annals of the New York Academy of Sciences,* 807, 1997, pp. 62-77.

20. Porges ha tomado cierta distancia del uso de este término. «El término "congelación" *(freezing),* aunque yo mismo lo he usado, puede ser engañoso. Hoy lo utilizo para describir la inmovilización con gran tono muscular, lo que refleja un elevado tono simpático que nos prepara para la lucha o la huida, y ahora utilizo "ficción de muerte", apagado o "síncope vasovagal" (desfallecimiento) para describir la inmovilización sin tono muscular, que representa aquel estado que sostenía el viejo ANS reptiliano.» Comunicación personal.

21. S. W. Porges, «Orienting in a defensive world: mammalian modifications of our evolutionary heritage. A Polyvagal Theory», *Psychophysiology,* 32, 1995, pp. 301-318.

22. C. Richter, «On the phenomenon of sudden death in animals and man», *Psychosomatic Medicine,* 19, 1957, pp. 191-198.

23. La muerte vudú se analiza en Bruce McEwen, *The End of Stress as We Know It,* Washington, Joseph Henry Press, 2002; y Robert Sapolsky, *Why Zebras Don't Get Ulcers, op. cit.*

24. J. Blascovich y J. Tomaka, «The Biopsychosocial Model of Arousal Regulation», *Advances in Experimental Social Psychology,* 28, 1996, pp. 1-51. El modelo desafío-amenaza y en especial las afirmaciones de que cada una de las actitudes da lugar a distintos rasgos cardiovasculares ha sido críticamente revisada en R. A. Wright y L. D. Kirby, «Cardiovascular correlates of challenge and threat appraisals: a critical examination of the biopsychosocial analysis», *Personality Social Psychology Review,* 7, 2003, pp. 216-233.

25. S. W. Porges, J. A. Doussard-Roosevelt, A. L. Portales y S. I. Greenspan, «Infant regulation of the vagal "brake" predicts child behavior problems: a psychological model of social behavior», *Developmental Psychobiology,* 29, 1996, pp. 697-712.

26. Véase, por ejemplo, R. P. Sloan y otros, «RR interval variability is inversely related to inflammatory markers: the CARDIA study», *Molecular Medicine,* 13, 2007, pp. 178-184.

27. J. Huovinen y otros, «Relationship between heart rate variability and the serum testosterone-to-cortisol ratio during military service», *European Journal of Sport Science,* 8, 2009, pp. 277-284.

28. D. Charney, «Psychobiological mechanisms of resilience and vulnerability: complications for successful adaptation to extreme stress», *American Journal of Psychiatry,* 161, 2004, pp. 195-216.

29. M. Meaney, D. Aitken, C. van Berkel, S. Bhatnagar y R. Sapolsky, «Effect of neonatal handling on age-related impairments associated with the hippocampus», *Science,* 239, 1988, pp. 766-768.

30. V. Frolkis, *Aging and Life-Prolonging Processes,* Viena, Springer-Verlag, 1981.

31. M. J. Meaney, D. H. Aitken, V. Viau, S. Sharma y A. Sarrieau, «Neonatal handling alters adrenocortical negative feedback sensitivity and hippocampal type II glucocorticoid receptor binding in the rat», *Neuroendocrinology,* 50, 1989, pp. 597-604; D. Liu, J. Diorio, B. Tannenbaum, C. Caldji, D. Francis, A. Freedman, S. Sharma, D. Pearson, P. M. Plotsky y M. J. Meaney, «Material care, hippocampal glucocorticoid receptors, and hypothalamic-pituitary-adrenal responses to stress», *Science,* 277, 1997, pp. 1659-1662.

32. K. Erickson y otros, «Exercise training increases size of hippocampus and improves memory», *Proceedings of the National Academy of Sciences,* 198, 2011, pp. 3017-3022; R. Dienstbier, R. LaGuardia, M. Barnes, G. Tharp y R. Schmidt, «Catecholamine Training Effects from Exercise Programs: A Bridge to Exercise-Temperament Relation-

ships», *Motivation and Emotion,* 11, 1987, pp. 297-318; P. Foster, K. Rosenblatt y R. Kuljiš, «Exercise-induced cognitive plasticity, implications for mild cognitive impairment and Alzheimer's disease», *Frontiers in Neurology,* 2, 28, 2011, pp. 1-15.

33. Menciono algunas referencias estándar: Jack H. Wilmore y David L. Costill, *Physiology of Sport and Exercise,* 3.ª ed., Champaign, IL, Human Kinetics, 2004 [trad. esp.: *Fisiología del esfuerzo y del deporte,* Barcelona, Paidotribo, 1999]. Per-Olof Åstrand, Kaare Rodahl, Hans A. Dahl y Sigmund B. Stromme, *Textbook of Work Physiology,* 3.ª ed., Champaign, IL, Human Kinetics, 2003 [trad. esp.: *Fisiología del trabajo físico,* Buenos Aires-Madrid, Médica Panamericana, 1992]. Frank W. Dick, *Sports Training Principles,* 5.ª ed., Londres, A. & C. Black, 2007 [trad. esp.: *Principios del entrenamiento deportivo,* Barcelona, Paidotribo, 1993].

34. R. Dienstbier y L. M. Pytlik Zillig, «Toughness», en C. R. Snyder y S. Lopez (eds.), *Handbook of Positive Psychology,* Nueva York, Oxford University Press, 2005, pp. 512-527.

35. J. Castellani y D. Degroot, «Human endocrine responses to exercise-cold stress», en W. Kraemer y A. Rogol (eds.), *The Endocrine System in Sports and Exercise,* Oxford, Blackwell, 2005.

36. M. L. Hannuksela y S. Ellahham, «Benefits and risks of sauna bathing», *American Journal of Medicine,* 110, 2001, pp. 118-126; T. Ohori y otros, «Effect of repeated sauna treatment on exercise tolerance and endothelial function in patients with chronic heart failure», *American Journal of Cardiology,* 109, 2012, pp. 100-104. Ya en el siglo XIX, German Sebastian Kneipp recomendó una práctica similar de resistencia mediante el calentamiento del cuerpo por el ejercicio, seguido de inmersión en agua fría.

37. D. Stanley-Jones, «The thermostatic theory of emotion: a study in kybernetics», *Progress in Biocybernetics,* 3, 1966, pp. 1-20.

38. R. Dienstbier, R. LaGuardia y N. Wilcox, «The Relationship of Temperament to Tolerance of Cold and Heat: Beyond "Cold Hands-Warm Heart"», *Motivation and Emotion,* 11, 1987, pp. 269-295.

39. Walter Cannon, *The Wisdom of the Body,* Nueva York, Norton, 1932, pp. 189-199.

40. S. Keith y otros, «Putative contributors to the secular increase in obesity: exploring the roads less travelled», *International Journal of Obesity,* 30, 2006, pp. 1585-1594.

41. M. Boksem y M. Tops, «Mental fatigue: costs and benefits», *Brain Research Reviews,* 59, 2008, pp. 125-139.

42. J. Siegrist, «Adverse health effects of high-effort/low-reward conditions», *Journal of Occupational Health Psychology*, 1, 1996, pp. 27-41; M. van der Hulst y S. Geurts, «Assocciations between overtime and psychological health in high and low reward jobs», *Work Stress*, 15, 2001, pp. 227-240; H. Bosma, M. G. Marmot, H. Hemingway, A. C. Nicholson, E. Brunner y S. A. Stansfeld, «Low job control and risk of coronary heart disease in Whitehall II (prospective cohort) study», *British Medical Journal*, 314, 1997, pp. 558-565.

43. T. H. Homes y R. H. Rahe, «The Social Readjustment Rating Scale», *Journal of Psychosomatic Research*, 11, 1967, pp. 213-218,

44. Para un buen análisis del efecto de la emoción, tanto positiva como negativa, sobre las enfermedades del corazón, véase Daniel Goleman, «Mind and Medicine», en *Emotional Intelligence*, Londres, Bloomsbury, 1995, cap. 11 [trad. esp.: *Inteligencia emocional*, Barcelona, Kairós, 2006].

45. Porges, comunicación personal.

46. U. Kirk, J. Downar y R. Montague, «Interoception drives increased rational decision-making in meditators playing the ultimatum game», *Frontiers in Neuroscience*, 5, 2011, p. 49.

47. A. Rosengren, K. Orth-Gomér, H. Weddel y L. Wilhelmsen, «Stressful life events, social support, and mortality in men born in 1933», *British Medical Journal*, 307, 1993, pp. 1102-1115.

48. Robert A. Karasek y Töres Theorell, *Healthy Work: Stress Productivity and the Reconstruction of Working Life*, Nueva York, Basic Books, 1992.

49. John Coates, «A Tale of Two Traders», *Financial Times*, 4 de mayo de 2009.

9. DE LA MOLÉCULA AL MERCADO

1. Nassim Nicholas Taleb, *The Black Swan: The Impact of the Highly Improbable*, Nueva York, Random House, 2007 [trad. esp.: *El cisne negro: el impacto de lo altamente improbable*, Barcelona, Paidós, 2011].

2. Véase, por ejemplo, John Maynard Keynes, «My Early Beliefs», en *Essays in Biography: The Collected Writings of John Maynard Keynes*, vol. X, Londres, MacMillan, 1938; Robert Skidelsky, *John Maynard Keynes: The Economist as Saviour, 1920-1937*, Londres, Penguin, 1995.

3. Sin embargo, hay economistas conductuales que han sugerido una administración ingeniosa e innovaciones en materia de política. Véase Richard H. Thaler y Cass R. Sunstein, *Nudge: Improving*

Decisions About Health, Wealth, and Hapiness, New Haven, CT, Yale University Press, 2008 [trad. esp.: *Un pequeño empujón,* Madrid, Taurus, 2009]; Hersh Shefrin, *Ending the Management Illusion: How to Drive Business Results Using the Principles of Behavioral Finance,* Nueva York, McGraw Hill, 2008 [trad. esp.: *La nueva visión del management,* México, McGraw Hill, 2011].

4. D. Owen y J. Davidson, «Hubris syndrome: An acquired personality disorder? A Study of US Presidents and UK Primer Ministers over the last 100 years», *Brain,* 132, 2009, pp. 1407-1410. Este tema se desarrolla en un libro fascinante: David Owen, *In Sickness and in Power: Illness in Heads of Government During the Last 100 Years,* Londres, Methuen, 2008 [trad. esp.: *En el poder y en la enfermedad: enfermedades de jefes de Estado y de Gobierno en los últimos cien años,* Madrid, Siruela, 2010]. Owen ha creado una fundación para la investigación, llamada The Daedalus Trust, para estudiar los trastornos que surgen del ejercicio del poder tanto en política como en los negocios.

5. John Coates, «Traders Should Track Their Hormones», *Financial Times,* 14 de abril de 2008.

6. Shelley E. Taylor y otros, «Biobehavioral Responses to Stress in Females: Tend-and-Befriend, not Fight-or-Fight», *Psychological Review,* 107, 2000, pp. 411-429.

7. L. Stroud, P. Salovey y E. Epel, «Sex differences in stress responses: social rejection versus achievement stress», *Biological Psychiatry,* 319, 2002, pp. 318-327; Katie T. Kivlighana, Douglas A. Granger y Alan Booth, «Gender differences in testosterone and cortisol response to competition», *Psychoneuroendocrinology,* 30, 2005, pp. 58-71; R. E. Bowman, «Stress-Induced Changes in Spatial Memory are Sexually Differentiated and Vary Across the Lifespan», *Journal of Neuroendocrinology,* 17, 2005, pp. 526-535.

8. J. Coates, M. Gurnell y Z. Sarnyai, «From molecule to market: steroid hormones and financial risk-taking», *Philosophical Transactions of the Royal Society,* B 365, 2010, pp. 331-343.

9. C. Eckel y P. J. Grossman, «Men, women and risk aversion: Experimental evidence», en *Handbook of Experimental Economic Results,* vol. 1, Nueva York, Elsevier, 2008; M. Powell y D. Ansic, «Gender differences in risk behavior in financial decision-making: an experimental analysis», *Journal of Economic Psychology,* 18, 1998, pp. 605-628; R. Schubert, M. Brown, M. Gysler y H. W. Brachinger, «Financial decision-making: Are women really more risk-averse?», *American Economic Review,*

89, 1999, pp. 381-385; Rachel Croson y Uri Gneezy, «Gender Differences in Preferences», *Journal of Economic Literature,* 47, 2009, pp. 1-27.

10. Brad Barber y Terrance Odean, «Boys will be Boys: Gender, Overconfidence, and Common Stock Investment», *Quarterly Journal of Economics,* 116, 2001, pp. 261-295.

11. Andrew Sullivan, «The He Hormone», *New York Times Magazine,* 2 de abril de 2000.

12. Aristóteles, *De Anima* 412b 18-19 [la versión castellana de la cita está tomada de *Acerca del alma,* trad. de Tomás Calvo Martínez, Biblioteca Básica Gredos, http://biblio3.url.edu.gt/Libros/2011/acer_alma.pdf., p. 49].

13. B. McEwen, «From molecule to mind: stress, individual differences, and the social environment», en A. Damasio y otros (eds.), *Unity of Knowledge: The Convergence of Natural and Human Science, Annals of the New York Academy of Sciences,* 935, 2001, pp. 42-49.

14. Ya existe una rama de estudio conocida como epidemiología económica. Véase, por ejemplo, T. Philipson, «Economic epidemiology and infectious disease», en A. Cuyler y J. Newhouse (eds.), *Handbook of Health Economics,* Ámsterdam, North Holland, 2000, pp. 1761-1799. Un excelente trabajo sobre epidemiología económica puede hallarse en U. Gerdthama y M. Johannesson, «Business cycles and mortality: results from Swedish microdata», *Social Science and Medicine,* 60, 2005, pp. 205-218.

15. C. P. Snow, *The Two Cultures,* Londres, Cambridge University Press, 1959 [trad. esp.: *Las dos culturas y un nuevo enfoque,* Madrid, Alianza, 1977].

LECTURAS COMPLEMENTARIAS

INTRODUCCIÓN

Joseph LeDoux, *The Emotional Brain: The Mysterious Underpinnings of Emotional Life,* Nueva York, Touchstone, 1996 [trad. esp.: *El cerebro emocional,* Barcelona, Ariel, 1999]. Se trata de un trabajo clásico, escrito por un neurocientífico que ha participado en gran parte de la investigación a la que hago referencia en este libro.

J. Coates, M. Gurnell y Z. Sarnyai, «From molecule to market: steroid hormones and financial risk-taking», *Philosophical Transactions of Royal Society,* B 365, 2010, pp. 331-343. Es un artículo de revisión que he escrito con dos colegas, el doctor Mark Gurnell, endocrinólogo, y Zoltan Sarnyai, farmacólogo. La primera mitad es una revisión de la investigación en el plano celular; la segunda, en el plano conductual.

CUERPO Y MENTE

Antonio Damasio, *Descartes' Error,* Nueva York, Avon Books, 1992 [trad. esp.: *El error de Descartes,* Barcelona, Destino, 2011]. Es el libro de Damasio sobre cómo él y Bechara descubrieron el papel esencial de las señales corporales en el pensamiento racional.

Sandra Blakeslee y Matthew Blakeslee, *The Body Has a Mind of its Own: How Body Maps in Your Brain Help You Do (Almost) Anything Better,* Nueva York, Random House, 2007 [trad. esp.: *El mandala del cuerpo. El cuerpo tiene su propia mente,* Barcelona, La Liebre de Marzo, 2009].

A. D. Craig, «How do you feel? Interoception: the sense of the physiological condition of the body», *Nature Reviews Neuroscience,* 3, 2002, pp. 655-666. Importante artículo de revisión. Una versión más accesible del trabajo de Craig se hallará en una conferencia grabada: «The neuroanatomical basis for human awareness of feelings from the body», disponible en http://vimeo.com/8170544.

NEUROECONOMÍA Y ECONOMÍA CONDUCTUAL

Hersh Shefrin, *Beyond Greed and Fear: Understanding Behavioral Finance and the Psychology of Investing,* Nueva York, Oxford University Press, 2007. Excelente visión panorámica de este campo de estudio.

Richard H. Thaler y Cass R. Sunstein, *Nudge: Improving Decisions About Health, Wealth and Happiness,* New Haven, CT, Yale University Press, 2008 [trad. esp.: *Un pequeño empujón,* Madrid, Taurus, 2009]. Libro importante sobre el modo en que la economía conductual puede dar forma a la política económica.

Daniel Kahneman, *Thinking, Fast and Slow,* Nueva York, Farrar, Straus & Giroux, 2011 [trad. esp.: *Pensar rápido, pensar despacio,* Barcelona, Debate, 2012]. Resumen de lectura agradable y esclarecedora sobre la obra de Kahneman.

Colin Camerer, George Loewenstein y Drazen Prelec, «Neuroeconomics: How Neuroscience Can Inform Economics», *Journal of Economic Literature,* 43, 2005, pp. 9-64. El artículo clásico sobre neuroeconomía.

HOMEOSTASIS

Walter Cannon, *The Wisdom of the Body,* Nueva York, Norton, 1936. Anticuada pero bien escrita obra maestra del científico que descubrió la homeostasis y la respuesta de lucha o huida.

Thomas Amini, Fari Lannon y Richard Lewis, *A General Theory of Love,* Nueva York, Vintage, 2001. Encantador librito sobre la homeostasis y el amor.

SISTEMA VISUAL Y VELOCIDAD DE LAS REACCIONES

Tor Norretranders, *The User Illusion,* Nueva York, Penguin, 1991.

Tom Stafford y Matt Webb, *Mind Hacks: Tips and Tools for Using Your Brain,* Sebastopol, CA, O'Reilly Media, 2005. Es un libro maravilloso y divertido que explica muchos de los trucos que utiliza nuestro cerebro para simplificarnos la comprensión del mundo y acelerar nuestras reacciones. Cada capítulo presenta un experimento sencillo que el lector puede realizar para observar su propio cerebro en funcionamiento.

Steven Pinker, *How the Mind Works,* Nueva York, Norton, 1999 [trad. esp.: *Cómo funciona la mente,* Barcelona, Destino, 2007].

Ken Dryden, *The Game,* Nueva York, Wiley, 2003. Escrito por un gran atleta, versa sobre la mente consciente y la inconsciente en el deporte.

SENSACIONES INSTINTIVAS

Antoine Bechara y Antonio R. Damasio. «The somatic marker hypothesis: A neural theory of economic decision», *Games and Economic Behavior,* 52, 2005, pp. 336-372.

Timothy Wilson, *Strangers to Ourselves: Discovering the Adaptive Unconscious,* Boston, Harvard University Press, 2002.

Malcolm Gladwell, *Blink: The Power of Thinking without Thinking,* Nueva York, Little, Brown, 2005 [trad. esp.: *Inteligencia intuitiva: ¿por qué sabemos la verdad en dos segundos?,* Madrid, Punto de Lectura, 2006].

EL NERVIO VAGO Y EL SISTEMA NERVIOSO ENTÉRICO

Stephen Porges, *The Polyvagal Theory: Neurophysiological Foundations of Emotions, Attachment, Communication, and Self-Regulation,* Nueva York, Norton, 2011. Colección de artículos realizada por el científico que desarrolló la teoría del freno vagal.

Michael Gershon, *The Second Brain,* Nueva York, HarperCollins, 1998. Libro muy legible sobre el sistema nervioso entérico.

BÚSQUEDA

Gregory Berns, *Satisfaction: Sensation Seeking, Novelty, and the Science of Finding True Fulfillment,* Nueva York, Henry Holt. Sobre dopamina, escrito en estilo coloquial.

Donald Pfaff, *Brain Arousal and Information Theory: Neural and Genetic Mechanisms,* Boston, Harvard University Press, 2005. Un tratado muy avanzado, escrito para científicos.

TESTOSTERONA Y EXUBERANCIA IRRACIONAL

James M. Dabbs, *Heroes, Rogues and Lovers: Testosterone and Behavior,* Nueva York, McGraw-Hill, 2000. Un panorama general de la investigación sobre testosterona y comportamiento.

John Maynard Keynes, «The State of Long-Term Expectation», en *The General Theory of Employment, Interest and Money,* capítulo 12, Londres, Macmillan, 1936 [trad. esp.: *Teoría general de la ocupación, el interés y el dinero,* Madrid, Fondo de Cultura Económica, 1965]. Este capítulo de la vasta obra de Keynes es el que mejor describe la exuberancia. De lectura obligada.

Robert Shiller, *Irrational Exuberance,* 2.ª ed., Princeton University Press, 2005 [trad. esp.: *Exuberancia irracional,* Madrid, Turner, 2003].

George A. Akerlof y Robert J. Shiller, *Animal Spirits: How Human Psychology Drives the Economy, and Why It Matters for Global Capitalism,* Princeton, Princeton University Press, 2009 [trad. esp.: *Animal spirits: cómo influye la psicología humana en la economía,* Barcelona, Gestión 2000, 2009].

Michael Lewis, *Liar's Poker: Rising Through the Wreckage on Wall Street,* Nueva York, Penguin, 1990 [trad. esp.: *El póquer del mentiroso,* Barcelona, Alienta, 2011]. Sigue siendo la mejor descripción de las bravuconadas del parqué.

David Owen, *In Sickness and in Power: Illness in Heads of Government During the Last 100 Years,* Londres, Methuen [trad. esp.: *En el poder y en la enfermedad: enfermedades de jefes de Estado y de Gobierno en los últimos cien años,* Madrid, Siruela, 2010]. Exposición original de la *hybris* y las condiciones clínicas en los líderes políticos, escrita por un experimentado político británico y también experto neurólogo.

ESTRÉS

Bruce McEwen, *The End of Stress as We Know It,* Washington, Joseph Henry Press, 2002. Es una presentación de los recientes adelantos en la investigación del estrés, escrita por una de las grandes figuras de esta disciplina.

Robert Sapolsky, *Why Zebras Don't Get Ulcers,* 3.ª ed., Nueva York, Henry Holt, 2004 [trad. esp.: *¿Por qué las cebras no tienen úlcera?,* Madrid, Alianza, 2010]. Cubre todos los aspectos del estrés y está escrito por uno de los científicos que, junto con McEwen, más ha contribuido a la investigación sobre el estrés y el cerebro.

Robert A. Karasek y Töres Theorell, *Healthy Work: Stress Productivity and the Reconstruction of Working Life,* Nueva York, Basic Books, 1992.

RESISTENCIA

R. A. Dienstbier, «Arousal ad physiological toughness: Implications for mental and physical health», *Psychological Review,* 96, 1989, pp. 84-100. Es el artículo clásico sobre la resistencia.

CIENCIAS DEL DEPORTE
David Wilmore y L. Costill, *Physiology of Sport and Exercise,* 3.ª ed., Champaign, IL, Human Kinetics, 2004 [trad. esp.: *Fisiología del esfuerzo y del deporte,* Barcelona, Paidotribo, 1999].
Per-Olof Åstrand, Kaare Rodahl, Hans A. Dahl y Sigmund B. Stromme, *Textbook of Work Physiology,* 4.ª ed., Champaign, IL, Human Kinetics, 2003 [trad. esp.: *Fisiología del trabajo físico,* Buenos Aires-Madrid, Médica Panamericana, 1992].
Frank W. Dick, *Sports Training Principles,* 5.ª ed., Londres, A. & C. Black, 2007 [trad. esp.: *Principios del entrenamiento deportivo,* Barcelona, Paidotribo, 1993].

MISCELÁNEA
Brian Brett, *Uproar's Your Only Music,* Toronto, Exile Editions, 2004. Libro encantador e inclasificable en el cual el autor relata cómo es criarse y madurar con el síndrome de Kallman, una extraña perturbación genética que lo dejó sin testosterona.
Matt Ridley, *Nature via Nurture: Genes, Experience and What Makes us Human,* Londres, HarperCollins, 2004. Un resumen del debate naturaleza/educación.

ÍNDICE ANALÍTICO

y procesamiento de la información, 158-163

puntos de vista filosóficos sobre, 44

y regla de que lo último en entrar es lo primero en salir, 119

y respuesta de estrés, 259-271

retroalimentación, 44, 67, 119-125, 129-138

y termorregulación, 63

unidad de, 50

cuidado y amistad, 314

curva de la relación dosis-respuesta, 222, 259

Cushing, síndrome de, 263, 269

Damasio, Antonio, 67, 117-118, 139-140, 365, 367

Davis, Greg, 325

Descartes, René, 44, 311, 322

Dienstbier, Richard, 283, 293, 326, 362

dopamina, 21, 171-179

Dreber, A., 350

drogadicción, 33, 174

Dryden, Ken, 95, 334, 367

economía, 44-48, 323

efecto polilla (o hipnosis de la autopista), 157

Ekman, Paul, 126, 128, 333, 338-339

emoción

    y estado de ánimo, 137, 139

    músculos/nuestra primera respuesta, 125-129

    rasgos fisiológicos de la, 148

    como retroalimentación cuerpo-cerebro, 122-125

enfermedad relacionada con el estrés, 267-271

entrenamiento fisiológico, 145-148

error de Descartes, 118

espíritus animales, 178, 237, 310

estado de ánimo, 137-138

esteroides anabólicos, 40, 196, 222

estrés, 21

    crónico, 24, 259-267, 279, 296-297

    y familiaridad, 297-299

    y hormonas esteroides, 36-43

    lugar de trabajo, 299-308

    régimen de refuerzo de la resistencia, 291-236

    térmico, 293

exploración visomotora, 99, 209, 219

expresiones faciales, 60, 120, 126, 128, 132, 137, 288

exuberancia

    irracional, 33-43, 222-225, 311

    mercado, 187-190

    parqué, 220-221

exuberancia irracional, 32-35, 222-225

    y el efecto del ganador, 39-41

    y hormonas, 35-38

factor de crecimiento insulínico (IGF), 281

fatiga, 24, 277, 295-296, 307, 321, 324

Fehr, Ernst, 366

Fletcher, Paul, 326

Fodor, Jerry, 328, 336

ÍNDICE